桜島　大爆震記録集成

古垣光一

南方新社

第一高等女学校（大正3年3月現在職員）

鹿児島県立第一高等女学校同窓会編発行『鹿児島県立第一高等女学校　同窓会員記念帖　大正3年』（大正4年1月）

１列右ヨリ　★岡本金次郎　★野田松平　屋代熊太郎　★澁谷寛　児玉ツネ　★安東ユク　松本シカ

２列右ヨリ　◎根本哲彦　★飯山勇吉　■大瀬秀雄　鈴木クニ　★加賀山貞　牧ワカ　伊知地アグリ　★青山ハナ

３列右ヨリ　田中藤次郎　◎中村尚樹　★河野勇之進　◎小松文雄　本田トシ　★松山ソノ

■は、『大正三年一月桜島大爆震　遭難記』の著者

★は、『大正三年一月桜島大爆震　遭難記』のなかに登場

◎は、桜島に渡った大瀬と行動を共にした人物

鹿児島市街

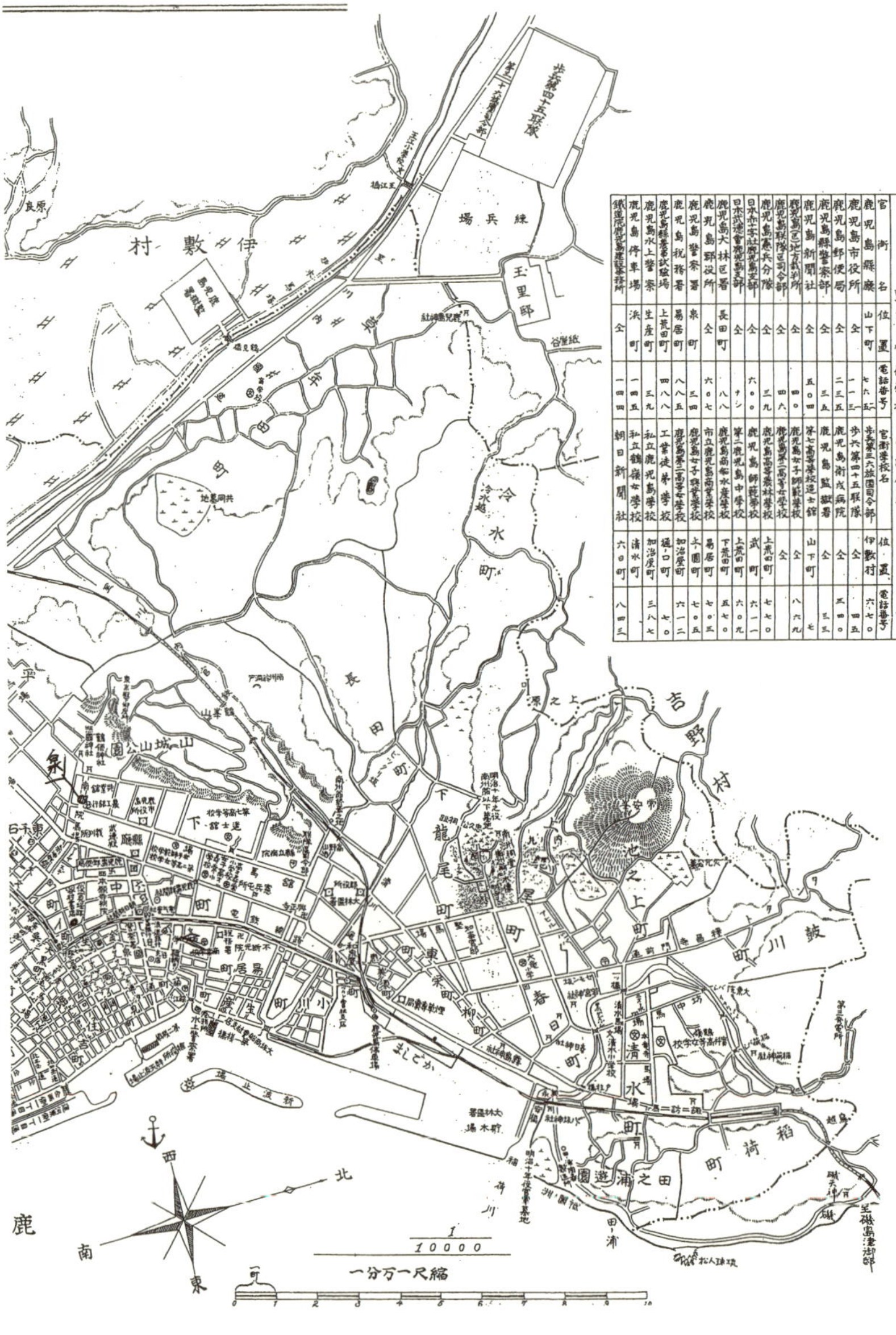

重ナル官衙学校及電話位置

官衙名	位置	電話番号
鹿児島縣廳	山下町	七六五二
鹿児島市役所	仝	一一三一
鹿児島郵便局	仝	二三五
鹿児島縣警察部	仝	三五
鹿児島新聞社	仝	五〇四
鹿児島(区)地方裁判所	仝	四〇
鹿児島聯隊区司令部	仝	四六
鹿児島憲兵分隊	仝	三九
日本赤十字社鹿児島支部	仝	六〇〇
日本武徳會鹿児島支部	仝	ナシ
鹿児島大林区署	長田町	八八
鹿児島郡役所	仝	六〇七
鹿児島警察署	泉町	三四
鹿児島税務署	易居町	八八五
鹿児島縣農事試験場	上荒田町	四八八
鹿児島水上警察	生産町	三九
鹿児島停車場	浜町	一四五
鐵道院鹿児島建設事務所	仝	一四四

官衙学校名	位置	電話番号
歩兵第三六旅団司令部	伊敷村	六七〇
歩六第四十五聯隊	仝	四五
鹿児島衛戍病院	仝	三四〇
鹿児島監獄署	仝	三三
第七高等学校造士館	山下町	七
鹿児島女子師範学校	仝	八六九
鹿児島第二高等女学校	仝	
鹿児島高等農林学校	上荒田町	七七〇
鹿児島師範学校	武町	六一一
第二鹿児島中学校	上荒田町	六〇九
鹿児島商船水産学校	下荒田町	五七〇
市立鹿児島商業学校	易居町	七〇三
鹿児島女子興業学校	上ノ園町	七〇五
鹿児島第一高等女学校	加治屋町	六一二
工業徒弟学校	樋ノ口町	七〇
私立鹿児島学校	加治屋町	三八七
私立鶴嶺女学校	清水町	
朝日新聞社	六日町	八四三

鹿児島市編『鹿児島市街地図　鹿児島統計書大正2年（第6回）』（大正4年発行）

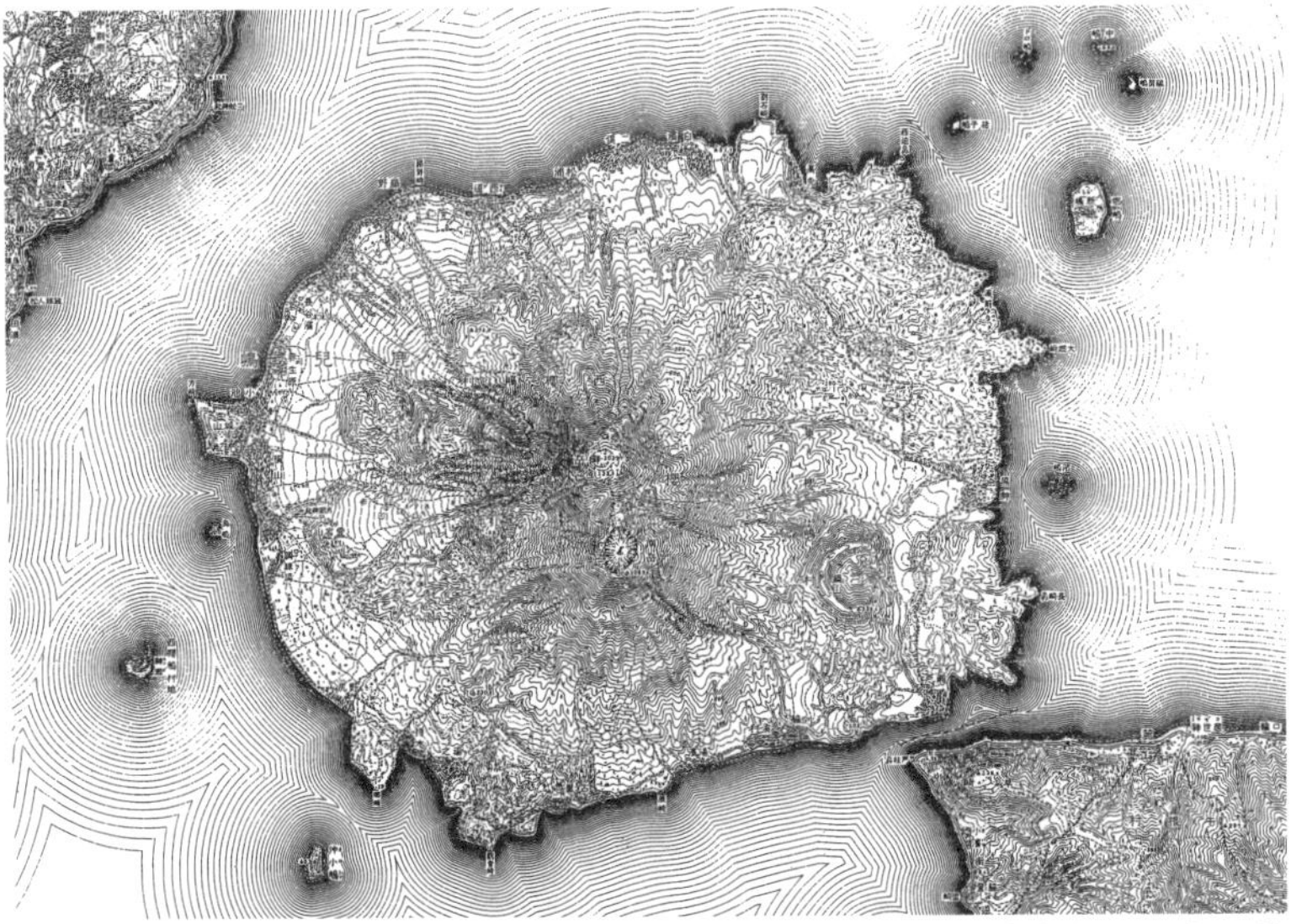

大正大噴火前の桜島は大隅半島と分離していた。『明治35年測図、同38年製版　5万分の1地形図　鹿児島7号』（大日本帝国陸地測量部　明治42年発行）より

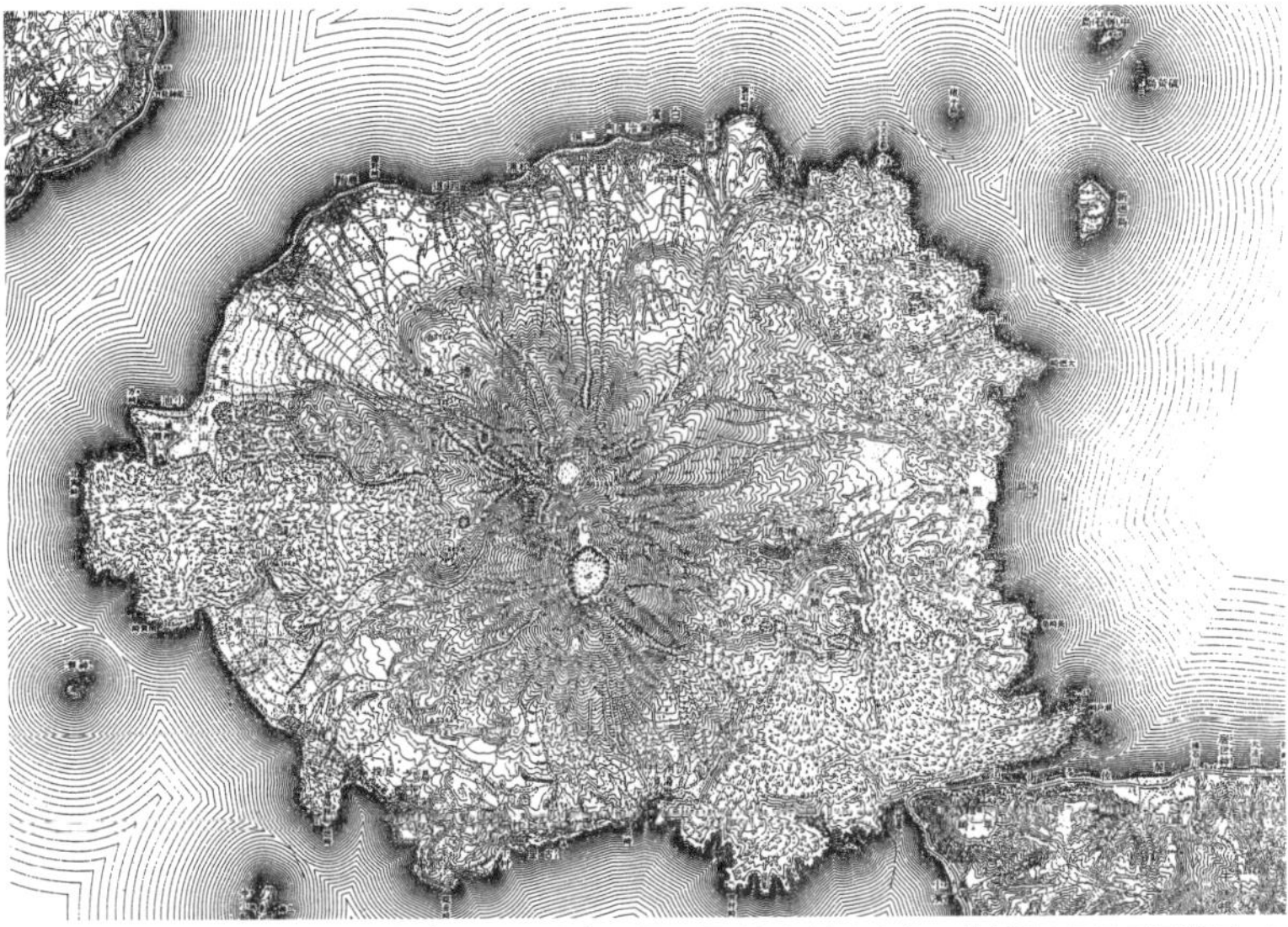

大正大噴火後、桜島と大隅半島の間は溶岩で埋め尽くされ接合した。『大正4年及5年測図　5万分の1地形図　鹿児島7号』（大日本帝国陸地測量部　大正9年発行）より

はしがき

小生にとって桜島とは、故郷を思うとき、真っ先に脳裏に浮かぶ存在である。自宅（鷹師町）から道路に出ると、鹿児島本線の高架を隔てて、はるか東方に桜島の姿が眺められた。小生は、昭和三十年代のはじめに小学生時代をすごした。当時の子供たちは、自宅のまわりの道路が遊び場であった。子供たちは、まだ未舗装の道路を舞台に、かくれんぼ、陣取りのゲーム、カン蹴り、相撲、ビー玉遊び等々に興じた。道路上に足で線を引くと、そこが遊びの舞台となった。昭和三十年代までの、鹿児島市内の多くの子供たちは、桜島を見ながら育ち、桜島に見られながら成長してきた。

昭和四十年代以降、全国的に進行した変化、即ち車社会の進展と道路のアスファルト化で、鹿児島市内の子供たちも道路で遊ばなくなっていった。また一方、この時代から、鹿児島市内でも、急速に三階建て以上の建物の増加が見られ、路上から桜島が全く見えない、あるいは一部分しか見えないという変化もおこった。こうした変化の中で、昭和三十年代までの上述のような鹿児島市内の子供たちと桜島の関係は、失われていったものと思われる。

小生の独断であるが、昭和三十年代までに子供時代を過ごした者と、昭和四十年代以降に子供時代を過ごした者とでは、同じ鹿児島市内育ちであっても、桜島に対する思いが異なっているのではと想像される。本書に登場する人びとの多くは、桜島を見ながら育ち、桜島に見守られながら成長してきた。そうではなくとも、鹿児島市内で生活し、日々桜島を見ながら生活をしていた人びとである。そうした人びとの手になる文章を中心にすえて、大正三（一九一四）年一月の桜島爆震（爆発と地震）の体験記録を集めたのが、本書である。

小生が執拗に、桜島の大爆発問題にこだわってきた直接の動機は、鹿児島県立図書館で『大正三年一月桜島大爆震　遭難記』に出会ったことであった。この件については、第二章の「三、図書館所蔵の経緯と本書の概容」で詳述したい。ともかく著者名不詳のこの遭難記を、後世まで保存すべきだと思い込んだことによる。こうした思い込みの中、久しぶりに東京でお会いした原田幸藏先生（高校の恩師で薩摩琵琶の名手）との会話のなかで、酒の勢いも手伝って、桜島を話題にだしてしまった。その結果、小生は先生が薩摩琵琶で演ずる桜島大爆発の話をつくる約束をしてしまった。この時点で、上述の遭難記は知っていたが、その他の関連書籍についてはまったくの無知であった。

安易に恩師と約束をしてしまった背景が、もう一つあった。それは、小生が通った西田小学校（遭難記の著者一家が、この近辺で一時休憩）で、教員をしていた小生の父（繁）が、毎年、校内放送で自分の小学生時代の体験談（家族七人で加治屋町から水上坂《みっかんざか》を越えて避難）を話していたことから、ある程度知っているつもりになっていたことによる。

恩師との間での安請合《やすうけあい》が仇《あだ》となって、その後、小生は専門外の桜島大爆発と人びとの対応について、勉強する羽目になってしまった。ようやく恩師との約束を果たせたのは、数年前のことであった。こうした私の勉強を通じて、ますます遭難記等の体験記を後世に伝える必要性を、感じるようになっていった。

今回の勉強を通じて痛感させられたのは、たかだか百年程前の一般人を対象に書かれた文章が、小生にとって難解であったということである。小生の国語力が低いことは言うまでもない。それにしても、百年間という時間の経過の重さ、変化の大きさを実感させられた。また作業をつうじて驚かされたのは、今日、既に目を通すことのできない新聞が存在したことである。この他にも多くの史料が失われていた。碑文でさえも、既に十分に判読できないものも現れている。これまで放置されてきた史料も存在した。百年程前の桜島爆震関連の史料を、より多く後世に残していきたいものである。こうした小生の意を汲《く》んで、皆様にも保存のために御協力いただけることを期待する。

ところで、小生は平成五（一九九三）年八月の鹿児島大水害の実体験以来、全国各地で発生する災害に関心を高めてきた。平成二十三年三月十一日の東日本大震災の映像を見るたびに、心苦しい気持ちになるようになった。職場に岩手県人二名の友人がいたことも、こうした気持ちを高めているのであろう。念願かなって、慰霊のため昨年十月に気仙沼から釜石の地を訪問した。二十六（二〇一四）年には、御嶽山《おんたけさん》噴火で登山者五十八人が死亡している。そして今年（二十八年四月）にも熊本大地震が発生し、多くの人びとが被災して苦しんでいる。地方公共団体が十分な備えをしていなかったことが、またもや繰り返されている。

桜島大爆発から百年たっても、多くの犠牲者を出しながら、地方公共団体の長が責任を取ったという話は聞いた覚えがない。同じことの繰り返しは、もうそろそろ終わりにしたいものである。学生たちを前に、教壇上で小生がよく口にしてきたのは、「天災は人災だ」ということである。

なお本書に採録しているのは、ほぼ本人の手になる体験記であるが、それらは様々な制約をうけており、しかも執筆者の視野にも限界がある。それらを可能なかぎり補うべく、註で多くの情報を当時の新聞記事などから補足した。従って、この註にも目を通していただければ、さらに理解を深められるものと思われる。

凡例

①本書で扱う原文には、句読点が非常に少ない。しかし読み進むには、不便であると思われる。そこで、読者が読み易いように、全文の中に稿者が句読点を追加した。また並列の語句の間には、中黒を入れて読み易いようにした。
②大正時代の文体であるが、そのまま原文の文体に従っている。また、送り仮名についても、原文の表記に従っている。
③原文の変体がなについては常用のひらがなにし、漢字も現代常用のものを使用するように努めた。
④原文を読み易くするために、読みにくいと思われる漢字には、稿者の判断でルビをつけることに努めた。
⑤原文の中で、明らかに誤字と判断できる文字については、稿者の判断で訂正した。
⑥脱字や文字を補足したほうが意味を理解し易いと思われる所では、〔　〕で文字を補足した。
⑦原文には段落がないことが多いが、読み易くするため、稿者の判断で段落を設けた。
⑧本文中に〈　〉で補足しているのは、稿者が漢字の意味、コメント、訂正など加筆したものである。
⑨本文中の割註については、原文のように二行にせず、本文使用の文字の半分程の大きさの文字で、一行で示した。
⑩『大正三年一月桜島大爆震　遭難記』の原文には、内容を示すタイトルに番号が付されていない。そこで読み易くするため、番号、即ち一～十一をつけた。よって、この一～十一の番号を取ると原本となる。なお図版については、大瀬独自のものはほぼ残すようにしたが、他の書籍から引用されているものについては割愛した。

桜島 大爆震記録集成――目次

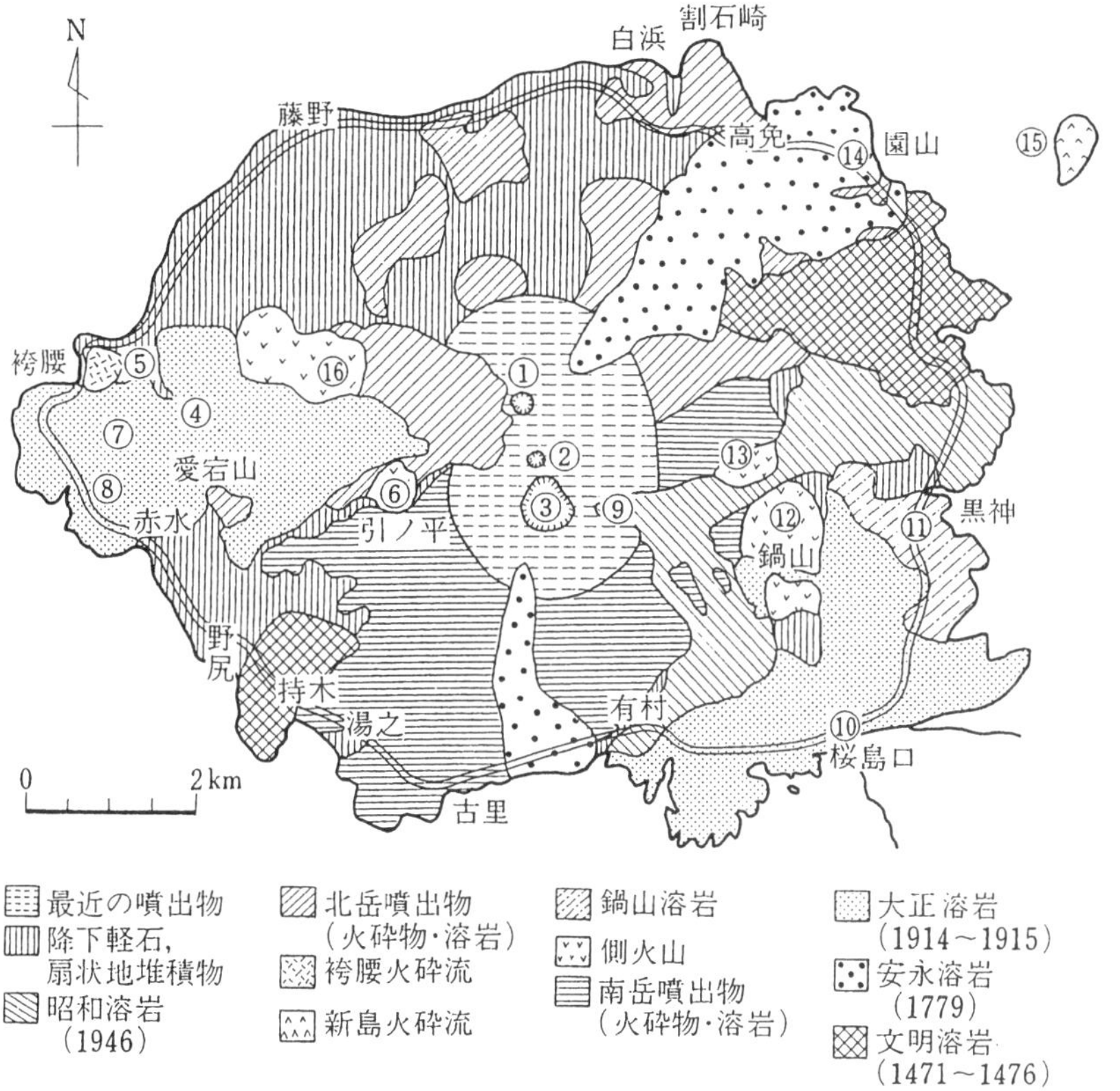

桜島の噴火口と溶岩

①北岳（御岳） ②中岳 ③南岳 ④大正溶岩（⑩付近の溶岩も同様） ⑤袴腰《はかまごし》台地 ⑥引ノ平火山（北側・北側の下から大正噴火発生） ⑦横山部落（大正噴火で埋没） ⑧烏島《からすじま》埋没地点 ⑨昭和火口（昭和14年形成、21年流出の昭和溶岩が広がる） ⑩桜島口（大正溶岩が広がる、鍋山《なべやま》からの溶岩で、有村・脇《わき》・瀬戸の集落が埋没） ⑪黒神（大正３年鍋山噴火の軽石・火山灰で火災・埋没） ⑫鍋山《なべやま》（大正３年噴火） ⑬権現山《ごんげんやま》（溶岩ドーム） ⑭園山池（安永大噴火で形成、地下を通じて海水が流入） ⑮新島（旧燃島、安永大噴火の時に隆起）
〈石川秀雄著『桜島—噴火と災害の歴史—』（共立出版、平成４年８月）200 ～ 210頁、201頁の「図付—１　桜島の地質図と見学コース」等を参照して作成〉

（上）新上橋近く新照院付近の市民の避難状況
（下）鹿児島埠頭の避難島民の姿。西桜島村編発行『大正三年噴火五十年記念誌』（昭和39年1月）より

噴火。大正3年1月12日午前11時30分

がけ崩れで生き埋め者が出た天神ヶ瀬戸の救出状況

地震で安全な竹林へ避難（鹿児島市催馬楽地区）

西本願寺御堂内の避難民

埋没前の烏島。西桜島村編発行『大正三年噴火五十年記念誌』（昭和39年1月）より

第一章　桜島大正噴火の概要

一、桜島大正噴火の経緯

①爆震の経緯

大正三年一月十二日、月曜日、一天拭《ぬ》ぐったように、晴れ渡っていた。世は新春の時期で、人びとの酒気もまだぬけなかった。市中では、新年の挨拶《あいさつ》の声も絶えなかった。ところが、西南の名峰桜島が、突然として大爆発を起こし、その光景は転《うた》た惨烈《さんれつ》を極《きわ》めた。

前年より鹿児島県の内外で、異変が見られた。四月に、日向《ひゅうが》・大隅《おおすみ》方面（大隅半島方面）で、低度の強震が起こり、五月には霧島《きりしま》山麓で地震が頻発し始めた（真幸《まさき》地震、えびの市内の真幸）。さらに六月下旬には、伊集院《いじゅういん》（現鹿児島本線の薩摩松元と東市来の間）方面で強震があった。これを人々は、伊集院地震と呼称し、鹿児島市民の不安も深まった（現在は日置《ひおき》地震ともいう）。いっぽう桜島でも、七月末から、地震・地鳴が連発し、島民に不安を抱かせた。霧島山では、遂に十一月八日、強い爆発を起こした。そして十二月九日に、第二回目の爆発を起こし、明けて一月八日に第三回目の爆発があった。このように、鹿児島湾（錦江湾）内外で、種々の異変が打ち続いた。鹿児島県の地中にあるマグマの大変動が、これらの異変を引き起こしたが、それらは桜島の巨大爆発の前兆であった。膨大な火山灰・軽石を噴出し、やがて大量の溶岩が流出してくる大規模噴火〈プリニー式噴火〉。江戸時代に浅間山でも発生し、関東一帯でも大量の降灰で甚大《じんだい》な被害がでた。イタリアのポンペイを埋没させたベズビオ火山の噴火もその例であった。

三年一月十日、真夜中に頂上より火柱が立った。翌十一日になると、午前三時四十一分の地震を最初に、同日中に、三百三十八回の震動があった。鹿児島市及び其の附近で、最も強く震動が続いた。また桜島でも震動が絶え間なく続き、石垣が崩壊し、土砂が落下した。蛇《へび》・蛙《かえる》の類は、地熱のために、山の上から下へ逃げて来た。鶏《にわとり》は時ならずして、時を報ずるなど、怪奇なことが多く見られた。桜島居住民の中には、万一の事を心配して、鹿児島湾（錦江湾）の対岸にある薩摩半島の鹿児島市及び重富《しげとみ》や加治木《かじき》方面へ、さらに大隅半島の牛根や垂水《たるみず》方面へ避難する者が多く見られた。

十二日朝八時三十分頃、南嶽《みなみだけ》から白煙があがり、南側の有村《ありむら》（東桜島村、役場・郵便局などがあった）附近の海中で温水が噴出してきた。西桜島村の袴腰《はかまごし》（正式には城山）の右上方より、次いで東方有村（東桜島村）の上方にある鍋山《なべやま》附近より、盛んに蒸気が噴出してきた。十時を過ぎた頃、この二ヶ所から、灰墨《かいぼく》（墨色の灰）の噴煙が、もうもうと渦巻《うずま》いて噴出してきた（十時五分に西山腹から、十時十五分に東山腹から）。噴煙は、またたく間に桜島の頂上を凌《しの》ぎ、半天を覆《おお》った。そして幾許《いくばく》もなく、凄《すさ》まじい鳴動、空震の響きとともに、巨岩、大石、灰砂を高く噴き上げ、これらが尾をひいて散下する様は凄《すさ》まじいものであった。対岸にいた鹿児島市民は、いずれも異様な爆発に驚き、この珍現象を驚異の眼で見ない者はなかった。逃避の準備に着手し、早々と三十六計を決め込む（さっさと逃げ出す）者も少なくなかった。

鍋山《なべやま》西南噴火口などでの、東桜島村方面での爆発・噴火は、西桜島のそれに比《ひ》して、頗《すこぶ》る強烈であった。十二日午後四時になっても、爆発噴火の度《ど》は益々増大するのみであった。夕方六時三十分（二十九分ともいう）、鹿児島湾（錦江湾）岸は強烈な大地震に襲《おそ》われた（マグニチュード七・一、震度六）。鹿児島市民にとって、未《いま》だかつて経験したことがない大激震であった。

大地震の影響から、海岸には大波（小津波）が押し寄せ、多くの木造船が破壊された。肥薩鉄道（現日豊本線）の重富《しげとみ》駅（仙巌園〈磯庭園〉の先）から鹿児島駅間、西薩鉄道（現鹿児島本線）の武駅《たけえき》（現鹿児島中央駅）から伊集院駅《いじゅういんえき》間が、路面欠潰《けっかい》によって全面不通となった。電信・電話も不通となった。伊敷の国道（甲突川を上流へ、川内街道へ）・枦木《はじき》馬場通り（甲突川の玉江橋から鶴見橋の左岸、鹿児島監獄署より上流）など地盤の弱い所で、ひどいところでは長さ数十間（約五〇メートル）にわたって、無数の大亀裂が生じた。震動は、遠く四国や中国の大連《だいれん》（東北地方の都市）においても、感じられたという。

夜の帳《とばり》が降りても、暗闇《くらやみ》を透《すか》して、西桜島村横山上方の数個の噴火口で、真紅《しんく》の色濃く、焔炎《えんえん》（ほのお）が燃えるのが見られた。夜もすがら、桜島の鳴動は絶えることはなかった。噴出する円柱状の黒煙中に、電光（稲妻）が四方に閃《ひらめ》き、上方部では縦横に広がり閃々《せんせん》たり。その有様は、断末魔《だんまつま》（臨終の時の苦しみ）のようであった。人々の怖懼《ふく》（恐れること）の念、段一段と募《つの》っていった。

十三日、黄昏《たそがれ》迫まる五時四十分頃、西桜島村横山の上方の噴火口から、大灼熱《しゃくねつ》岩を激しく噴出させ（火砕流《かさいりゅう》の発生）、袴腰《はかまごし》（正式には城山）の後方は、一面の火の海となった。七時三十分頃、黒煙とともに、三尺（一メートル弱）四方もあるような巨岩が、まっ赤な糸をひいて落下してきた。八時過ぎには、大爆声とともに、一大溶鉱炉《ようこうろ》を逆立《さかだち》させたような形の火熱灼岩《しゃくがん》の太柱《ふとばしら》が空にそそり立ち、飛散する火礫《ひつぶて》（燃える小石）が、手毬《てまり》で遊ぶように、四方に降り注《そそ》いだ。また空電（空の稲妻）の閃《ひらめ》きは、大量の線香花火《せんこうはなび》を、一時に点火したようであった。

桜島は、熱岩、溶岩によって、一面の火の山、火の海と化した。西桜島では、やがて流出した溶岩が、十五日夕刻海岸線に達し、十八日烏島《からすじま》を呑《の》みこんだ。また東桜島では、鍋山から流出した溶岩が、有村・脇《わき》・瀬戸の各集落を焼き或いは埋め尽くし、瀬戸海峡へと流れこんだ。一月三十日までは、潮水が少量でも流れていた。しかし翌三十一日には、大隅半島と接続し、二月一日に完全に海峡は閉塞された（大隅半島と陸続きとなった）。ところで、桜島は十八日になって、ようやく島影を現した。人間の予測を超えた自然の恐れを、鹿児島県民は知らされたのであった。

②人々難を避く

桜島の空前の大爆震は、島民二万人を東西の対岸に避難させ、鹿児島市民七万人、鹿児島湾（錦江湾）周域の人々も駆《か》り立て、先を争って遠方へと走らせた。

十一日、大小の地震絶え間なく、折々に異様な鳴響《めいきょう》があった。西桜島の横山附近では、霧状のうすい噴煙が立ち登った。今にも一大異変の到来かと、島民は安き心地せず。多くの人々が、屋外に体を横たえ、ひたすら神仏に加護を祈るのみであった。中には、居《い》たたまれず、島を離れた者も、少なくなかった。

不安な一夜を過ごし、十二日の朝を迎えた。蒼天《そうてん》（大空）に雲なく、晴れ渡り、朝日が美しく輝いていた。しかるに大地の震動は、刻一刻と激甚《げきじん》を加え、程なく、震天動地の大爆発が起こった。全島民、たちまち狼狽《ろうばい》し、逃げ惑《まど》える様《さま》は、あたかも蟻《あり》の子を散らすかのようであった。

既《すで》に島外に避難した者も少なくなかったが、なお多くの者が、財貨の取り片づけ、老幼・病者の扶助《ふじょ》に追われていた。爆発とともに、島民は海岸を目指し駆《か》け出し、争って船に乗り沖《おき》へ漕《こ》ぎ出した。大隅半島方面では、或る者たちは桜島対岸の牛根《うしね》、南下して垂水《たるみず》方面に向かった。或いは北上して福山（現霧島市福山町）・敷根《しきね》（現霧島市国分敷根）の方面を志した。薩摩半島方面では、或る者たちは半島北部の加治木《かじき》、重富《しげとみ》方面に向かい、或る者たちは鹿児島市、谷山（鹿児島市南部に隣接、現鹿児島市内）方面に向かった。各々が、思い思いに漕《こ》ぎ出し、またたく間に、有る限りの船が、島を離れた。取り残されてしまった島民たちの、心中がいかようであったか、想像に難くない。大変な恐怖心の中に、突き落とされたものと想像される。

鹿児島港からは、船会社、警察などの救護船が、桜島に向かった。取り残された島民は、海岸で蓑《みの》（わら・棕櫚《しゅろ》の皮などでつくったマント状の雨具）、笠《かさ》（雨などをしのぐ被《かぶ》り物）、手拭《てぬぐい》などを打ち振《ふ》って、救助を求めた。各船は、あふれんばかりの島民を満載した。船員たちは転覆《てんぷく》を恐れて、避難島民各自の帯を解かせた。いざという時に、裸で海中に飛び込めるようにするためであった。救助船の到着を待てず、海中に身を投じて、周辺に泳ぎ渡る者もいたと言う。

十二日の噴煙は、ほとんど常《つね》に、南大隅《おおすみ》半島方面に向かって流れていった。間断なく灰、砂土、軽石が、この地方に大量に降り注《そそ》いだ。見るみる一寸、二寸と積み重なり、顔をあげて歩行できぬ程であった。加えて、噴煙に伴《ともな》って発生した雷が、各地に落ちた。その物凄《ものすご》さは、例《たと》えようがない程であった。降灰等の被災地となった垂水《たるみず》、牛根《うしね》、高隈《たかくま》、百引《もびき》方面の住民も、先を争って四方に避難した。

いっぽう、鹿児島市民は、当初結構のんきに構え、爆発を対岸のことと見物していた。十二日になって、白煙・黒煙が桜島全島をおおうと、災害が市中に及ぶやも知れぬと、一気に心配する者が増加した。各学校は授業を休み、商店も閉じる店が多くなった。避難を開始する者も現れ、漸次《ぜんじ》その数を加えるに至った。折しも、市中で流言飛語が盛んに起こった。毒瓦斯《どくがす》で窒息《ちっそく》する、大津波が襲来《しゅうらい》するなど、人々の口から口へと伝わっていった。

市民は怖気《おじけ》立ち、避難者が道路にあふれた。鹿児島と武《たけ》（現鹿児島中央駅）の両駅は、避難者の波で空前の雑沓《ざっとう》を呈《てい》した。たよるべき車夫（人力車の車夫）、馬丁《ばてい》（馬をあつかう職業の人）も逃げ去り、上下の貴賤《きせん》に関わりなく、徒歩にて逃れる者が多かった。富貴も金銭も、全くその用をなさなかった。

同日六時二十九分頃、強烈な大地震が鹿児島市をおそった（マグニチュード七・一、震度六）。残留した市民は、屋外に飛び出し、市中は忽《たちま》ち、不安をいだく人々の巷《ちまた》と化した。着のみ着のままで、右往左往する者が多かった。市民は四散し、市中は程なく人影《ひとかげ》が絶え、その夜は軍隊・警察、その他職責ある人々を残すのみとなった。市中は、転《うた》た寂寞陰凄《せきばくいんせい》（とても物寂しくて暗い）の極《きわ》みであった。

早く避難した市民は、車馬・鉄道を利用して、遠地に逃げた者が多かった。しかるに、大地震後に避難しようとした時には、既に車馬は払底《ふってい》し、鉄道も破壊されていた。遠方への避難が困難となり、城山一帯、武、田上、唐湊《とそ》、谷山あたり（現武岡、紫原《むらさきばる》から南の山々）の高地にて、一夜を明かす者も夥《おびただ》しかった。

さらに浮説に脅《おび》えて、伊敷街道を逃《のが》る者（郡山や伊集院・市来の方面へ）、水上坂《みずかみざか》（ミッカン坂）方面を、西へ西へと辿《たど》る者（松元・伊集院・日吉・市来の方面へ）、逃げ惑《まど》う人々の波は終夜絶えなかった。翌十三日にも、伊敷街道、水上坂方面に、逃れる市民が、終日雑沓《ざっとう》を成した。夜間の市中は、寂寞《せきばく》たること、前夜に異らず。

十八日以降、一週間程の避難を終え、続々と人々が帰宅し、漸次《ぜんじ》市中の秩序も回復していった。しかし、これ以降も、市内への降灰は続いて、人々の日常生活に影響を与え続けた。

③被災者の救援

桜島の大爆震は、大量の被災者を生んだ。官民は協力し、多くの島民の救済に当たった。その結果、大変災にもかかわらず、避難島民の惨死者《ざんししゃ》は、わずか二名に過ぎなかった。また行方不明者は、十八名を出すに止まった。これはひとえに、救護従事者たちの、大功と言えよう。

鹿児島市民の避難者は、伊集院村、東西市来村《いちきむら》などの村々、果ては姶良郡《あいらぐん》、薩摩郡などの村々へ身を寄せた。

避難者に対する、村民らの同情歓待《かんたい》は、実に懇切丁寧を極めた。ある村では、茹甘藷《ゆでかんしょ》（ゆでた薩摩芋）を路傍に置き、人々が取って食するに任《まか》せた。ある村では、握飯《にぎりめし》を避難者に配布した。或いは荷物運搬を手伝い、避難民のために尽力した。

警察、陸軍、海軍、消防隊の人々による救護活動も、大いなる成果をあげたことは言うに及ばず、国内外の多くの人々が、救護活動に尽力し、また同情を寄せた。金生町の山形屋呉服店（現山形屋デパート）は、店員百五十名を数隊に分けて派遣し、避難所五ヶ所の避難島民に、手拭《てぬぐい》、草履《ぞうり》を分与し、八百名に炊出《たきだし》を提供した。仲町の藤安呉服店は、避難所の救護に、店員一同全力を傾注《けいちゅう》した。茶菓を饗応《きょうおう》し、避難島民の救護に努《つと》めた。和泉屋《いずみや》町《ちょう》の焼酎業《しょうちゅうぎょう》吉村新左衛門は、島民六十名余を、自宅に宿泊させ、店員と協力し、食事の面倒を見た。天神馬場《てんじんばば》通《どお》りの岩切実《まこと》は、避難所西本願寺別院（現西本願寺鹿児島別院、東千石町）で、島民百五十名に、炊出《たきだし》をおこなった。その他、あまたの個人、団体が、避難島民のために炊出などの救護活動をおこない貢献した。

県内外の人々の、義捐金《ぎえんきん》も、頗《すこぶ》る多額にのぼった。桜島の大爆発は、早くも世界に伝わり、多大の同情を集めた。英国皇帝ジョージ五世をはじめ、米国大統領ウィルソンらは、十四日に、同情慰問の電報を、日本政府に寄《よ》せてきた。その後、スペイン皇帝・皇后、中華民国大総統、ポルトガル大統領、トルコ総理大臣、オーストラリア政府、アルゼンチン政府などからも慰問の電報が寄せられた。加えて、国内各新聞社、オーストラリア、米国本土、ハワイ島の新聞社が、災害義捐金を集めて、県庁に送ってきた。

京都府天田郡、成徳尋常小学校、四年生女児、高橋きみ子は、救助費にそえて、次のような手紙を同封してきた。

拝啓、去る十四日の大阪朝日新聞急告にて、先生又父母に、桜島の発火山のために、大ぜい人がひなんして居《お》られる事を御話になりましたので、私も非常にお気の毒と思ひ《い》、私　尋常三年生の時、いねの虫を取りおき、それを先生につみたて致しましたる金三十銭有り、少しにてはずかしい程《ほど》ですが、桜島の困難して居《お》ります人へ寄贈金として差出《さしだ》します。

国内外の人々の鹿児島県民への同情は、金銭の多寡《たか》に係《かかわ》らず、県民を励《はげ》ますものであった。

《参考文献》

鹿児島県立図書館編刊『桜島噴火記』（大正十四年十月初版、昭和十五年三月第五版）、鹿児島新聞記者十余名共纂『大正三年　桜島大爆震記　増補四版』（桜島大爆震記編纂事務所、大正三年）、桜島町郷土誌編さん委員会編『桜島町郷土誌』（桜島町長横山金盛発行、昭和六十三年三月）など、鹿児島県立図書館の蔵書を参照。

二、桜島爆発の被害に就いて（谷口知事実話）

《鹿児島県編発行『桜島大正噴火誌』（昭和二年三月）二七四〜二七六頁の「谷口知事実話」を採録。谷口知事とは、谷口留五郎のことで、明治四十四年七月四日〜大正三年四月二十八日の間に、鹿児島県知事であった（鹿児島県編発行『鹿児島県史　別巻』〈昭和十八年三月発行〉一六頁、参照）。次に紹介する文章は、県のトップとして桜島爆発後の行政を指揮してきた者の総括である。県全体の被害状況を概括しており、そうしたものを大局的に理解する上でも、好個の文章である。また行政機関がどういう問題を抱えて、それらに直面していたのか等、窺える文章でもある。文中に「今日に至る迄、既に一ヶ月以上を経過せるを以て云々」とあることから、二月半《なかば》以降の談話と言える。》

桜島の爆発は、一月十二日午前十時頃に始まつた。前日から頻繁《ひんぱん》に地震があつて、尋常事でない事と思〔つ〕た。併《しか》しまさか桜島の噴火するとは夢にも思はなかつた。実に突然の事で、甚《はなはだし》く市民〈鹿児島市民〉を驚かした。見る間に濛々《もうもう》たる噴煙が、天に吹き上つた。吾々は丁度県庁に出勤して居たので、直《すぐ》に水上警察署〈生産町の海岸、第一桟橋の所〉にと赴き、警察官並《ならび》に庁員〈県庁職員〉と共に救助に従事すると同時に、一方赤十字社支部に命じて救護班を組織し、医員・看護人等の召集をなした。

恰好《かっこう》〈都合よく〉、当時数隻の汽船が碇泊中《ていはくちゅう》であつた。殊《こと》に、又陸軍の演習が沖縄で行はるゝので、兵の輸送

谷口留五郎知事。西桜島村編発行『大正三年噴火五十年記念誌』（昭和39年1月）より

の為めに平壌丸《へいじょうまる》・第二大信丸《だいしんまる》も湾内に艤装《ぎそう》〈出航の準備をする〉して居たから、是等に交渉して、警察官・医員・看護婦等乗込んで、桜島に向つて救助に出掛《でか》けしめた。夫《それ》で、当日避難し後《おく》れた、島民二千四百九十三人を救助した。夫《それ》から十三日に、尚《なお》捜索を続けて五人、十四日には三十五人、十五日に六人を救助した。

夫《そ》れで結局、今日迄の調《しらべ》に依ると、東、西桜島で溺死《できし》した者が二人、黒神《くろかみ》〈東桜島村の集落、後述のように百九十六戸焼失〉の者で牛根《うしね》〈対岸の大隅半島の集落〉へ避難上陸して行倒《ゆきだお》れになつた者が四人、夫れから行衛《ゆくえ》不明の者が二十三人、是《これ》を全部死したるものと認《みと》むると、爆発に起因して桜島で変死したるものが二十九人と、負傷者《ふしょうしゃ》が一人とになる。

夫《そ》れから、其日の午后六時半に強震があつて、鹿児島市で石塀崩壊の為めに圧死されたる者が十三人、鹿児島郡で石塀《いしべい》又は崖《がけ》等崩壊の為め圧死された者が十六人である。内《うち》十人は避難の途中、西武田村天神ケ瀬戸《てんじんがせと》〈唐湊《とそ》の西方山中、鹿児島郡西武田村田上字《あざ》、現鹿児島市広木一丁目〉の崖崩れの為め圧死したので、誠《まこと》に気の毒であつた。夫《そ》れで鹿児島市と鹿児島郡の死者を合すると二十九人と、外に負傷者が百十一人あつた。

以上の如《ごと》く、非常の天災にも拘《かかわ》らず、桜島に於て変死者の少なかつた事は、丁度《ちょうど》爆発が昼間で、救助に都合《つごう》がよかつたからで、是れが若《も》し夜間であつたならば、何程の死傷者を出《い》だしたかも知れなかつた。又鹿児島市並《ならびに》鹿児島郡の方に於ても、あれ程の強震にも拘《かかわ》らず、死傷者の少なかりしは、当時人民が大部分避難をした後に起つたからであつた。若《も》し其《それ》以前でありしならば、実に惨状《さんじょう》を極《きわ》めたものであらうと考へる。

十二日の強震の際は、実に混乱を極めた市中は、避難をするものが、東奔西走《とうほんせいそう》織《お》るが如き有様であつて、一方罹災民《りさいみん》に焚出《たきだし》をせねばならず、又一方死傷者の手当《てあて》もせねばならず、何事も咄嗟《とっさ》の出来事であるから、随分困難であつた。(1)幸《さいわい》に四十五聯隊《れんたい》の援助に依《よっ》て大に便宜《べんぎ》を得《え》、罹災民《りさいみん》等も其焚出《たきだし》に依《よっ》て、幸に飢渇《きかつ》を免《まぬが》れ、又市民が家屋・財産を捨て、遠く各地に避難せし(2)にも拘《かかわ》らず、火災・盗難等の少なかりしは、夜中〔の〕警戒、其宜《よろ》しきを得《え》たるに依《よ》る事で、大に感謝せねばならぬ。又十三日以降は、軍艦利根《とね》其他第二艦隊等の援助に依り、市中の秩序を一層完全に維持する事を得《え》た。

十二日の晩方《ばんがた》に至り、電信・電話・汽車等も不通になつた為《た》めに、世間に非常な誇大《こだい》な事実が伝つた。仮令《たとえ》ば、十二日午後六時の爆発に、溶岩を市に降《くだ》す事夥《おびただ》し。溶岩・熱泥《ねつでい》に打たれ、死傷〔する者〕数しれず。郵便局は蜂《はち》の巣《す》の如く崩壊し云々とか、十三日午前三時半、鹿児島市に海嘯《かいしょう》〈津波〉襲来したとか、鹿児島市の降灰は、一尺五寸より二尺に及び、溶岩が市中に落下するとか、鹿児島市は熱灰砂《ねつかいさ》に埋《う》もれ歩行叶《かな》はずとか、十二日朝桜島より三百余人避難せしも、噴火稍穏《ややおだや》かとなり引返せしが、行衛《ゆくえ》不明となれりとか、様々な想像説が行《おこな》れた。

然るに、其後、通信機関が復旧〔する〕に及《およん》で、其《その》事実にあらざる事が分《わか》り、新聞紙等に於て皆取消《とりけ》された。世上《せじょう》では、其の死傷者の少なかりしと、誇大《こだい》の事実が取消されたとに依り、実際桜島爆発の害は甚《はなはだ》しからざるもの、様《よう》考へて居《お》るが、成程《なるほど》万事《ばんじ》都合《つごう》がよかりしに依《よ》り、人命の損傷《そんしょう》は幸《さいわい》に少なかつたが、田畑山林等に及ぼす被害は、実に莫大《ばくだい》なものであつた。

西桜島村に於ては、赤水《あかみず》の二百八十五戸、横山の四百十五戸、小池の二百十九戸、赤生原《あこうばる》の百五十二戸は溶岩の下に埋没せられ、武《たけ》の二百十二戸、藤野《ふじの》の四十戸、西道《さいどう》の十七戸は焼失し、東桜島村に於ては、瀬戸《せと》の二百二十七戸、脇《わき》の六十戸、有村《ありむら》の百二十三戸は、溶岩の下に埋没せられ、黒神《くろかみ》の百九十六戸は焼失した。夫れで、東西両桜島村に於て、埋没又は焼失したる戸数を合計すれば、千九百四十六戸、残存家屋が千百八十六戸で、殆《ほとん》ど全島の三分の二は滅失《めっしつ》した。

又土地は、黒神の如きは積灰五尺乃至《ないし》六尺、高免《こうめん》は一尺五六寸、白浜《しらはま》は一尺乃至一尺三寸、其他二俣《ふたまた》、松浦《まつうら》、西道《さいどう》の如きも甚《はなはだ》しき差なく、比較的被害の少なきは、藤野、古里《ふるさと》、湯之《ゆの》、野尻《のじり》等である。それとても尚《なお》、噴煙・震動等未《いま》だ十分終熄《しゅうそく》に至らぬから、安《やす》んじて帰る事が出来ぬ。夫《そ》れから、焼け残つた家屋も、田畑同様、大抵降灰《こうはい》に埋もれ〈原文は「埋まれ」〉、柑橘《かんきつ》、枇杷《びわ》、桃等は、大抵枯死し、比較的被害の少なきは、落葉樹計《ばかり》であるが、麦、大根等は全滅と云つても〔差《さし》〕支《つか》へない。

全陣《ぜんちん》の遍《へん》〈あまねく前述のような状況〉であるから、帰るに家なく、耕すに土地なく、糊口《ここう》〈かゆをする、食事をする〉に窮迫《きゅうはく》する者、桜島〔から避難して来た者〕のみにて目下《もっか》一万八千五百五十三人、〔その〕内《うち》鹿児島市に在る者四千三百三十八人、鹿児島郡に在る者五千二百七十八人、日置郡《ひおきぐん》に在る者千六百五十五人、伊佐郡《いさぐん》に在る者八十人、姶良郡《あいらぐん》に在る者二千九百二十四人、曽於郡《そおぐん》に在る者三百九人、肝属郡《きもつきぐん》に在る者三千九百七十七人である。是等は皆避難当時より、有志の義捐金《ぎえんきん》又は罹災《りさい》救助基金に依《よ》つて、其《その》救助を受けるものである。是が為めに日《ひ》に要する金額は、凡そ千有余円である。其の爆発より今日に至る迄《まで》、既に一ヶ月以上を経過せるを以て、単に食費にても、三万有余円を費消した。

降灰の害は、独《ひと》り桜島に止《とど》まらず。対岸大隅《おおすみ》地方に於ては、尚《なお》一層甚《はなはだ》しきを見る。即ち姶良《あいら》、肝属《きもつき》、曽於《そお》の各郡であるが、其中《そのなか》に於て最も甚《はなはだ》しきは、牛根、百引《もびき》、高隈《たかくま》、市成《いちなり》、野方、恒吉《つねよし》〈現曽於市大隅町内〉、東志布志《しぶし》等である。甚しきは降灰五尺、若《も》しくは六尺に及び、住家の軒《のき》に達するものあり。野も山も川も草も木も、悉《ことごと》く灰に蔽《おお》はれて、青いものは殆《ほとん》ど一物も見る事は出来ない。樹木の如きは、往々枯死《こし》するものもあり。川魚の如きも悉《ことごと》く死し、殆ど全滅と云ふても差支《さしつかえ》なかろう。又当地方は、県下有名なる産馬地なれども、馬糧不足の為め、栄養不良に陥《おちい》る馬匹も尠《すく》なからざるべく、又生産の上にも、著《いちじる》しく減少を来す事ならん、と考へらる。

桜島と云ひ《いい》、大隅《おおすみ》地方と云ひ、降灰《こうはい》の為め、本年の作物の皆無《かいむ》に帰するは、素《もと》より数年を期するも、回復は困難なるべし。況《いわ》んや、降灰の深さ二尺以上の土地は、到底《とうてい》回復の望なしと云《い》ふ事であるが、夫《それ》以下の深さの土地でも、莫大《ばくだい》の資金を投ずるにあらずんば、到底回復は困難なるべし。其資金を如何《いか》にして供給するかゞ、吾々当路者〈当局者〉の苦心する所である。仍《よっ》て此の大災害の善後策としては、第一〔に取り組むべきは〕、帰るに家なく、耕すに土地なき罹災民《りさいみん》をして、一日も早く適当なる場所に、居住せしむるにある。

今桜島並《ならび》に大隅《おおすみ》地方に於て、移住を要する戸数は、凡《およそ》四千四百三戸、人員二万八千九十六人である。気候・風土等の関係あるに依り、可成《なるべく》人口稀薄《きはく》にして、肥沃《ひよく》の土地を選定せしに、最適当なるものを種子島とし、其他《そのほか》、肝属《きもつき》・姶良《あいら》及《および》宮崎県西諸県郡《もろかたぐん》地方等にして、種子島に凡そ千二百八十戸、肝属郡に七百三戸、姶良郡に二十戸、西諸県郡に七百五十五戸、合計二千七百五十七戸を容《い》るゝ余地ありと認め、目下《もっか》調査を進行して居《お》る。然るに、残りの千六百四十六戸は、止《や》むなく之を北海道、台湾、朝鮮等に適当なる移住地を求めねばならぬ。

移住民には少なくも、一町歩の土地と旅費・小屋掛費《こやかけひ》並《ならびに》数月間の食料費を給せねばならぬにより、其費用一戸平均二百八拾円とすれば、其の総額百二十有余万円の費用を要すべく、到底《とうてい》県費の堪《た》ゆる所にあらざるに依《よ》り、国費に特別の支出を仰《あお》ぐの外《ほか》なかるべしと考へる。以上種子島 並《ならびに》肝属郡 及《および》宮崎県西諸県郡等所在官林にして、耕地に適当なるものあるを以て、此度《こたび》の移民計画に対し、無代譲与《じょうよ》の特別なる詮議《せんぎ》を望む次第である。

又前に述べたる土地復旧費の如きも、一反歩約二十八円を要するものとすれば、其復旧し得べき田畑の総反別《たんべつ》一万七千九百八十四町歩《ちょうぶ》に対し、五百六万二千四百有余円を要する次第《しだい》に付《つき》、之を無利息長期年賦償還の方法に依り、国庫より特に支出貸付せられん事を望む。尚《なお》収穫皆無《かいむ》の土地に対しては免租、又降灰深き田畑に対しては、荒地成《なる》の処分ある事と信ず。

以上、此の稀有《けう》の災害は、独《ひと》り災源地たる桜島に止《とど》まらず、一市四郡に亘《わた》り、其地積十八万三千三百九十七町歩、戸数七万二千八十一戸、人口四十三万四千五百九人に係る災害にして、実に鹿児島県〔の〕三分の一に当る大被害である。今此の損害価格を計算すれば、総額三千七百十六万余円となり、内《うち》桜島の分が七百二十万円で、損害総額の五分の一強《きょう》に当《あた》る事となる。県に於ては、三分の一の納税分を失なつた事となるから、県経済上、将来大《おおい》に困難を感ずる事となるのであらうと考へる。

又東西両桜島、或は牛根、百引《もびき》村等は、独立も余程困難になるであらう。尚《なお》其他の町村に於ても、税源を失《うしな》ふて、財政上支障を来す事が少〔なく〕ないと思ふ。是等は何とか相当の方法を以て、費用を補助する等、適当の方法を講究せざるべからずと信ず。

〔註〕

（1）爆発があった一月十二日の当日の鹿児島市の救護活動について、翌日の朝刊は、次のように報道している。

避難民の救護所や収容所の場所については、『鹿児島新聞』（大正三年一月十三日）一面の「●避難民の救護収容所」に、「桜島噴火避難民の救護所は東西本願寺、易居町《やすいちょう》の不断光院を以て充《あて》られ、避難民の収容所は清水町の清水尋常小学校、易居町の名山尋常小学校、荒田町〈下荒田町に訂正〉の八幡尋常小学校の校堂を以て充てられ、市内の医師は救護所、収容所、海岸一帯に出張し、大《おおい》に救助に勉めつゝあり」という。救護所は東西本願寺、易居町の不断光院の仏教寺院三ヶ所、収容所は清水尋常小学校・名山尋常小学校・八幡尋常小学校の三小学校の校堂を活用した。また避難民への焚出《たきだし》については、同紙同面の「●避難民焚出所」に「鹿児島市役所は県庁の移牒《いちょう》〈文書依頼〉によりて、鼓川町《つづみがわまち》の竹之内安太郎・住吉町の藤安辰次郎・西千石町の枝元善之助・荒田町〈下荒田町に訂正〉の酒匂弥兵衛の四人の所に焚出《たきだ》し所を設け、県庁・市役所員詰《つめき》切《で》りて、桜島避難民に握飯《にぎりめし》を附与しつゝあり」とある。鹿児島市は、鼓川町・住吉町・西千石町・下荒田町の四町の人物に依頼して避難民への焚出を行っている。

なお県庁や民間人の活動について、同紙同面の「▼海岸の救護所　▼部署と配置」には、「爆発後、谷口知事・服部内務部長・丸茂警察部長・田畑警視等、水上警察署に集まり、避難者救護其他各手当の指揮に余念なかりし云々」とし、さらに「亀岡本県衛生部長中心と為りて斡旋《あっせん》し、赤十字社・県立病院、市医師会も各々出張救護に努め、負傷者は県立病院へ、避難者は東西両本願寺へ収容し、本県庶務課より之が炊出しを為したる云々」と報じる。谷口知事らは鹿児島港の水上警察署に詰めて、救護活動等の指揮をとっていた。衛生部長を中心として、医療関係の対応がおこなわれた。そして、負傷者は県立病院〈第七高等学校（現黎明館《れいめいかん》）の右隣の私学校跡、下竜尾町《しもたつおちょう》寄り〉へ収容した。さらに避難者は、東西両本願寺へ収容して、本県庶務課の職員たちも独自に炊き出しを行った。上に続いて、民間人の活動について、「山形屋呉服店《やまかたやごふくてん》〈現在は県内を代表するデパート〉よりは、第一着に避難者の収容を申込み、天保山〈甲突川の河口右岸、避難島民が多数上陸〉にテントを張りて救護所に充《あ》て、且つ握飯《にぎりめし》の寄贈を為したり」と述べ、山形屋呉服店の人びとの天保山におけるボランティア活動を報じている。

（2）鹿児島市民（当時は七万人）の各地への避難状況について、『鹿児島朝日新聞』（大正三年一月十九日）一面の「●避難民三万余　▼市来《いちき》警察管内の大混乱」によると、概容は次のようであった。「十二日桜島大爆発後、海嘯《かいしょう》〈津波〉襲来《しゅうらい》の説あり。市民の大部分は城山或は武《たけ》停車場〈現鹿児島中央駅〉附近・草牟田《そうむた》地方〈甲突川の新上橋よりさらに上流、新照院町に隣接〉に避難せしも、猶《なお》不安なるため、漸次《ぜんじ》伊集院・東市来・湯之元《ゆのもと》・西市来・串木野地方〈鹿児島本線の鹿児島中央駅から薩摩川内駅間の町〉へと落ち行きたるが、此等各地方の混雑は言語に絶し、喰《くら》ふに食なく、寝るに家なく、食糧品は忽《たちま》ち騰貴《とうき》して、伊集院地方の如き、小さき握飯《にぎりめし》一個五銭、薩摩芋《さつまいも》二個一銭、水茶碗《ちゃわん》一杯一銭と云《い》ふ高価にて、夫《そ》れさへ羽《は》の生へたる如く飛び行き、瞬《また》く間《ま》に売れ尽《つ》す（中略）。横井〈鹿児島市と伊集院とのほぼ中間〉附近の竹薮《たけやぶ》内には、数日間録々《ろくろく》食を得ずして、雨に濡《ぬ》れたる儘《まま》、縮《ちぢ》み居《い》たる者数百〔人〕あり。人家到《いた》る処《ところ》一杯《いっぱい》の人にて、忽《たちま》ち穀類の欠乏を来《きた》したるが、市来警察管内も同様、多数の避難者あり。湯之元は温泉地とて、桜島噴火に連れ熱湯噴出説など伝はり、一たん逃げ込みたる避難者も、再び輸出〈他地方へ移動〉したるが、夫れにも〔拘らず、〕花屋其他主《おも》〈原文は「重」〉なる旅館は、毎日五十人以上の宿泊者あり。附近の人家はすべて避難民にて埋まり、向湯田《むかゆだ》〈現日置市東市来町湯田、九州新幹線沿い〉青年会の如き、よく其間《かん》に斡旋《あっせん》したるが、西市来にも一万三四千の避難者あり。伊作田《いざくだ》〈現日置市東市来町伊作田、鹿児島本線より海側〉に約五百名位、串木野に約二万余の避難者あり。寺院・役場・学校等、何れも一杯の人にて大混乱を呈《てい》したるが、昨日来帰路する者多数あり。次第に減少し居れりと云《い》ふ《う》」とある。鹿児島市民（七万人）の半数近くが、現鹿児島本線沿いに避難した。

第二章　鹿児島市における体験

――『大正三年一月桜島大爆震　遭難記』について

一、著者・大瀬秀雄と能勢久《のせひさ》の「桜島噴火日記」

①著者・大瀬秀雄

ア　大瀬秀雄を著者に認定

『大正三年一月桜島大爆震　遭難記』の著者名は、表紙や巻頭には記されていない。従って、鹿児島県立図書館でも、著者不祥の書籍として処理されてきた。そこで著者名を確定することが、小生の最初の大きな課題になった。様々な思い込みがあって遠回りしたが、内容を精査すると共に、調査の範囲をひろげると、誰の著作か自信が持てるようになった。

本文を精査していくと、次のような記述が見られる。

a、「桜島のいろゝゝ」の最後尾、「桜島噴火日記」の文章の前（20葉のa）に、次のように記す。

　桜島爆発後九十三日
山本首相以下骸骨《がいこつ》を乞う〈辞職を願い出る〉て後継内閣未だならざるに
皇太后陛下先帝の御跡を追ひ給ひて
廃朝明けの大正三年四月十五日之を記し了《おわ》る

大瀬秀雄

この記述から、巻頭から「桜島のいろ、、」までの「遭難記」部分は、大瀬秀雄によって最初に書かれ、一応ここまでの文章で終了したものと推定される。「桜島噴火日記」以降の部分は、早くとも四月十六日以後に増補されていったものであろう。

b、「桜島登山」（最後の登山の旧記とする文章）の最初（27葉のb）に、「大正二年十月二十日」に登山したと述べ、また同文の最後尾（29葉のb）に「余鹿児島に来りて茲《ここ》に七年、桜島に登ること二回」とする。鹿児島県立第一高等女学校編刊『沿革概要』二五頁によると、大瀬秀雄は明治四十年六月十五日着任した。大正二年十月二十日で大瀬秀雄は、着任後六年五ヶ月、七年目である。従って、「桜島登山」（最後の登山の旧記とする文章）も大瀬の手になる文章と言えよう。

c、本書最後尾に掲載される「横山方面に火山弾を探る（噴火後第二回の渡島）」の文中（31葉のa）に「余は長男信をつれ、云々」とある。この長男「信」については、本書第三章に収録する大瀬秀雄の避難体験記中十二日部分に「信長男十六才」とある。従って、この「横山方面に火山弾を探る（噴火後第二回の渡島）」の文章も大瀬秀雄がものしたものである。

こうしたa～cの根拠により、本書の著者は大瀬秀雄であると考えて間違いなかろう。本書を読むと、大瀬が妻や家族を大事にしていたことはよくわかる。しかし県立第一高等女学校で何の科目を担当していたのか、教員としての人物像はほぼ不明である。

ところが、彼の人物像の一面を知りうる手掛かりが、一つだけ残されていた。それは、鹿児島大学図書館蔵の鹿児島県立第一高等女学校学友会文芸部編発行『会誌』第五号〈創立記念〉（昭和八年三月）である。その「旧職員」の二五頁によると、大瀬について、明治四十年六月十五日就職、大正五年一月十七日転免とある。彼は明治四十年六月に第一高等女学校に赴任してきて、大正五年一月十七日に任を解かれたことがわかる。そして彼は、桜島爆震から二年間程しか、第一高等女学校の教壇に立たなかったのである。
　また同誌「旧客員住所氏名」の二頁によると、昭和八年の住所は「福井市梅ヶ枝仲町」とあり、福井県に移転している。第一高等女学校を転免となって、その十七年後の住所は福井県であった。この資料（『会誌』第五号）からは、大瀬が第一高等女学校をやめて、十七年後の住所はわかるが、いつ福井県に移転したのかは不明である。この十七年間を大瀬は、どのように過ごしていたのであろうか。大瀬は転免後に、他の学校の教壇に立ったのであろうか、それは今のところ不明である。ともかく十七年後には、日本海がわの、福井県福井市梅ヶ枝仲町に、大瀬は住むようになっている。

　そこで福井県内の各図書館員の協力をえて、福井県内での足跡をたどってみると、次のようなことがわかった。即ち、大瀬秀雄の姓名を記した書籍が、福井県内の各図書館に保存されている、と言うことである。以下にそれらを列挙して、大瀬の動向や彼の興味の対象などを窺見《きけん》したい。

大瀬秀雄の勤務校、鹿児島県立第一高等女学校
（現県立鹿児島中央高等学校）

・福井県編発行『福井県史　第四冊　附図』（大正十一年三月）の「目次」によると、「三、附図藩領図（製作）」について「附図第一は（中略）第三は編纂員牧野信之助嘱託高島正大瀬秀雄之を製作せり」と記す。〈「三、附図藩領図」の製作に、大瀬は福井県史編纂事業の嘱託員の立場で関わっていた〉
・『若狭国三方郡《みかたぐん》国吉城籠城記　完』（福井大学図書館蔵）昭和二年冬大瀬秀雄手写〈国吉城籠城を記した戦記（歴史書）〉
・芥川元澄著『越前　鯖江志《さばえし》　完』（越前市中央図書館蔵）昭和三年十一月十四日大瀬秀雄手写〈鯖江の地誌、大瀬秀雄手写本を、さらに昭和五

年二月十九日庭本雅夫が手写〉

・岡田輔幹著『深山木』（福井市立　郷土歴史博物館蔵）昭和四年二月五日図書館員大瀬秀雄手写〈越前大野藩士岡田の歌文集、足立尚計「岡田輔幹著『深山木』について」（『福井市立郷土歴史博物館館報』復刊第十五号、平成二年三月、二頁参照）〉

・大瀬秀雄著『塵塚』（越前市中央図書館蔵）昭和五年三月二十六日庭本雅夫手写〈大瀬による古記録の抜粋集の中から、庭本《にわもと》が自己の興味があるものだけを手写〉

これらの管見の及んだ書籍を基に、福井県における大瀬の活動から考えたい。大瀬は遅くとも大正九（一九二〇）年までに、福井県史編纂事業の嘱託員の立場で、「藩領図」作成のための仕事をしていた。これは福井市などに、大瀬を歴史研究に従事できる能力があると認知する者がいたことを想像させる。大瀬自身もその後、彼が貴重と考えた地元の歴史書（昭和二年手写）や地誌（昭和三年手写）の古籍を、手写する作業をしている。

一方で大瀬は、自ら『塵塚《ちりづか》』と題して、福井県内の古記録（歴史関連史料など）を集め、それを冊子にしていた。少なくとも大正九年以降、このように大瀬は福井市内に住んで、郷土史研究の活動をして過ごしていた、と言えよう。大瀬の動向について、ここまで詰めても、第一高等女学校を転免となった大正五（一九一六）年一月十七日以降に、動向不明の空白の四～五年間が残る。福井県史の研究者や御遺族の協力を得て、動向不明の四～五年間を埋めたいものである。

次に例外的なものとして、大瀬は歌文集である岡田輔幹著『深山木』の手写本を残している。昭和四（一九二九）年二月五日に、図書館員であった大瀬が残したものである。ちなみに、大瀬の『大正三年一月桜島大爆震遭難記』でも、彼の自作の多くの和歌が入れられている。『深山木』を手写した背景として、こうした彼の作歌趣味との関わりが、大きかったと推測する。

要するに大瀬は、第一高等女学校を転免となった大正五（一九一六）年一月十七日以降に、福井市に転居したかもしれないが、その後の四～五年間程の動向が不明である。県史の編纂作業は史料の整理などに長期間かかるが、それを考えると、動向が知れない期間、嘱託として編纂作業に従事していたのかもしれない。遅くとも大正九（一九二〇）年以降、嘱託として編纂作業に従事していたであろう。その後は、福井市内の図書館員として仕事をしながら、主に福井の郷土史関連のことに興味をもって、また若い時からの趣味であった和歌づくりをして、日々を過ごしていたのではなかろうか。大瀬の福井県に対する郷土愛が、自己の得意分野を生かして、余生を故郷福井県の郷土史研究に向かわせたのであろう。

したがって、第一高等女学校において大瀬の担当科目は、日本史であった可能性が最も高いように思われる。次の可能性としては、国語の教師であったかもしれない。こうした小生の推測は、あくまでも現時点における、管見の及んだ範囲からの見方であることは、言うまでもない。そして少なくとも、大瀬は第一高等女学校をやめて十六年程たった昭和七（一九三二）年までは、故郷福井県で元気に生活していた。その後の大瀬の動向については、現在のところ不明である。

イ　大瀬秀雄の本書作成の動機

大瀬秀雄が『大正三年一月桜島大爆震　遭難記』を作成したのには、どうした背景があったのであろうか。本書は手書きの、ガリ版刷りのもので、管見の限り鹿児島県立図書館に一冊だけしか残っていない。本書は後述のように、少なくとも最初の段階では、公刊を目的として書かれたものではなかった。そして結果的にも、今日まで公刊された様子はみられない。ここでは、本書の文章内容を検討して、本書作成の経緯を少しく明らかにしてみたい。

大瀬とその家族が、被災によって川内（現薩摩川内）まで避難した記録「遭難記」中の、一月十三日部分（原本八葉b～九葉a、伊集院での話）に、「余は先づ故郷に電報を打つ。混雑甚しく、到底普通にてはとの心添《こころぞえ》あり。四倍高価を払ひて至急別配達とす。後にてきけば、十五日の午後達せしとか。（中略）親戚・故旧〈古くからの知人〉も、定めて号外などにて驚きやあらんと思へど、一々音信の暇もなし。只二、三の親類と親友とに端書《はしがき》〈短い言葉がき〉を出し、のみ」とある。

この文章によると、大瀬は伊集院に着くと、故郷（先述したように福井県福井市）の親戚に対して、自分達のことを心配しているだろうというので、無事を知らせるために電報を打った。さらに、二、三の親類と親友に対して、端書《はしがき》を出して、被災したが無事であることを知らせたことがわかる。

このように大瀬は、福井市の親戚に電報で、二、三の親類と親友には葉書（端書《はしがき》）で、鹿児島における自分と家族の安否を知らせた。しかし上述のように、多くの「親戚・故旧〈古くからの知人〉も、定めて号外などにて驚きやあらんと思へど、一々音信の暇もなし」とする。被災した混乱状態のなか、いちいち多くの親戚故旧に音信する暇が無かったことを、大瀬は吐露している。桜島大爆震で、鹿児島県内の人々の生活は、少なくとも二月初めまでは大混乱していた。こうした中、大瀬自身も落ち着かない日々が続き、知人達に手紙を書くどころではなかったことが眼に浮かぶ。

さらに、同「遭難記」中の一月二十一日部分（原本十四葉b）に、「一月二十一日、親戚・旧知の玉章〈立派な手紙〉一束になりて来り、一同其の好意に泣く。今聊《いささ》か当時避難の一端を記して、其の万一に對《こた》ふ」とあって、一月二十一日になって、親戚や旧知（古くからの知人）からの手紙が、一束になって届いた。それらの手紙に目を通し、家族一同は人々の好意に泣いた。そこで、親戚や旧知の自分達に対する好意に、万分の一でも応えようと、当時の避難の一端を記した、という。つまり、川内まで避難した際の記録（「遭難記」）は、被災見舞いの手紙をくれた親戚や旧知にたいする御礼として、送ることを目的にまとめられたものであったと思われる。実際に、この原本一葉bから十四葉b（一葉aの「桜島噴火略図」と十五葉aの「桜島附近略図」も当初から付けられていたのか、確信はない）の部分は、親戚や旧知の人々に返礼として送られたのであろう。

十五葉（「被害の大概」）以降は、空き時間に『三国名勝図会』や新聞等の資料を収集して、能勢久《のせひさ》執筆「桜島噴火日記」の転記を大正三年七月二十六日に終えている（日記の文末、二十五葉b）。さらに本書巻末に、「以上大正三年八月十六日　記す」とあって、今日我々が目にする形の本書全体が完成したのは、夏季休暇中の三年八月十六日の事であった。

②能勢久《のせひさ》の「桜島噴火日記」

この日記によると、能勢久は、西桜島村にあった桜洲《おうしゅう》尋常・高等小学校の教員であった。爆震にあった時、彼女の三日間の経験を中心に記録したものが、大瀬の『大正三年一月桜島大爆震　遭難記』に採録されている「桜島噴火日記」である。彼女は桜島で被災し、鹿児島市内の実家（下荒田町）に避難してきて、そこから市内の家族とともに、武駅《たけえき》（現鹿児島中央駅）に近い上之園町《うえのそのちょう》へ避難、さらに列車によって、串木野の手前の西市来《にしいちき》まで避難した。本日記は桜島での様子、市内に帰ってからの鹿児島市の様子、西市来までの避難の様子などを窺《うかが》える貴重な史料である（完全な原文は未発見）。

即ち本日記の執筆者は、島民と共に避難行動を行い、鹿児島市在住の市民とも共に行動した。従って、島民と鹿児島市民の両罹災《りさい》民の様子を、具体的に知りうる記録となっている。しかし本書では、『大正三年一月桜島大爆震　遭難記』の原本をそのまま示すため、また重複をさけるために、鹿児島市民としての体験の一例として、その中に入れている。よって内容の一部は、西桜島村における体験でもあることをご承知の上、読んでいただければ幸いである。

なお、大瀬がどういう経緯で、この日記の掲載誌（稿者は未発見）を手に入れたのか、全く不明である。ただ大瀬は、入手し易い立場（後述のように、卒業生が桜洲尋常・高等小学校の教員として赴任していた。或いは卒業生のなかに女子師範へ多く進学）にあったと思われる。また大瀬は、能勢の近所に住んでいた。こうしたことが、この日記の掲載誌を手に入れることを可能にしたのかもしれない。ともかく大瀬という人物は、日記の掲載誌を手に入れ易い立場にあったと言えそうである。

二、武之橋近隣の居住者

鹿児島市内の代表的河川が甲突川《こうつきがわ》で、現在、その上流から下流にかけて、次のような橋がある。上流から順に、新上橋《しんかんばし》—平田橋（木曽川治水工事で貢献した平田靱負《ゆきえ》を紀念）—西田橋（参勤交代行列通過の橋）—高見橋（天文館と鹿児島中央駅間の電車線）—南洲橋（西郷隆盛を紀念）—高麗橋《こうらいばし》（近くの加治屋町に大瀬秀雄勤務の第一高等女学校〈現県立鹿児島中央高等学校〉）—甲突橋—新高橋—武之橋《たけのはし》（高見馬場と谷山を結ぶ電車線）—松方橋（松方正義《まつかたまさよし》を紀念）がある。そして、これらの橋がある甲突川の両岸から、幕末以降、多くの偉人が輩出している。ここでは、最も下流にかかっていた、旧武之橋（現武之橋の下流側に隣接）近隣の居住者について、紹介していきたい。

路面電車が通っている現武之橋のすぐ下流に隣接して、江戸時代以来の旧武之橋（石造めがね橋、谷山街道につながる）があったが、この石橋は平成五年の大水害で崩落した。小生が慣れ親しんできた新上橋《しんかんばし》も、この時崩落した。この橋の近くにある、鷹師町の実家でも、一五五センチ程水位が上がり、その後の対応に追われた。新上橋《しんかんばし》に行ってみると、川の水が落下した石を洗い、白く渦巻いていたのを思い出す。旧武之橋でも大水害の後、旧新上橋《しんかんばし》のような惨《みじ》めな姿をしていたことを耳にした。現在、旧武之橋のあった川岸に、石碑が残されている。

武之橋に立って上流を向いて、右側（左岸）は新屋敷町《しんやしきちょう》〈この上流隣が加治屋町〉、左側（右岸）は高麗町《こうらいちょう》で

石橋で日本一の長さを誇った五連の旧武之橋。1993（平成5）年8月6日、大水害で崩落。樋渡直竹撮影

ある。また下流を向いて、左側（左岸）は新屋敷町、右側（右岸）は下荒田町《しもあらたちょう》である。つまり、武之橋を取り巻いて上流側に新屋敷町《しんやしきちょう》（左岸）と高麗町《こうらいちょう》（右岸）があり、下流側に新屋敷町《しんやしきちょう》（左岸）と下荒田町《しもあらたちょう》（右岸）がある。したがって、甲突川左岸の新屋敷町《しんやしきちょう》の対岸には、上流側に高麗町《こうらいちょう》が、下流側に下荒田町《しもあらたちょう》がある。

鹿児島市内で、幕末から明治時代に活躍した偉人を多く輩出した町として、加治屋町《かじやちょう》がよく知られている。東郷《とうごう》平八郎、大山巌《いわお》、西郷隆盛と従道《じゅうどう》の兄弟などの生誕地で、大久保利通らの生い立ちの地でもある。この加治屋町に隣接して新屋敷町《しんやしきちょう》があり、その対岸が上流に高麗町《こうらいちょう》（大久保利通の誕生地）が、下流に下荒田町《しもあらたちょう》ということである。以下で話題にしたい人々は、桜島が大爆発を起こした大正三年一月頃、その当時、下荒田町《しもあらたちょう》と新屋敷町《しんやしきちょう》に居住した人々や縁があった人々（実家・生誕地が存在）である。

①下荒田町《しもあらたちょう》の人々

下荒田町で育って、その後に著名人になった代表的人物に、松方正義《まつかたまさよし》（一八三五〜一九二四年）がいる。彼は特に、明治時代に財務関係や経済政策方面で活躍した。彼は明治十四（一八八一）年に大蔵卿に就任して、その後、いわゆる松方財政を実施。明治十八（一八八五）年十二月伊藤内閣で蔵相として入閣、以後黒田、山県両内閣でも蔵相に留任、その後やがて内閣総理大臣（一次、一八九一年五月〜一八九二年八月）になっても、蔵相を兼任した。松方が蔵相を担当したのは、六年有半に及んだ。

その後も、内閣総理大臣に就任して蔵相を兼任した（二次、一八九六年九月〜一八九八年一月）。そして、ひきつづき、第二次山県内閣（一八九八年十一月〜一九〇〇年十月）でも蔵相となった。このように松方は、明治十八（一八八五）年〜三十三（一九〇〇）年の間に、日本の財務・経済政策に大きくかかわってきた。

即ち、日本が産業革命を達成し、資本主義社会に離陸していった時代の、財務政策や経済政策の立案、実施を担当した中心人物が松方であった。さらに明治三十六（一九〇三）年七月からは枢密顧問官として、日露戦費の確保に腐心した。大正六（一九一七）年五月〜十一年までは、内大臣として天皇の大政を輔弼《ほひつ》した。そして、大正十三（一九二四）年に死去した。以上の記述は、徳富猪一郎編著『公爵松方正義伝　乾・坤巻』（公爵松方正義伝記発行所、昭和十年七月）などを参照した。『同書　乾巻』四頁によると、松方の生誕地は「鹿児島城下荒田正建寺方域の邸」であった。

松方正義生誕地。現在は松方公園。ここから3分ほどの所に『大正三年一月桜島大爆震　遭難記』著者、大瀬秀雄と同書に登場する能勢久が住んでいた

今日この下荒田を訪れると、現武之橋からすぐの下流、甲突川《こうつきがわ》の右岸に、松方正義の銅像が建てられている。銅像から、すこし下流の川岸から見て一区画（NTT西日本南九州）の裏がわに、区画が三角形の松方公園（現下荒田町一丁目十六番）がある。この公園あたりが松方の育った屋敷跡地で、公園内に立派な石碑が建てられている。甲突川岸から、一〜二分で到達できるところに公園はある。旧武之橋からも、数分程の距離である。

この松方の誕生地（松方公園）の周辺に住んでいたのが、本書で紹介する『大正三年一月桜島大爆震　遭難記』の著者大瀬（旧住所表示、四十八

松方正義。『国史大辞典』より

番地）と、これに登場する能勢久（旧住所表示、八番地、次掲地図中の正建寺の左側三角地内）であった。それも松方公園を中心にして、三分以内の円の中に入る地域に、明治時代の末から両人は住んでいたと想像されるので、帰郷した松方正義と路上ですれ違うこともあったかもしれない。地籍の記録によると、この下荒田町《しもあらたちょう》に松方姓の家が何軒か見られる。これらが、松方正義の親戚すじだとすると、大正二年までに正義がこの地を訪れたかもしれない。現在、これらを証明する材料を持ち合わせていないのが、悔やまれるところである。松方正義と故郷下荒田町の人々が、明治時代末から大正時代の初めにかけて、どのような交流をしていたのか、その実態の解明は松方正義の研究者に譲りたい。

大瀬秀雄と能勢久の自宅あたり（武之橋上流から）

大久保達正監修『松方正義関係文書　第十巻』（大東文化大学東洋研究所、平成元年三月）所収の「履歴書」、三八九頁の大正四年十月十九日の項によると、「大正二年北海道外《ほか》六県凶作　並《ならびに》　仝三年一月鹿児島県桜島爆発ノ際、罹災窮民《りさいきゅうみん》へ金千円賑恤《しんじゅつ》〈哀れみふるまう〉候段《そうろうだん》、奇特ニ付《つき》、為其《そのしょうのため》　賞銀杯一個下賜《かし》候事《そうろうこと》」とあって、桜島爆発の際、松方正義も罹災窮民《りさいきゅうみん》のために賑恤《しんじゅつ》している。

ともかく、大瀬と能勢の両人は、武之橋に近い所で、かつ甲突川の近くに住んでおり、松方正義やその親戚の人々と出会う可能性があったのではと想像する。

大瀬と能勢の両人の住居について、詳しくは後掲の『大正三年一月桜島大爆震　遭難記』と小生の註記部分で述べるので、そこも参照願いたい。

松方正義、大瀬秀雄、能勢久、乃木静子、今村明恒の住居が集中した下荒田町、新屋敷町。『訂正増補番地入鹿児島市街図』（保野集景堂、昭和16年）より

②新屋敷町の人々

次に、新屋敷町《しんやしきちょう》に住んでいた人々について、述べていきたい。上述のように、甲突川を挟んで下荒田町の対岸が新屋敷町《しんやしきちょう》である。松方正義の銅像がある川岸の対岸に、乃木希典《のぎまれすけ》（一八四九～一九一二年）の夫人であった静子の誕生地がある。よく知られるように、乃木は山口県人で、日露戦争で第三軍司令官として旅順を攻略して勝利した。後に彼は、学習院院長をつとめた。明治天皇の大葬儀の当日（大正元年九月十三日）、東京の赤坂にあった自宅で殉死《じゅんし》し、妻静子もこれに殉じた。対岸に住んでいた大瀬秀雄や能勢久（明治四十五年三月に女子師範学校卒業後、同月に桜島の桜洲小に赴任、祖母らがいた）らにとって、この殉死《じゅんし》の報道は衝撃であったと思われる。ちなみに、能勢久任官の明治四十五年三月と大葬儀の大正元年九月とは、ともに一九一二年のことである。

さてこの新屋敷町《しんやしきちょう》から、明治時代から昭和時代にかけて、全国的に活躍した偉大な地震学者がでている。その人物とは今村明恒《あきつね》（旧住所表示、一五一番）である。鹿児島県内では様々な事が原因となって、今村に対する評価が低い。また地震学という研究分野の特殊性（人々の関心が薄い分野）もあって、県内の多くの人々が、今村の生涯に関心を持ってこなかった。従って今村が鬼籍に入って後（昭和二十三年一月一日没）、鹿児島県の出身者で、今村の生涯に関心を持ち、彼の伝記を書いて顕彰しようとする者は現れなかった。

ところが平成元年に、山下文雄氏が『地震予知の先駆者　今村明恒の生涯』（青磁社、平成元年九月）〈『君子未然に防ぐ―地震予知の先駆者今村明恒の生涯―』東北大学出版会、平成十四年八月、再版〉という、良書を出版された。著者・山下文雄氏は、同書奥書によると、岩手県三陸町の出身で、繰り返し地震や津波に苦しんできた地域の出身者である。多くの地震や津波に関する書籍を世にだし、人々の啓蒙につとめてこられた（平成二十三年十二月死去）。

山下氏は、こうした関心が根っこにあって、地震や津波に関する多くの研究業績を残し、国民への啓蒙活動で貢献した今村明恒《あきつね》に傾倒して、伝記を完成されたらしい（「あとがき」参照）。地震や津波に関する啓蒙書を多く出版された山下氏が、完成に心血を注《そそ》がれたのが、この伝記である。山下文雄氏がいかに強く、今村明恒《あきつね》の生涯を世に知らせたいという情熱を、燃やしておられたのか偲《しの》ばれる。「地震予知の先駆者」を書名にしたように、今村明恒を高く評価されたのである。以下の今村に関する記述は、上掲した青磁社発行の山下氏著書（序章、二〇～二三頁、二八二～三〇九頁の「略年譜」部分）を参照した。

乃木静子銅像。生誕地である甲突川左岸緑地に平成28年に建立された

今村明恒《あきつね》（幼名は常次郎）は、明治三（一八七〇）年～昭和二十三（一九四八）年の人である。藩士今村明清《あききよ》とキヨの三男として、鹿児島市新屋敷町一五一番地（旧住所表示）に生まれた。そこで育って、満五歳となった明治八（一八七五）年から、第五郷校（九年から「松原小学」に改称、現松原小学校）に入学して勉強した。十八（一八八五）年に鹿児島中学校（後の「鹿児島県立中学校造士館」）に進学、さらに二十一（一八八八）年には東京の第一高等中学校（一高）へ、そして二十四年、東京帝国大学の物理学科に進んだ。在学中、大森房吉（地震学助手）の依頼で濃尾大地震の調査を体験。それを契機に、地震学の研究の必要性をおもい、この分野の勉強をすることにした。明治二十七年に東大物理学科を卒業後、士官学校教授、東大助教授、同教授などを歴任し、昭和六年に東大を退職。その間、明治三十八年に学位を受けた。

ちなみに、『昭和人名辞典　第一巻』（帝国秘密探偵社、昭和十七年十月出版本が原本、日本図書センター本）一二五〜一二六頁によると、明清《あききよ》の子供達のなかで、五男の明孝（東大工学部造兵学科卒、海造兵大佐、退役後には電業社原動機製造所に身を置く）や、六男の明光（東大医科卒、東大で内科医として活躍、山梨県病院長、東京女子医専教授など歴任）が、人事録に掲載される程の人物になっている。

周知のように、関東地方での大地震をめぐる今村・大森論争から八年ほど後、即ち大正十二（一九二三）年九月一日に関東大地震がおこった。大森説が誤りで、今村説が正しかったことが証明された。この後、今村の地震論への評価が高まっていった。同十二年十二月、五十三歳にしてようやく東京帝国大学の教授になった。この後は太平洋岸で大地震が発生する事を想定し、地震の観測（南海道地動観測）に情熱を注いだ。今日の地震の観測体制や火山の監視などの基本的な考え方（地震予知が重要）に、今村の思想が継承されているのではなかろうか。ただ、御嶽山《おんたけさん》の噴火にともなう被害（二〇一五年九月二十八日、五十八人死亡）や、今年の熊本地震（二〇一六年四月十四日以降、強震が二回発生したが、これは新知見という）に見られるように、今村の地震学の理想の実現は、なお前途多難である。

今村明恒《あきつね》（幼名・常次郎）の実家は、新屋敷町一五一番地（旧住所表示）であった。山下氏はその屋敷や生活について、「家は三百五十坪の屋敷で、大きな家の辺りにはミカン、キンカンなど、リンゴを除く果物の樹木がたくさん茂り、それらを含めて、屋敷は屋根のある門と竹垣で囲まれていた。屋敷のすぐ近くは川辺になっているし、海も歩いて十分ぐらいと、そう遠くなかった。甲突川は、台風でもない限り今は心細い水の流れであるが、常次郎〈幼名〉の子供の頃は水量ゆたかな清流であった。（中略）近くに船魂《ふなだま》神社というのがあって、毎年、六月の祭礼は、幼い常次郎たちの楽しみであった」（山下氏本、二一〇〜二一一頁）と描写しておられる。伝統的に、薩摩藩の中級から下級武士の屋敷では、周囲に竹垣が作られているところは多かった。今村の実家のような竹垣は、鹿児島県では特殊なものではなかった。

鹿児島における竹垣は、根元《ねもと》が直径一センチ五ミリ程の竹（これより細い竹を利用する場合もあった）を直線に揃《そろ》えて植え、それらを半分に割った長い孟宗竹《もうそうちく》で、裏表の両方から挟《はさ》んで、その二本の孟宗竹（半分に割ったもの）を、適当な間隔で縄《なわ》で縛って、竹垣の形がつくられてきた。竹垣の上部と側面を、年に数回刈り入れをし、竹の子は二本の孟宗竹の間を通して育てて、竹垣の形の維持がおこなわれた。今村家でも、おそらく高さ一六〇センチ程の、こうした竹垣が屋敷に廻らされていたものと推測される。

近くに船魂《ふなだま》神社（戦前の地図では「船大明神社」と称呼）があり、この神社は今日も存在する。船の神様を祭る神社がこの地にあることから、過去に武之橋のあたりが、船溜《だ》まり的役割、或いは港的役割を果たし、造船の職人も働いていたことが考えられる。

乃木静子と今村明恒の生家方面を対岸から見て（武之橋下流左岸）

ともかく、今村家は上述のような所にあったが、新屋敷町一五一番地は、地図上でも確認できる。この番地は、船魂《ふなだま》神社と甲突川の間にあり、乃木静子の生誕地の少し下流の川岸近くにある。この家に、大正三年一月十二日の桜島大爆発の頃、八十歳程になった父明清《あききよ》が元気に住んでいた（大正十年三月三十日に八十七歳で死去）。従って父明清《あききよ》が住んでいた家の対岸に、大瀬秀雄の家族達の家や能勢久の実家があり、そこで十一日からの地震に、大瀬一家や能勢久の祖母（八十五歳）らは怯《おび》えていた。先述したように、明恒が震災予防調査会の委員（公務）として、桜島の調査で帰郷したのは、一月末のことであった（山下氏本、一二九〇頁）。

三、図書館所蔵の経緯と本書の概要

最初に、『大正三年一月桜島大爆震　遭難記』がどういう経緯で、鹿児島県立図書館に収蔵されることになったのか述べたい。

この本が県立図書館に収蔵される前の所有者は、鹿児島県出身の小説家・海音寺潮五郎（本名・末富東作、伊佐郡大口村出身）であった。彼はやがて西郷隆盛伝を書くことを、生涯最大かつ最後の仕事にしようと考えておられた。彼の半生は、西郷隆盛伝執筆のための序章であったと、小生はかってに見ている。従って、鹿児島に関する資料を、多く収集されてこられた。しかし残念ながら、西郷隆盛の全生涯を描くという計画の道半ば（『西郷隆盛』全九巻、未完）にして、昭和五十二（一九七七）年十二月に死去された。

その後、その遺品や海音寺が収集した書籍が、県立図書館に寄贈された。海音寺が収集した書籍は、全七千百九十三冊にのぼり、海音寺潮五郎文庫として保存されている。文庫開きは、昭和五十三年七月二十八日に催されたといわれる。また同図書館内に、海音寺潮五郎の書斎が復元され、誰でも見学できるようになっている。こうした書籍の中に、『大正三年一月桜島大爆震　遭難記』もあった。

小生は海音寺潮五郎の蔵書がどうなったのか、長い間気になっていた。十年以上前のことで、記憶が定かではないが、県立図書館に仕事で出かけたおり、彼の蔵書目録に目を通した。その時、遭難記をみつけたのでコピーして帰り、一読して重要な史料だと認識できた。しかし、小生は他の仕事に追われて、コピーした冊子をそのままにしてきた。ようやく時間を得て、再読してみると、様々なことに気づいた。その一つが、裏表紙の下に書かれた値段である。古書店が記した値段で、五五〇〇円としてあった。コピーすると僅か三十五枚の、薄い冊子である。こうした冊子に、古書店の店主は五五〇〇円という高い値をつけた。この冊子に、その価値を認めたのであろう。こんな高値をつけたことが、海音寺潮五郎をして、この遭難記に興味を持たせ手に取らせたものと推測される。この値段がついていなければ、海音寺潮五郎はこの本の存在に気付かなかったかもしれない。さらに故郷の図書館に、海音寺潮五郎の御遺族が蔵書を寄贈されなければ、小生もこの本に出会うことはなかったであろう。いくつもの偶然が重なって、さらに小生の後世まで伝えるべき史料だという認識によって、本書に採録している。

この本は手作りの小冊子でありながら、現存の他の書籍に見られない特質を持っている。原本の遭難記は、章立てが行われていないので、どういう内容が含まれるのかわかりにくい。そこで、その内容ごとにつけられた題目に、番号を加筆して、本書中に採録した。従って、一～十一の番号は、原本の遭難記には付けられていなかったものである。贅言《ぜいげん》すると、この番号を取り除くと、この原本の遭難記は復元できる。

こうした番号を付けた題目と、小生の若干のコメントを付けたものを示すと、原本の遭難記の内容は、次のようなものである。この中で、傍線を付けたものが、この遭難記の中にしか残っていない、これまで知られてこなかった、独自の文章である。他は、『三国名勝図会』や新聞記事などをもとに、まとめられているようだ。

一、大正三年一月桜島大爆震　遭難記・・・爆発前後と、その間の避難の記録
二、被害の大概
三、安永の炎上
四、薩摩狂句

五、桜島のいろ〳〵・・・・桜島の理解を助ける記事
六、桜島の詩歌
七、桜島噴火日記・・・・・能勢久の体験記、一部分のみ他の書籍でも採録
八、有村最後の人々・・・・東桜島村の有村の人々の避難の記事
九、桜島登山・・・・・・・大正二年十月二十日の登山
十、桜島に渡る・・・・・・大正三年一月二十五日の探訪
十一、横山方面に火山弾を探る・・・大正三年二月一日の探訪

この内、傍線を施した一と七〜十一が、原本の遭難記の中でしか見れないもので、今後も読み継がれていくべき体験談・新聞記事であろう。そして、これらの大部分が、書くことを生業《なりわい》としない人々が、自らの桜島爆震の体験を、自ら筆を執って書いたものである。また「八、有村最後の人々」（新聞記事）は、新聞の現物が残っていないので、後世に伝える役割を果たす。この両点から、この遭難記は、後世まで保存されるべき貴重な史料ではなかろうか。

第三章　『大正三年一月桜島大爆震　遭難記』

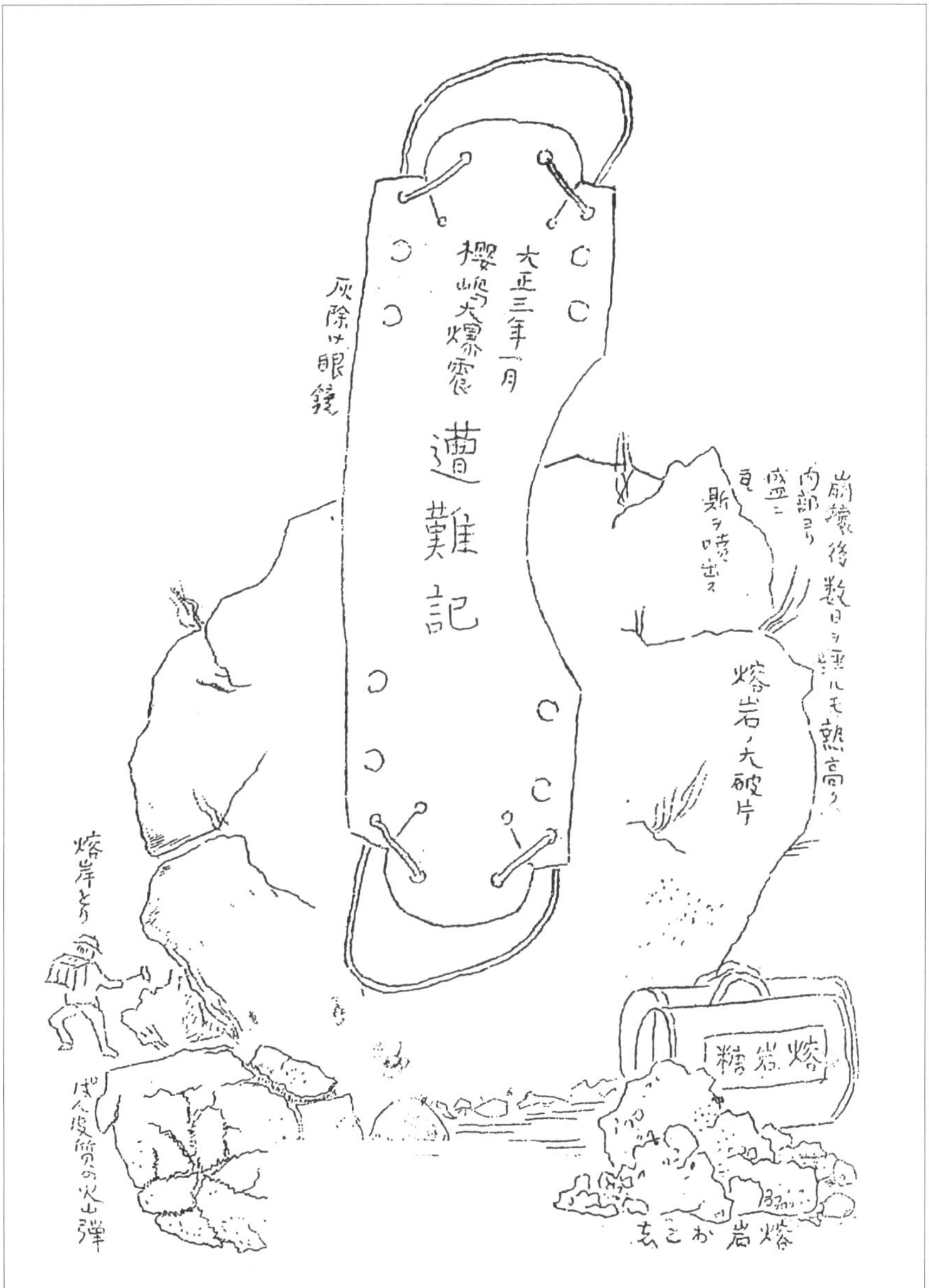

『大正三年一月桜島大爆震　遭難記』（以下『遭難記』）表紙

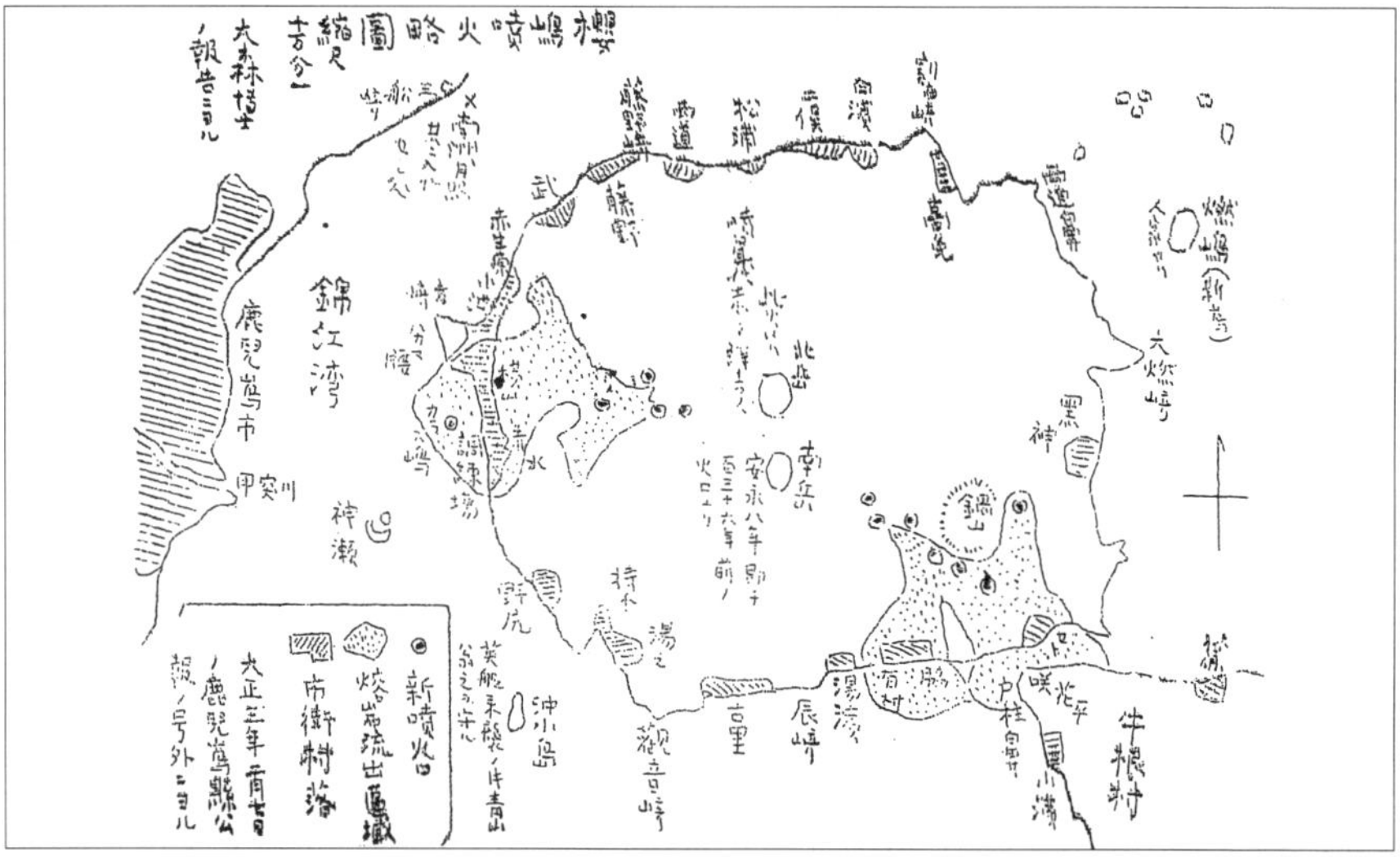

桜島噴火略図　大森博士の報告による『遭難記』巻頭

一、大正三年一月桜島大爆震　遭難記

一月十一日午前三時の強震を初発として、同日夕方まで引続て百回以上の地震あり。漸次《ぜんじ》其の回数頻繁《ひんぱん》となり、午后に至りては、一種異様の鳴動を伴ひ、而《しか》も其の方向は桜島にあたれり。後には其の鳴動と共に、桜島に煙の如きもの出《い》づるを認めたりといふものありて、人々不安の色あり。土地慣《な》れぬ余は、遭《あ》う人毎《ごと》に之《これ》を尋《たず》ぬれども、一《いっ》も要領を得ず。夜は雨戸など開け放ちて一睡もせざりしが、地震は益々頻繁となりて、恰《あたか》も汽車にゆらるゝが如し。

夜の明くるを待ちて、武橋《たけのはし》〈タケンバシ〉交番所に走りて掲示をみる。曰く、震源地は市を距《へだつ》る北、四五里の陸にありと（後日、測候所長〈鹿角義助《かづのぎすけ》〉[1]の妄断《もうだん》を怒り、自殺を勧告せしものを出《いだ》せり）。昨年夏、霧島山麓（五月三十日前後に亘りて）及伊集院地方（六月廿九日、三十日の両日数回の大震あり。市民も一時洶々《きょうきょう》たり〈どきどきする〉）

に起りし地震と同一ならんなど強《し》いて自ら考へつゝ、家人にも其の由を告げて、学校〈高麗橋近くの鹿児島県立第一高等女学校、現県立鹿児島中央高等学校〉に行く。途中耳を巷説《こうせつ》に傾け、絶えず桜島を睨《にら》む。

今日（十二日、月曜日）は、一天拭《ぬぐ》へるが如く晴れ渡りたるに、桜島は点々淡靄《たんあい》〈うすいもや〉をつけ、衆口その破裂を語る。吾校《わがこう》職員、亦震源は必ず桜島なり、北岳の如き既に形を変ぜりなどいひて、測候所の迂愚《うぐ》〈まぬけさ〉を晒《あざわら》ふ。午前九時に至り県庁より命《めい》あり。曰《いわ》く、震源は漸《ようや》く桜島に移れり。只今《ただいま》、同島人民に避難を命ぜり。学校も亦《また》心して授業し臨機の処置を執《と》られたしと。扨《さて》こそと云《い》ひながら、第一時の授業につく。将《まさ》に第二時に移らんとする刹那《せつな》、何処《どこ》よりともなく、桜島燃え出《いだ》せりと叫ぶ。余は図書室にありて、加賀〔山〕氏〈加賀山　貞[2]〉と共に読本会読〈集まり一諸に書物を読み、研究しあう〉中なりしが、巻《かん》〔帙《ちつ》〕〈書籍〉を蔽《おお》うて直《ただち》に窓を排《ひら》けば、今や黒煙は一間《いっけん》ばかり噴き上げられたり。

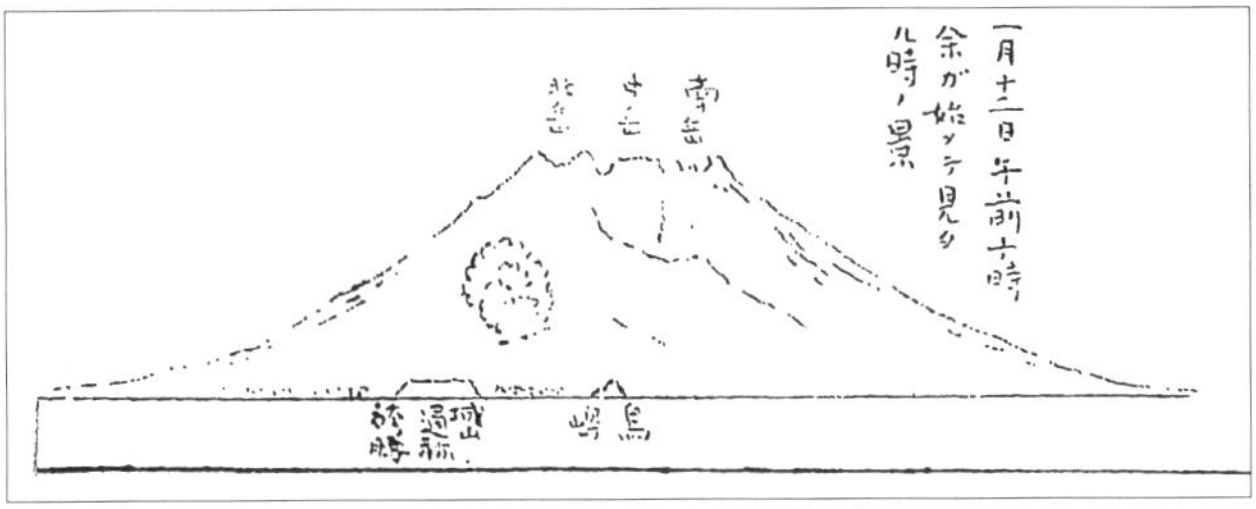

1月12日午前10時。余が初めて見たる時の景『遭難記』2葉のａ

昨日より絶えずゆすりし桜島今日は煙を吹き出《いだ》しけり

どよめきかへれる生徒と共に二階に上《のぼ》り、東窓によりて之《これ》を望む。初め一条なりしも、見る見る二条三条となりて、其《その》煙益々黒く益々高く、やがて東方よりも噴煙盛《さかん》に起りて怪煙天をつき、南岳独《みなみだけひと》り此の間に威容を示せり。此の時に方《あた》り、七万の市民は余りの壮観に、危険の刻々迫るをも忘れて、観望や、久しかりしが、爆発の勢漸《ようや》く凄《すさまじ》しく、巨岩・大石の幾《いく》百となく吹き飛ばされ、光を放ち、尾を曳《ひ》

1月12日午前10時35分。烟（けむり）の高さ2万5千尺『遭難記』2葉のb

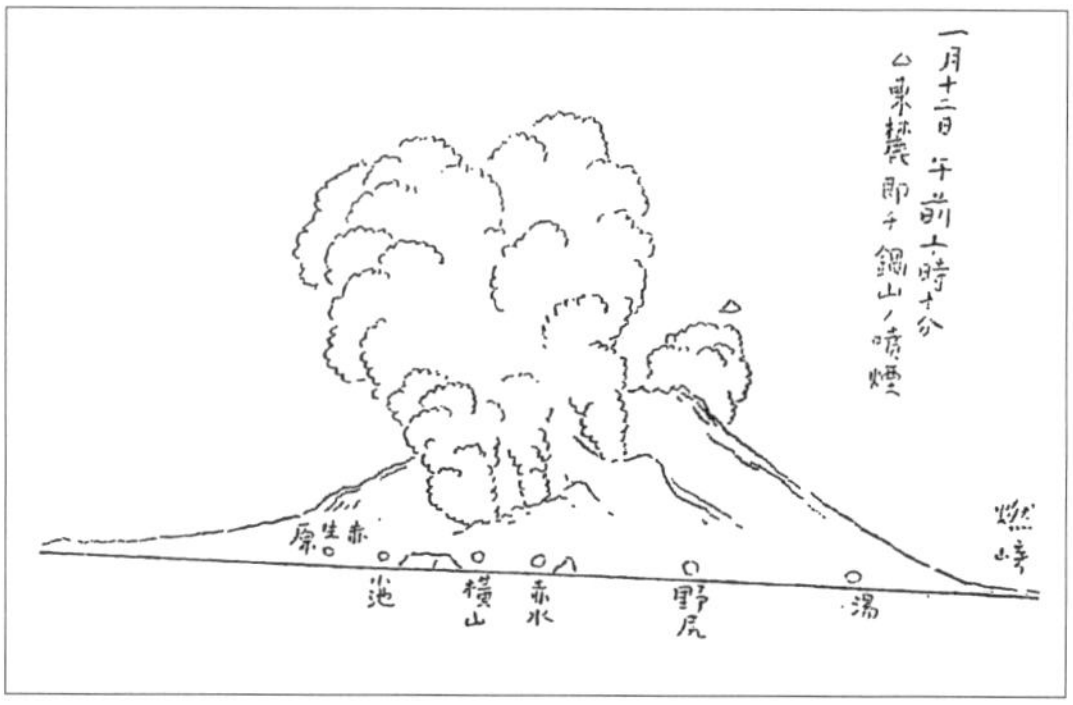

1月12日午前10時10分。東麓、即ち鍋山の噴煙『遭難記』2葉のb

いて落下する有様手に取るが如く、稍々《やや》小なる石片の雲際《くもぎわ》より落ち来るは、遠く夕立を望むに似《に》たり。

昨日まで文にのみ見し火の山を今日まの当《あ》たり見るぞ嬉《うれ》しき

やがて電光きらめき、雷鳴起り、殷々《いんいん》〈次第に〉轟々《ごうごう》〈かまびすしき音〉絶え間なき震動は空気を打って窓硝子《がらす》を破り、地震は引きも切らず襲《おそ》ひ来りて舟中にあるが如し。茲《ここ》に於《おい》て、観るもの漸《ようや》く我に返り、一種不安の念に駆《か》られぬ。我校は臨時休業となり、寄宿生は解散して、各自適宜《てきぎ》の処置を取らしむ。(3) 余は岡本〔金次郎〕、飯山〔勇吉〕両氏と共に下校す。時に、午前十一時なり。家人は、既に主《おも》なる家財を纏《まと》めて余を待てり。斯《か》くまでの必要も無かるべしと思ひしも、老幼を携《たずさ》へたる身なれば、用心に若《し》くはなしとて、一先《ひとさき》我校に避難し一夜を明かし、其の形勢によりて更に処置せんと、吉田母〈妻の母親〉に托《たく》して茂十三才・富九才の二子〈八幡小学校の児童〉(4) 及行李《こうり》四個を辛《かろ》うじて学校に送り、午后二時、祖先の霊牌《れいはい》を奉じ手荷物を携《たずさ》へて、一同寓《ぐう》〈仮住まい、即ち借家。住所は鹿児島市下荒田町四十八番地〉(5) を出づ。噫《ああ》定めなきは世の様《さま》とは云《い》ひながら、故郷遠く知人少き異域の空、思出多き時なる哉《かな》。吉田我妻の弟に

1月12日午前10時40分。電光閃き雷鳴轟き、爆発の音と共に耳を劈き、危険刻々と迫る『遭難記』3葉のa

余の寓居。鹿児島市下荒田町48番戸『遭難記』4葉のａ

して余と同居し、目下生糸同業組合事務所に奉職(6)は、今日は組合の会議なりしが、其の終るを待ちて学校に来る。茲《ここ》に於て、余は信長男十六才(7)・吉田と共に再び寓居につきて、残れるものを探る。

時に午后四時、桜島は全く黒煙に包まれて爆発・鳴動益々《ますます》烈《はげ》しく、一天朦朧《もうろう》灰を降らし、天日為《ため》に光を失ふ。此の時、市中は漸《ようや》く混乱の状態に陥《おちい》り、婦女・老幼の或は伊敷《いしき》〈甲突川の上流〉、或は武《たけ》〈現鹿児島中央駅から山手側〉、或は唐湊《とそ》〈田上の方向〉など、思ひ思ひに難を避くるもの引きもきらず。荷物の馬車に積まれたるもの、背に擔《かつ》か《が》れたるもの、手に提《さ》げられたるもの、何地《いづれのち》を指して急ぐらん。されど交番所には、依然として、市民は避難の必要なしと掲示せられたり。

渋谷〔寛〕校長亦御真影《ごしんえい》〈天皇の写真或いは肖像画〉を奉じて、養蚕室《ようさんしつ》にあり。松山〔園《ソノ》〕氏と共に、一夜を此処《ここ》に明《あ》かさんとてなり。安東〔ユク〕・青山〔ハナ〕・板垣〔コマ〕の三舎監、本田〔ソノ(8)〕氏も亦然り。余等一族は、宿直室と定め、妻は末子《ばっし》秀子長女三才を此処に臥《ふ》さしめ、出《い》で、飯を炊《た》く。今や成らんとする刹那《せつな》、午后六時半の大震来る。一同寄宿舎の広庭《ひろにわ》に走る。余は秀子を救ひ出し、更に立帰りて火を消し、取り乱したる荷物を室《しつ》に投げ入れ、手近き袋を提《さ》げて遁《のが》る。之より先き、吉田は汽車の時刻を調べんと武駅《たけえき》〈後に西

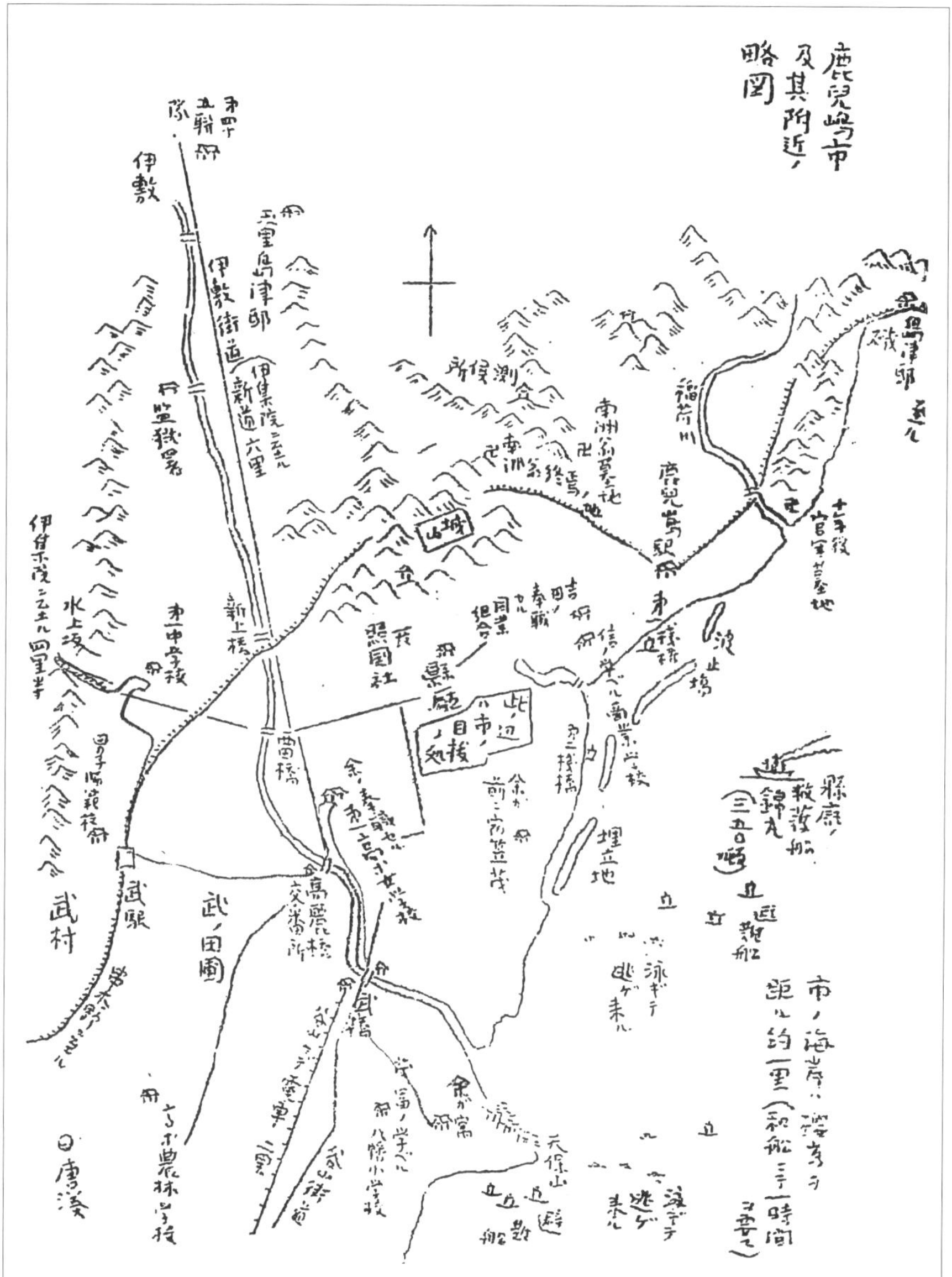

鹿児島市及び其の付近の略図『遭難記』4葉のｂ

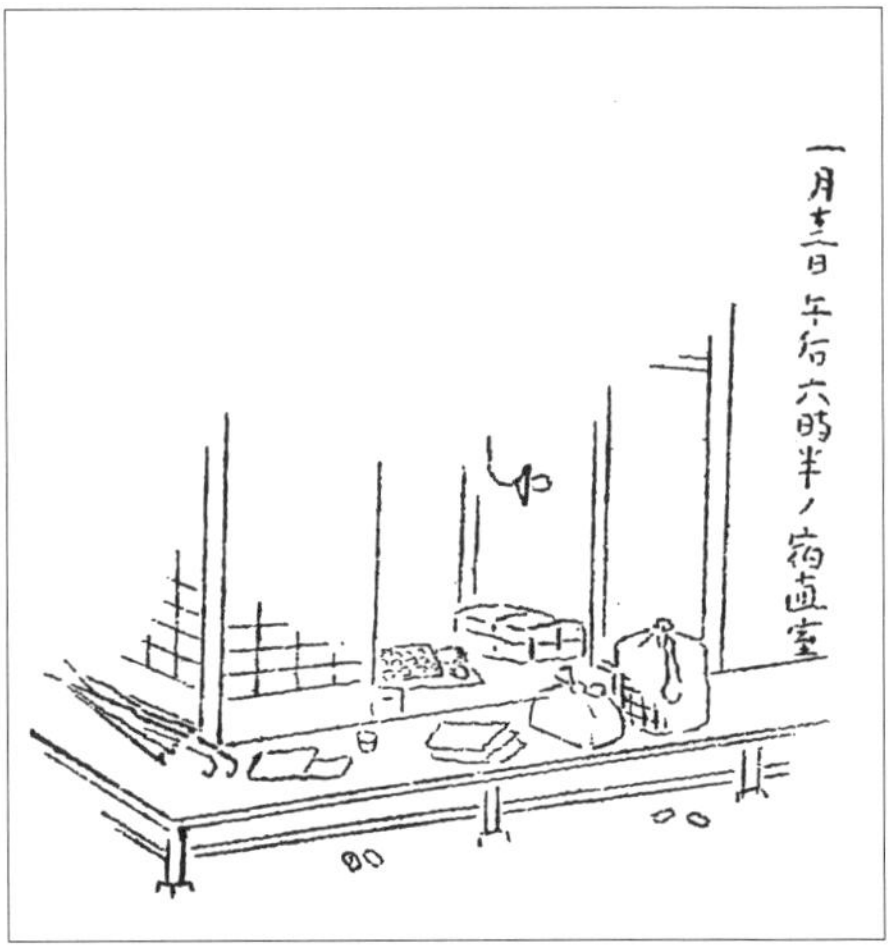

1月12日午後6時半の宿直室『遭難記』5葉のa

鹿児島駅と改称、現在は鹿児島中央駅〉に向ひしが、途《みち》に此の強震に遇《あ》ひ引返せしかば、余が家族は一人も離れしものはあらざりき。校長以下御真影《ごしんえい》を奉じて裏門を出づ。余等老幼を携へたる者は、到底行動を共にする能《あた》はざるを以て、先づ武《たけ》の田圃に避け、更に機を見て川内《せんだい》〈センデエ、現薩摩川内市〉に走らんと決し、続いて門を出で、途《みち》を高麗橋《こうらいばし》〈コレバシ、第一高等女学校近く〉に取る。

同〈高麗橋〉交番所前、既に一死体の横《よこた》はるを見たり。蓋《けだ》し先きの大震〔により〕、石塀の崩壊夥《おびただ》しく圧死者を多く出せる也[9]。市中は恰《あたか》も蜂の巣を脅《おど》したるが如く、右往左往に逃げ迷《まど》ひ、老を扶《たす》けて走るもの、幼を背負うて急ぐもの、荷をつみて進む馬車、病〔者〕を載せて駈《か》け来る俥《くるま》〈人力車〉、大道に溢《あふ》れて子を呼ぶ声、親を尋ぬる声、巷《ちまた》に満つ。余等も声を嗄《か》らして呼応しつゝ、此の間を縫《ぬ》うて、漸く武〈武駅〉に至れば、既に此処彼処《ここかしこ》に集《つど》へるもの幾百なるを知らず。此の時灰降ること甚《はなはだ》しく、加ふるに、日既に没して四方暗々たるに、桜島の怪光は爆震と共に益々烈しく、人の膽《きも》を寒からしむ。

余等亦前議を翻《ひるがえ》して、停車場〈武駅〉に入る。先きの大震、既に電燈を消して黒白を弁ぜず。電話機を破りて応問を通ぜず。駅員亦影《かげ》もなし。直《ただ》ちに入《はい》りてプラットホームに上る。構内亦《また》人の山を築きて列車を待てり。足弱《よわき》〈足の弱き者〉を携へたる余は、断念して水上坂《みずかみざか》〈ミツカンザカ、城下外に抜ける坂道〉往昔藩公参勤の街道にして、伊集院まで四里半、山谷の間を行くものなり。今や荒廃甚しく、人馬漸く通ず。を攀《よ》ぢて〈よじ登りて〉伊集院に走らんとし、線路に沿うて構内を出《い》ず。

線路既に亀裂して、危険云《い》ふべからず。此の附近は、田畑に板戸・畳《たたみ》など並べて地震に備へたり。余等漸く坂下〈水上坂の下〉に至れば、切り開ける断崖既に崩れて、又登るべからずといふ。即ち途《みち》を伊敷に転ぜんとして、第一中学校〈現県立鶴丸高等学校の地・薬師二の一の一、水上坂《みつかんざか》の入り口に近い〉の附近に来る。妻子、既に困憊《こんぱい》して歩むべからず。已《や》むを得ず、同校背後の空地〈第一中学校と西田小学校の間〉に就きて休憩すること廿《にじゅう》分、再び歩を起せば、今まで山を下《くだ》りし群集は、海嘯《かいしょう》々々〈津波《つなみ》々々〉を絶叫して逆行す。余等亦《また》此の大勢に抗するを得ずして、共に高地に就かんとす。

1月12日夜9時。伊集院街道水上坂の崩壊『遭難記』6葉のｂ

此の時流言・蜚語《ひご》〈無根のうわさ〉盛に起りて、曰《いわ》く、県庁・病院以下主《おも》なる建物、既《すで》に倒れたり。曰く、毒《どく》瓦斯《がす》亦全市を蔽《おお》はんとす。直《ただち》に五里以外に避難すべしなど、而《しか》も警官・軍人すら、之を口にするに至る。(10) されば、群集の狼狽《ろうばい》は一層甚《はなはだ》しく、手を引ける幼者を見失ひたるもの、老婆を載せたる乳母車の軸《じく》折れて苦める者、提灯《ちょうちん》を差し上げて呼びかはすもの、髪振り乱して走るもの、実に目もあてられぬ惨状なり。フト傍《そば》を見れば松山〔園《ソノ》〕氏あり。先《さ》きに校長と共に学校を出でて、途中見失ひたりといふ。共に走りて稍ゝ《やや》高処に上り胸撫《な》で下《おろ》しゝが、猫額《ねこのひたい》の峡谷《きょうこく》既に人もて満たされたるに、登り来る人は恰《あたか》も潮の寄せくるに等しければ、永《なが》く占《し》むべき所にもあらず。

如何《いかん》はせんと案じ煩《わずら》ふ折《おり》しも、誰となく水上坂《みつかんざか》の崩壊は越

ゆ可《べ》からざる程にもあらさるべしと云へるに、再び此の道を行くに決し、松山〔園《ソノ》〕氏を促《うなが》して進む。家族に離れたる一老婆あり。喘々《ぜんぜん》〈あえぎあえぎ〉として辛《かろ》うじて歩を運《はこ》べども、顛躓《てんち》〈たおれころぶ〉幾回《いくかい》なる〔か〕を知らず。松山〔園《ソノ》〕氏之《これ》を憐《あわれ》みて扶《たす》け行く。崩壊せる場所は二十間ばかり、岩石全く道を埋めて、木根・竹枝相交《あいまじ》はり、屡々《しばしば》一行の足を捕《とら》ふ。傍《そば》に半ば埋れたる俥《くるま》〈人力車〉あれども、之《これ》を訪《と》ふ間もなくて、一列縦隊纔《わずか》に通り過ぐ〈土砂崩れで、俥《くるま》に乗っていた六、七歳の女児と四歳位の男児や師範学校の本科三年生男子などが生き埋めとなった〉(11)。漸《ようや》く蘇生〈生き返る〉の思をなしたれども、身は尚《なお》断崖の間にありて、危険云ふべからず。再び勇を鼓《こ》して高処に登る。

妻、顔色蒼然《そうぜん》〈青い様〉、気息喘々《ぜんぜん》〈あえぎあえぎ〉、終に卒倒せり。投薬休憩数分、又歩むこと数町、其の〈老婆の〉家族に会ひたれば、先きの老婆を渡せり。之より前途、尚懸崖《なおけんがい》〈がけ〉無きにあらねど、概《おおむ》ね山頂を行くを以て崩壊の憂《うれい》少なく、加ふるに一歩々々桜島に遠《とおざ》かるを頼みて、五歩に止《とど》まり、十歩に憩《いこ》ひ、夜十二時過《すぎ》、横井鹿児島市と伊集院との、略《ほ》ぼ中央にある一小部落なり。に入る。

一昨夜より安眠せず。今日は晩食はもとより昼食さへ取らざることゝて、せめては腰を下《おろ》して、先に手にせし正月〔の〕餅《もち》を焼きて

1月12日夜半の伊集院街道『遭難記』7葉のa、b

と思ひしを、此処《ここ》も先の大震に恐れて、全村挙《こぞ》つて彼の七賢〈中国三国魏末の竹林の七賢。古くから地震の時は、竹は根を張って地盤が固いので、「竹林に逃げ込め」と言われてきた〉を学べりしかば、到底余《よ》等の望を叫《さけ》ぶべくもあらず。従って、飲み食《く》らうもの、一品すら求むべからず。而《しこう》して身体は疲《つか》れに疲れたれば、たとひ山なす美食ありとも、其の甲斐《かい》なかりしなるべし。松山〔園《ソノ》〕氏が辛《かろ》うじて汲《く》み給へる一柄杓《ひしゃく》の水も、余が数杓《しゃく》を口にせしのみ。常には飯にも増して好める人々の、今宵《こよい》は一滴も咽《のど》を通らぬこそあわれなり。漸《ようや》くにして数本の甘藷《かんしょ》を得て、再び歩みをすすむ。

斯《か》くて余等の前にも後にも漸次《ぜんじ》同勢は多くなりて、若き嫁が姑《しゅうとめ》を扶《たす》けて急ぐもの、老婆の下駄《げた》踏み切りし孫を労《いた》はるもの、或は書生姿せる者等の数個の荷物を差し荷《にな》ひにせる者、只《ただ》一匹の牛を静に牽《ひ》き行く賎男《しずお》〈田舎のいやしき男、農夫〉もあり。常には勇みよき一二《オイチニイ》薬品行商常に一二と唱へて足拍子をとるを以ていふも、今日はオルガン弾《ひ》く手もなきこそ、をかしけれ。そが中にも、殊《こと》に目をひきしは、春田呉服店市内屈指の大商人也。の主従とかや。大なる蒲団《ふとん》を名々に擔《かつ》げるが三人、病主を負《お》へる一人を助けつゝ、行く有様、そぞろ気の毒に堪《た》へざりき。かくて母〈吉田の母、即ち妻の母親〉亦仆《たおれ》る。薬をすゝめて休憩し、籬《まがき》〈竹や柴などで目を粗くあんだ垣〉を抜き杖《つえ》を造りて進む。松山〔園《ソノ》〕氏、亦漸《ようや》く疲る。されど山谷に隔てられたる故《ゆえ》にや、電光も余り見えず。先には、後《うしろ》より追はる丶心地して、度毎《たびごと》に膽《きも》を寒うせし鳴動も、や丶遠くなりたれば、一同蘇生《そせい》〈生き返る〉の思をなしぬ。

暫《しばら》くにして平地に出《い》づ。即ち伊集院也。[12]時《とき》既に午前二時半、志せる製糸場は此処《ここ》か彼処《かしこ》かと尋ぬるうちに、人あり、三笑亭なる一料理屋を指し、其の避難者を宿せるを語る。即ち就《つき》て宿り、一《いち》火鉢を囲みて九人車座《くるまざ》をなし、まどろむとてなく夜を明《あか》す。噫《ああ》々《ああ》此の一月十二日、此の大正三年一月十二日は、忘れんと欲して忘る丶能《あた》はざる日なり。あ丶我等が家族六人同勢〈同行の吉田と松山〉〔も入れて〕九人、命を拾《ひろ》ひし日なるかな。而《しこう》して今宵《こよい》若《も》し月なく、雨ふらんには、其の苦《くるしみ》や更に幾倍《いくばい》せしならんに、寒中にも拘《かか》はらず、極めて暖に、月さへ満てれば陰暦癸丑十二月十七日、幼き富〈九才の娘〉すら五里の山谷を跋渉《ばっしょう》〈山野を歩く〉せるも、神の助なるべし。

十三日（火曜日）東天尚《なお》黒煙漲《みなぎ》り、強震度々《たびたび》襲ひ来る。出で丶市中〈鹿児島市の方向〉を見る。昨夜より露《ろ》宿《じゅく》せる市民の混雑啻《ただ》ならざるに、今暁《こんぎょう》より陸続《りくぞく》〔と〕入り来れる避難の人々、何《いづ》れの軒にも溢《あふ》れて時を定めず、路傍の立食。当町創《はじ》まりて以来の盛況とかや。後にて聞けば、人数倍々加はりて六万に達し、食品不足の結果、米一升八十銭、握飯《にぎりめし》一個十銭、唐芋《からいも》甘藷《かんしょ》をかく云へりさへ一個数銭に上《のぼ》れりといふ。[13]

此の地、日置《ひおき》郡役所の所在地にして人口四千。往時惟新《いしん》公義弘《よしひろ》の菩提所妙円寺《みょうえんじ》〈廃仏毀釈《きしゃく》で破壊、後に近くに再興〉あり。今徳重神社《とくしげじんじゃ》となる。毎年陰暦九月十四日、関ヶ原の敗戦紀念祭あり。麑《げい》城〈鹿児島城下〉十九学舎[14]の健児《けんじ》〈江戸時代は随従の軍卒を言った〉を始め老幼有志の、甲冑《かっちゅう》行列にて参拝する〈「妙円寺参り」という〉処なり。〈義弘は一五三五〜一六一九年の人、朝鮮に二回出陣、朝鮮人陶工招致、関ヶ原の戦いで敗走、墓は鹿児島市内の福昌寺跡の墓地〈市立玉龍高等学校の裏手〉、号は惟新《いしん》〉

余は、先《ま》づ故郷〈福井県〉(15)に電報を打つ。混雑甚《はなはだ》しく、到底普通にてはとの心添《こころぞえ》あり。四倍の高価を払ひて、至急別配達とす。後にてきけば、十五日の午後達せしとか。

このたより如何《いか》にきくらん故郷に明け暮れ我を思ふたらちね

親戚・故旧〈古くからの知人〉も、定めて号外などにて驚きやあらんと思へど、一々音信の暇《ひま》もなし。只《ただ》二三の親類と親友とに、端書《はしがき》〈短い言葉がき〉を出しゝのみ。途《みち》に衛藤氏渋谷校長の娘婿にあふ。家族の居所不明なりと云ふ。鵜木《うき》氏余の隣家の人、鉄道院作業局に職を奉ず。に遇《あ》ふ。傍《そば》に踏切《ふみきり》番人あり。其の妻の実話なりとて云ふを聞けば、昨夕六時、海水、市を犯して停車場〈武駅〉前は腰を没せり。伊敷《いしき》兵営前は、午前三時頃浸水せしも、辛うじて逃げ来れりなどいふ。鵜木《うき》氏も余も、半信半疑に聞きつゝ、製糸場に移る。建築古びて、立ち並びたる瓦屋根、逃げ場だになし。加ふるに、夜は必ず露宿せよとの言渡《いいわた》し。亦《また》此処にも居溜《いたま》〈留《とどま》〉らず。

俄《にわか》に決議を翻《ひるがえ》し、〔気が〕進まぬ吉田を促《うなが》して、雑踏の中を押分《おしわ》け押分《おしわ》け停車場に赴き、漸《ようや》く午后三時半の列車饅頭石《まんとういし》〔駅〕〈現上伊集院〉以東の鉄道は、昨夕六時の大震以来不通なりしが、応急手当なりて、此列車は始めて来れるなり。に押入り、立ちながら、五時串木野《くしきの》(16)に着《つき》下車す。駅々既《すで》に避難人《にん》多く、挙《こぞ》って慰籍《いせき》〈なぐさめ助ける〉に手を尽せるが如し。この駅亦《また》青年団の催《もよおし》として、車馬・宿泊の周旋《しゅうせん》は勿論《もちろん》、当座の凌《しのぎ》に唐芋《からいも》〈さつま芋〉の蒸し立てを運び来りて、強《し》ひて之《これ》を侑《すす》む。今日も亦朝より絶食せる我等一同、第一に此の賜《たまもの》に預《あずか》る。救助を受くるは生れて始めて、しかも故国を出で、天涯万里《てんがいばんり》漂泊の身、思はぬ人の情にかゝるかと、一同顔見合《みあわ》せて憮然《ぶぜん》たりき。

漸《ようや》く腹も出来たればとて、荷馬車に乗りて、一行《いっこう》八人川内《せんだい》〈現薩摩川内市〉に向ふ。松山〔園《その》〕氏は邂逅《かいこう》〈期せずして相会《あいあ》うこと〉せる生徒の家にと、茲《ここ》にて別《わ》かる。氏は先年同時に、良人《おっと》と唯《ただ》一人の令息とに別かれて便《べん》

〈音信〉なき人なり。今日も着のみ着のまゝにて一物も携へざれども、亡き人〈良人（夫）・令息〉の愛せしなればとて、大猫《おおねこ》二匹を背負《せお》はる。優《やさ》しき心掛《こころがけ》ならずや。余も車上《しゃじょう》狭《せ》まければ、歩して三里を走る。

道に、旧卒業生山下子《し》〈山下某女子〉及加賀山〔貞〕氏にあへり。氏は鹿児島市長田町《ながたちょう》〈鶴丸城跡の北方、下《しも》竜尾《たつお》町に隣接〉に寄寓せる人なるが、昨夜は初め山腹なる某氏の後《しりえ》の庭にありしに、鳴動に堪《た》へかねて伊敷《いしき》方面に移り、鉄路の修繕《しゅうぜん》成るを待ちて、今日午后鹿児島を発せり。彼の地〈鹿児島市〉、今日降灰甚《はなはだ》しく、城山《しろやま》も武《たけ》の岡〈武岡《たけおか》〉もよく見えざりしとの事なり。

此川内《このせんだい》街道は、往年明治四十一年九月上旬暑中休暇の帰途、経過せし処なれども、馬車の夜行なりしを以て、沿道の景を知るに由《よし》なかりしに、今日は幸ひ同行者ありて、路傍の地理を聞くをえたり（此の三里の中、始め二里は島津・三井両家の鉱山に挟《はさ》まれたる渓谷にして、鉱石を砕《くだ》く水車の音、松籟《しょうらい》〈松笛、即ち風により松の枝葉が音を発するをいう〉と調《しらべ》を合して旅情を慰《なぐさ》む。残り一里は、所謂川内《いわゆるせんだい》の平野にして、坦々《たんたん》たる〈平らな〉国道と半成《はんせい》の鉄路〈現鹿児島本線、当時串木野と川内間は工事中〉殆《ほとん》ど並行して之を貫《つらぬ》く）。避難馬車十数台、余と前后して泥道を走りしが、川内[17]に入りしは、既に八時二十分、四面暗黒、只東方にあたりて、桜島の電光閃々《せんせん》〈ピカピカ光る〉たるを見るのみ。

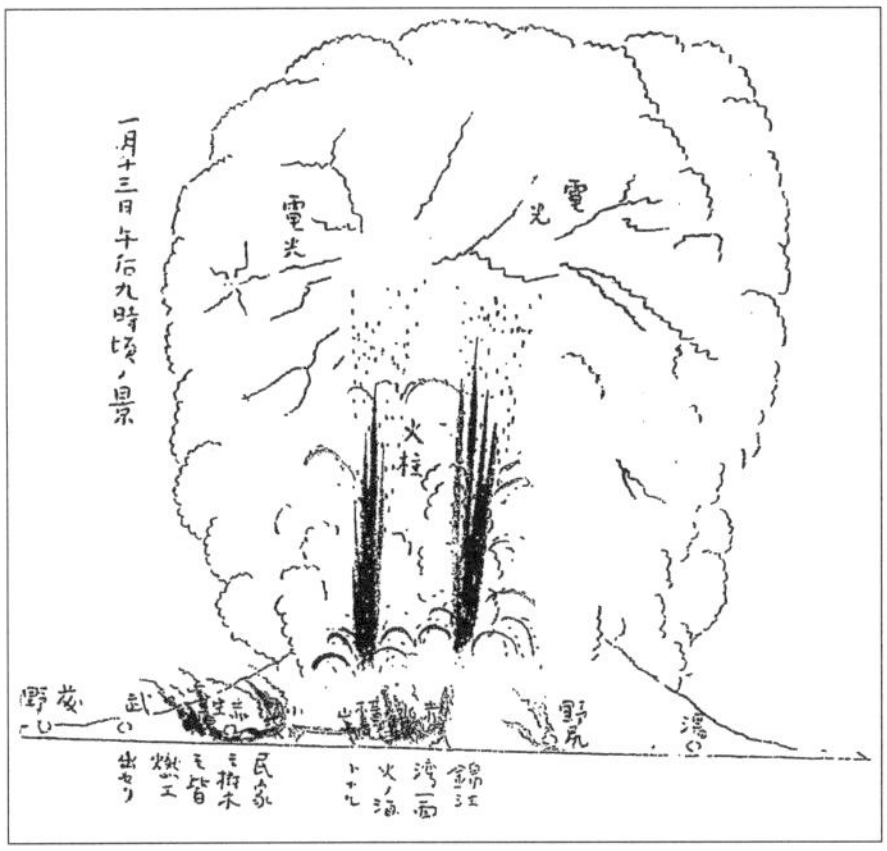

1月13日午後9時頃の景。錦江湾一面火の海となる。民家も樹木も皆燃え出せり『遭難記』10葉のa

後にて聞けば、十二日の夜は音響最も強かりしも、火光さほどにもなく、十三日亦降灰の為に爆発の模様見えず。夜に入りて活動甚《はなはだ》しく、幾丈《いくたけ》とも知れざる火柱《ひばしら》立ち並びたるに、電光は散りに散りて、花火線香のそれの如《ごと》く天に漲《みなぎ》り、赤水《あかみず》以下の漁村は、此の怪火の為に延焼数里。全山《ぜんざん》火の山となり、その影を錦江《きんこう》〈錦江湾或いは鹿児島湾〉の波に映せるもの天空の電光と相《あい》照して、其の凄《すさま》じさ市中も今や火の世界になりならんとせりといふ。余等避難に忙《せ》はしくて見ることを得ざりしは、終生の恨事《こんじ》〈うらめしきこと〉なり。

昨日までめでゝ仰ぎし島山の今日は火をふく山とこそなれ

此処《ここ》川内[17]は鹿児島より十三里なれども、直径〈直線で〉は僅《わずか》に七里半なれば、昨夜の地震は、尚《なお》火鉢の鉄瓶《てつびん》を振り落したりといふ。吉田〈妻の実弟〉の旧任地なれば知人多く、遂に向田《むこうだ》〈現川内市内の町〉〔の〕松本徳之助氏に投じ、手厚き待遇を受け、其の別荘に入りぬ。十日以来の疲労一時に来りて、寝心地悪《あ》しかるべき旅枕《たびまくら》にも、前後を忘れて夜の明くるを知らず。

此の地、薩摩郡役所の所在地にして、本県第二の都会也。其の地を貫流する川内川《せんだいがわ》は、県下第一の長流にして、其の太平橋《たいへいばし》〈現川内駅近く、鉄道線路と開戸橋の間の橋、泰平寺《たいへいじ》に近い〉は曾て加治木《かじき》中学〈現県立加治木高校〉と衡《こう》〈建設の優先順位〉を争ひて成りしもの〔で〕、本県には過ぎたる建造なり。今や中学あり、実科高等女学校あり、西薩《せいさつ》鉄道〈現鹿児島本線〉〔も〕亦《また》通ぜんとす。往昔《おうせき》〈むかし〉薩摩国府の地。又《また》、豊公《ほうこう》〈豊臣秀吉《とよとみひでよし》〉の島津氏〈島津義久《よしひさ》〉をして城下の盟《めい》をなさしめし処〈泰平寺に「和睦《わぼく》石」が残る〉[18]。その新田《にった》神社〈瓊々杵尊《ににぎのみこと》が主神〉は、稍々《やや》高き丘〈神亀山《しんきざん》〉上に在り。〔それに隣接する可愛山陵《えのさんりょう》は〕瓊々杵《ににぎの》尊《みこと》〈天照大神《あまてらすおおみかみ》の孫、地上に稲を持ってきたと言う神〉の山陵なり。

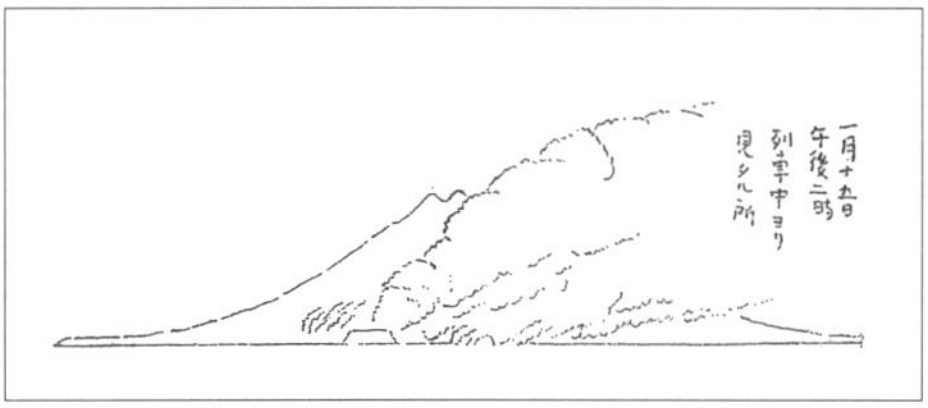

1月15日午後2時。列車中より見えたる所『遭難記』11葉のｂ

十四日（水曜日）朝、太平橋畔《きし》〔に〕掲示あり。曰《いわ》く、市の危険減退せりと。警察署につきて詳細を聞けば、此の掲示さへ漸《ようや》く通じ来《きた》れるのみ。彼の地鹿児島市をいふ鳴動烈《はげ》しくて、此処《ここ》よりの電話更《さら》に通せず。只彼地《ただかのち》にて、鳴動のひまゝゝに、僅《わず》かに一語づゝ発話し得るのみ也《なり》、といふ。前日の疲《つかれ》、未だ癒《い》えず。雨さへ落ちければ、終日寓《ぐう》〈川内の仮住まい〉にあり。火鉢を擁《よう》して昨日〔の事〕を語る。川内実業倶楽部《くらぶ》(19)より慰問《いもん》を受く。

十五日（木曜日）、兎《と》も角《かく》もと吉田〈妻の実弟〉と共に歩して串木野《くしきの》に至り、午前十一時の汽車に乗る。駅々にて乗込むもの甚だ多く、伊集院にては、窓より出入するもの引きも切らず。我等終《つい》に押出され、空しく次の臨時発車を待つ中に、再び鵜木《うき》氏〈鹿児島市自宅の隣家の人〉に遇《あ》う。市〈鹿児島市〉の全滅の、虚《きょ》なる〈実なし〉を知れり。海嘯《かいしょう》〈津波〉なかりしも、知り得たり。我家も外部の全《まった》き丈《だ》けは、保証されたり。胸撫《な》で下《おろ》しながら乗り込み、午后二時、武《たけ》駅〈現鹿児島中央駅〉着。吉田は組合〈生糸同業組合事務所〉に後伊集院に一泊して十六日川内に行きたり余は直《ただち》に学校〈第一高等女学校〉に行く。門監室は兵士の屯所となり、一士官の許《もと》に数名の卒あり。刺《なふだ》〈身分証明書か?〉を通して我が校に入る。我ながら、をかしかりき。校長以下已《すで》に執務せり。夫《それ》より自宅を見る。桜島噴煙尚《なお》盛にして僅《わず》か〔にその姿が〕顕《あら》はれし。北部〔は〕降灰の為《ため》、雪化粧の如し。

雪ならで灰に粧《よそお》いこらしつゝ焔《ほのお》の中に立てる島山

去年ならばやがて橘《たちばな》かおらんに見るかげもなきけふの島山

1月15日夜。海岸より望める有様。『遭難記』12葉のa

市中〔には〕人無く車なく、只痩《ただや》せたる犬のよろめく如く、辻々《つじつじ》に兵卒の警戒せるのみ。余が寓《ぐう》〈仮住まい、借家〉は大《おお》いに傾き、襖《ふすま》折れ障子倒れて、見るも凄《すさ》まじ。今一震《ひとふるい》あらば、今宵《こよい》の中《うち》にも潰倒《かいとう》〈つぶれたおれる〉すべき様《さま》なり。家具・家財は、盗難に罹《かか》りたる跡もなく、差したる損害なきも、戸棚の墜落、釜《かま》・鍋《なべ》の舞踏《ぶとう》、目もあてられず。[20] 我家ながら、泊《とま》る気にもならねば、再び学校に行く。夜に入りて、宿直岡元〔金次郎〕氏と共に海岸に出で、、桜島を観る。此の夜、鳴動は以前に比して穏かなりとの事なれど、山腹に方《あた》りて鼎足《ていそく》せる〈かなえの三本の足のようになった〉三個の火口より盛に火花を抛射《ほうしゃ》〈外へだす〉するは、宛然《えんぜん》〈そっくりなのは〉鋳物師の一大鞴《ふいご》の如し。市中闃《ひっそり》として一《いち》火光すら認め得ざるに、海岸に来り見るものは三々五々絶えざりき。帰りて養蚕室なる御真影《ごしんえい》〈天皇の写真或いは肖像画〉の前に寝《い》ぬ〈ねる〉。

十六日（金曜日）朝、山本〔孝太郎〕・野田〔松平〕両氏と共に、再び海岸に桜島を観る。溶岩は盛《さかん》に出で、、左は小池《こいけ》・赤生原《あこうばる》に迫り、右は既に赤水《あかみず》を洗ひ去りて海岸に達せり。而して是等の部落は、皆焼け尽して影もなく、又一草木をも止《とど》めず。全く河磧《かせき》〈河のいしはら〉の如し。帰途、市内破壊の所々を見る。埋立地附近〈第二桟橋の南附近〉・納屋《なや》〔通り〕・難波《なにわ》橋のあたり、潰倒《かいとう》〈つぶれたおれる〉〔の〕家屋多く、石造物最も惨惨《さんさん》〈いたむ〉を極《きわ》む。往年白蟻《しろあり》の害に恐れて、今や地の怒りに触る、可笑《わらうべし》。家主《やぬし》〔の所〕に至り、修繕を約す。此夜宿直せしが、昨夜に比して鳴動甚《はなは》だ強く、時々余を促《うなが》して屋根に昇らしむ。岩を熔《と》かし、鞴《ふいご》は昨〔日〕よりも大なるが如し。

但し今日、地震学の泰斗《たいと》大森博士〈大森房吉《ふさきち》、一八六八～一九二三年〉の来りしは、多大の慰安を市民に与へたり。同博士の證言《しょうげん》辻々《つじつじ》に貼出《はりだ》さる。曰《いわ》く、桜島の新

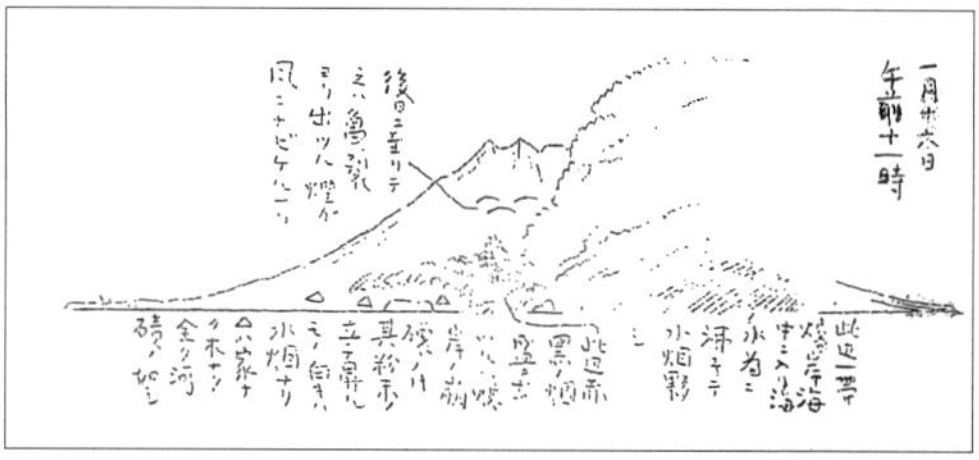

1月16日午前11時。（右上）後日に至りて之は亀裂より出づる煙が風になびけるなり。（右下）此の辺一帯溶岩海中に入り、海水為に沸きて水烟（けむり）夥し。（左下）此辺赤黒の烟盛に出づるは溶岩の崩壊のとき、其粉末の立ち昇るもの。白きは水烟なり。△は家なり、木なり。全く河磧の如し『遭難記』12葉のb

破裂口は、鹿児島市より約一里半の距離にあり。如何《いか》に強き爆発も、二三百匁《もんめ》拳《こぶし》大の岩磈《がんかい》を落下せしむるは、一里を限りとす。故に市に降石の危険なしと認む。先日よりの地震は火山性のものにして、此の種の地震は普通の木造家屋を全潰《ぜんかい》するには至らず。但し、不安定なる煉瓦《れんが》・石塀《いしべい》の類は危険なり。津波の恐なし。又瓦斯《がす》の為《ため》に中毒・窒息《ちっそく》の患なしと。此の日、又勅使日根野《ひねの》侍従〈日根野要吉郎《ようきちろう》、一八五三〜一九三二年〉来る。

十七日（土曜日）、朝来《ちょうらい》〈早朝より〉降灰《こうはい》積ること二分。時計九時を示すも、尚《なお》灯火を要す。又掲示あり。曰《いわ》く、灰降るも別に心配するに及ばず。灰《はい》には毒なけれど、井戸には蓋《ふた》をなすべしと。午後は朧気《おぼろげ》〈ぼうっとする〉ながら天日を観る。

十八日（日曜日）、午前県庁内に大森博士の一般人士に対する講話を聴く。終りて三度、海岸に出でゝ島を望む。赤水《あかみず》の人々、噴煙を犯して砂糖桶《さとうおけ》[21]を取り来《きた》りし話などす。溶岩は益々流れ出でゝ四五日後の話に、溶岩は一時間一寸の割合にて押出さると云へり。但し小池附近。やがて島嶋《しまじま》を呑《の》まんとせり。家主《やぬし》〔の所〕に至りて固く修繕を約して、寓《ぐう》〈仮住まい、借家〉に入り一室を掃《はら》ふ。今夕は自ら寝《い》ねん〈ねよう〉とて也《なり》。川内より吉田来りて、共に火の種《たね》もなき敗屋《はいおく》に語る。暖き炬燵《こたつ》に眠れる〔姿を〕、故郷〔の〕人に見せばやと思へり。午后九時、吉田は〔易居《やすい》町の生糸同業〕組合事務所に帰る。此の夜、鳴動更《さら》に烈し。

十九日（月曜日）、早朝、学校に赴き使丁《してい》〈小使い〉榎園《えのきぞの》よりの借金及《および》即時払《ばらい》の金を握りて、武駅《たけえき》〈現鹿児島中央駅〉に走る。昨夜、川内より吉田に伝言もあり。各学校、何《いず》れも二十一日より始業と定まりたれば、余等も

天津彦彦火瓊瓊杵尊〈アマツヒコホノニニギノミコト〉可愛山陵〈えのさんりょう〉。周囲686間『遭難記』14葉のａ

1月18日午前10時。海水は溶岩の為に沸きて数町をはなれて寒中にも拘らず海水浴をなすべし。烏島尚存す。探検家の此の辺に上陸するもの漸く多し『遭難記』13葉のｂ

家族を纏《まと》めんが為に、川内に急行せんとて也《なり》。今日また灰《はい》降る〔こと〕、十七日の如し。乗客少けれど、満室皆《みな》灰。坐するに席なく、凭《もた》るに所なし。窓外〔の〕武岡は、糢糊《もこ》〈はっきりみえず〉の中にあり。饅頭石《まんじゅういし》駅〈現上伊集院駅〉より客漸《ようや》く多し。正午、串木野《くしきの》着。山下・加賀山〔貞〕二氏を訪《と》ひ、歩して午后二時、川内につく。老幼喜び迎ふ。新田《にった》神社に詣で、松本・内藤・前原・千場以上三〈四？〉氏ハ吉田ノ旧同僚ナリ平島吉田ノ旧家主ニシテ余モ曾テ一面ノ識アリ及〔川内〕実業倶楽部等[19]を訪《と》ひ、滞在中の好意を謝し帰りて入湯す。鹿児島の垢《あか》〈ちりとほこり〉・桜島の灰、やがて川内の河水と馴れ染めんとす。夜更《ふ》けて、又人々の来訪を受けて、十二時就寝。

廿日（火曜日）雨模様なり。爆発前より晴天打続き、雨の為に苦しみしは、十四日一日《いちにち》のみなりしを、せめて今日のみと祈りつゝ、同勢七人欣々《きんきん》〈よろこんで〉として、多災なる鹿児島に向ふ。三里の歩行、幸に落伍者なく、雨の患《うれい》も無く、予定の通り十一時〔串木野駅で〕乗車す。今日は僥倖《ぎょうこう》〈予期せぬ幸せ〉にも赤切符は、青の権利を与へられ、始めは乗客もいと少なかりしが、余等が面相〈顔つき〉は駅毎の新旅客をして疑心を起さしむると共に、其の権を自覚せしめしと覚《おぼ》しく、漸《ようや》く狭隘《きょうあい》を告ぐる〈せまさをかんじる〉に至りぬ。後には避難島民の一団来たりて、また立錐《りっすい》の地なきに、横暴なる三紳士あり。〔この三紳士は〕努めて自席を広うす。かゝる折《おり》とて殊《こと》に憎《にく》し。

午後一時、武駅《たけ》下車、寓《ぐう》〈借家の自宅〉に帰へる。半《なか》ば崩れたる家屋の繕《つくろ》ひ、先日より数回約束の甲斐《かい》もなくて残念なりしが、噂《うわさ》をすれば影《かげ》とやら、人夫来《きた》りて支柱《しちゅう》を添《そ》ふ。吉田亦来りて、一族八人再び一廬《ろ》〈一つの家〉の人となる。此の夜、鳴動沈静〈自然に落ち着く〉にして、夢亦《また》まどろかなり。思へばはかなき仮の世に、露《つゆ》の命を永《なが》らへんとて逃げ廻《まわ》りし様《さま》の、我ながら恥《はずか》しけれど、此の後とて踏み止《とど》まらん勇気もなきこそをかしけれ。

一月二十一日、親戚・旧知の玉章〈立派な手紙〉一束になりて来り、一同其の好意に泣く。今聊《いささ》か当時避難の一端《いったん》を記して、其の万一に対《こた》ふ。

〔註〕

(1)「鹿角義助（かづのぎすけ）」の姓名については、東京の気象庁に問い合わせて確認する事ができた。ここに深く御礼を申しあげる。柳川喜郎著『櫻島噴火記　住民ハ理論ニ信頼セズ・・・』（日本放送出版協会、昭和五十九年六月、南方新社より平成二十六年一月に復刻）八、一〇の両頁によっても、姓名について知ることができる。

同書一九六～二一六頁には、測候所への非難、鹿角への批判、鹿角側の考え・言い分などについて詳述する。当時の一般庶民の見方と、測候所側の動向や考え方の両者を知ることができて興味深い。また桜島大爆発に関して、その情報の収集とそれらの集約・活用の点で、公的機関関係者に多くの問題のあったことが理解できる。

(2) 大正三年一月の時点における鹿児島県立第一高等女学校の職員については、県立鶴丸高等学校内「一高女同窓会」所蔵の鹿児島県立第一高等女学校編発行『沿革概要』（発行年月不詳、昭和七年までの記述あり）二四～三二頁により、記された順に整理すると次のようになる。☆印をした人物が、上記の「遭難記」中に出てくる人物達である。また◆印をした人物は本書の著者、⦿印をした人物は、本書の最後尾に掲載の「桜島に渡る（噴火後第一回の渡島）」と「横山

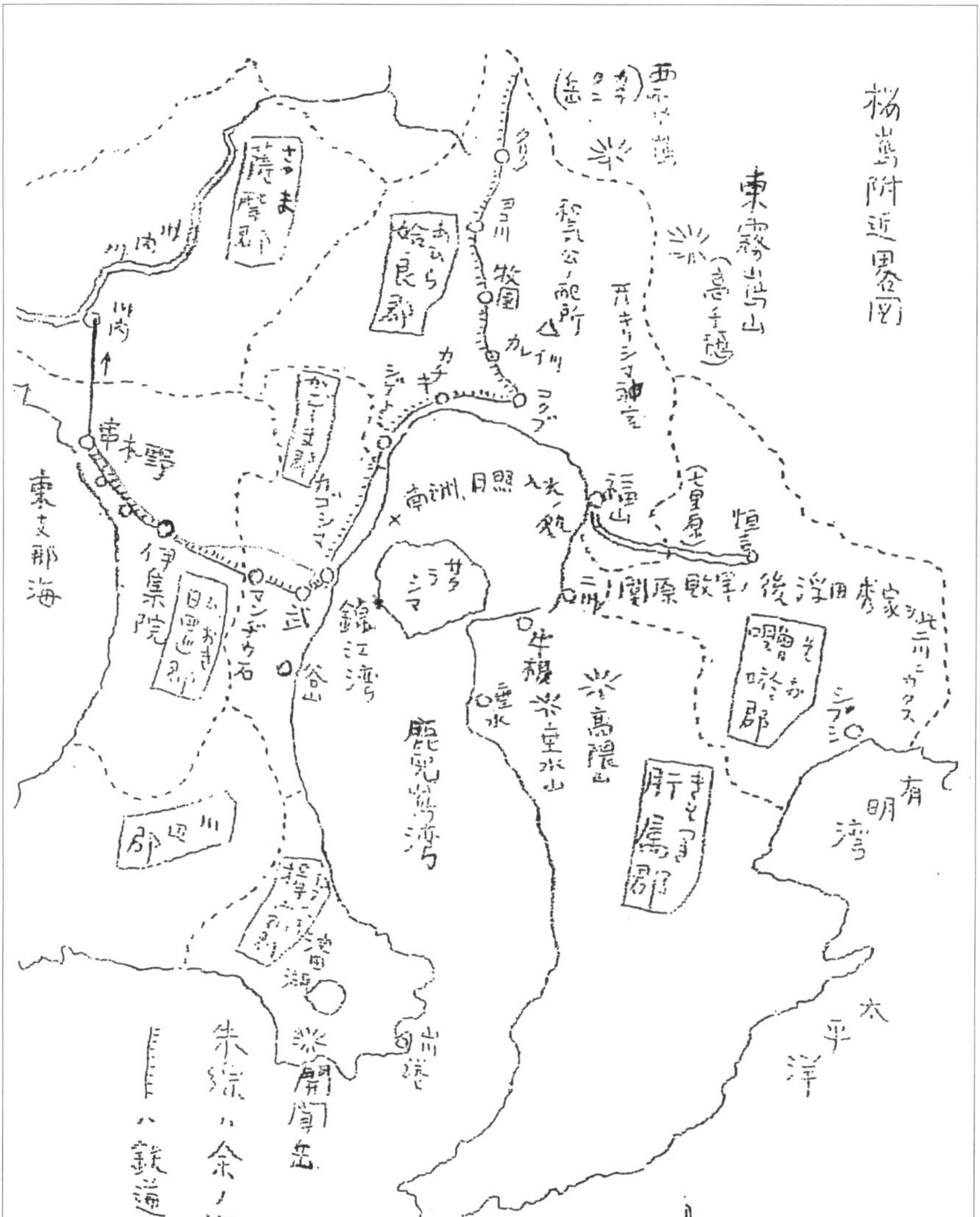

桜島付近略図〈「武→マンヂウ石→伊集院→串木野→川内」が逃路〉『遭難記』15葉のａ

方面に火山弾を探る （噴火後第二回の渡島）」に出て来る人物である。以下の名簿によって、本文中の「名」を〔　〕して補足した。

☆板垣コマ（教諭心得）〈M四十二年四月二十一日〜T三年二月二十一日〉
☆渋谷　寛（校長）〈M三十九年九月十三日〜T三年四月二十日〉
鈴木クニ（助教諭心得）〈M四十五年二月十二日〜T三年四月三十日〉
☆安東ユク（教諭）〈M四十三年四月五日〜T三年八月七日〉
☆加賀山　貞（教諭）〈M四十五年四月七日〜T四年二月八日〉
◉河野勇之進（教諭）〈M三十五年四月十七日〜T四年四月四日〉
牧　ワカ（嘱託）〈M三十八年九月十三日〜T四年八月二十五日〉
◆大瀬秀雄（教諭）〈M四十年六月十五日〜T五年一月十七日〉
松本シカ（教諭）〈T元年十一月八日〜T六年三月三十一日〉
☆青山ハナ（教諭）〈M四十四年四月一日〜T七年三月三十一日〉
中尾　俊（教諭心得）〈M四十五年十月二十五日〜T八年一月三十一日〉
☆山本孝太郎（教諭）〈M四十五年四月十六日〜T十年五月二十一日〉
樋口敏彦（専、嘱託）〈T二年四月二十五日〜T十一年七月十九日〉
☆◉野田松平（教諭）〈T元年十月三十一日〜T十一年七月二十六日〉
◉根本哲彦（書記）〈M三十五年四月一日〜T十一年十月三十一日〉
屋代熊太郎（校長）〈M三十八年九月二十八日〜T十二年三月二日〉
〈T三年四月末？から校長に就任〉
◉中村尚樹（書記）〈M四十四年四月二十九日〜T十二年七月十六日〉
☆松山　園《ソノ》（嘱託）〈M四十三年〜S三年四月十五日〉
児島ツネ（嘱託、専、兼任）〈M四十四年九月十六日〜T七年三月三十一日〉

⦿小松文雄（嘱託）　　　　　〈M四十一年四月十日～T七年三月三十一日〉
☆岡元金次郎（教諭、兼舎監）　〈M四十三年三月～S七年以降まで〉
　伊地知アグリ（教諭）　　　〈M四十四年四月～S七年以降まで〉
☆飯山勇吉（教諭）　　　　　〈M四十四年四月～S七年以降まで〉

（3）東幸治著発行『桜島大噴火記（全）』（大正三年二月）一九〇頁に、後述する校長・渋谷寛は、当該女学校でとられた処置、被害状況、生徒への影響などについてのアンケートに、次のように答えている。

【第一高等女学校長、渋谷寛による噴火の影響についてのアンケート回答】

▼十二日午前十時限り休業して、帰宅せしめたり。寄宿舎生は午飯を終わり、帰途の心得を訓諭して帰郷せしめたるに、何れも無難なりき。

▼閉校中は、孰《いづ》れも父兄と共に避難したる様子なり。開校は二十一日なりしが、約半数の出席あり。理科の教員及び校長より、関係講話・訓示をなせり。

▼校舎は被害少なく、寄宿舎は破損あり。修繕費、凡そ二千五百円を要する由なり。学校中被害少なき方なり。

▼生徒の中に桜島の者三名、牛根〈大隅半島の桜島に隣接する村〉の者一名あり。孰《いづ》れも学友会と寄宿舎との同情により、其儘《そのまま》在学せしむる事としたるが、今回の事変には、女子として少なからざる同情心を惹《ひ》き起さしめ、従つて虚栄心に大打撃を与へたるもの、如し。

（4）『遭難記』原本の四葉b「鹿児島市及其附近ノ略図」中の自宅近く（下荒田町内）。

（5）『遭難記』原本の四葉aに「余の寓居」の図中に住所を記す（下荒田町四十八番戸）。地方法務局の『旧土地台帳附属地図（公図）』、実地踏査会編『実測番地入　鹿児嶋市街地図』（鹿児島／誠進堂、大正九年一月）、『番地入　鹿児島市案内図』（白楊舎、昭和六年九月）、『80　鹿児島市住宅地図』（MBC開発、昭和五十五年三月）などの地図を活用すると、下荒田町四十八番地は、現在の下荒田《しもあらた》一丁目十八番の二（現駐車場）、或いは一丁目十九番（NTT西日本南九州の通用門あたり）にあたろうか。なお原本の四葉bにある「鹿児島市及其附近ノ略図」では、「余ガ寓」を天保山に近接した内陸部に書き入れている。これは作図上の問題から、ここに書き込んだのであろう。ともかく、松方《まつかた》公園（大蔵大臣、首相などになった松方正義の生誕地、大正十三年死去）の東側で、旧武之橋と松方橋の間の甲突川に沿った所。甲突川対岸の新屋敷町には、乃木静子（乃木希典《のぎまれすけ》の妻）の生誕地がある。また後掲の「桜島噴火日記」の執筆者・能勢久の住所、即ち下荒田八番地（現下荒田一丁目十四番の八、詳しくは、後に「桜島噴火日記」で註（1）に記した）の場所は、第二章中の『鹿児島市街地図』（谷山街道側の〇印）中で確認できる。

（6）「生糸同業組合」は易居町《やすいちょう》の北側角（鹿児島駅寄り）にあった。肥薩鉄道開通式協賛会編『鹿児島市街図』（明治四十二年頃、鹿児島県立図書館蔵）に、その位置を示す。なお実地踏査会編『実測番地入　鹿児島市街地図』（鹿児島／誠進堂、大正九年一月、鹿児島県立図書館蔵）を見ると、「生糸同業組合」の場所は、路面電車線に面する角地。ところで、この大正九年一月発行の『実測番地入　鹿児島市街地図』によると、易居町の路面電車線に面する南の一区画（現在の市役所の前）に旧名山小学校（昭和三十八年に山下町に移転）、商業学校（長男の信が通っていた）があった。従って、吉田（信の叔父）と信の両人は、易居町の電車線路に面した所（現在の市役所の前あたり）に通っていた。

（7）長男の「信」が通っていた商業学校は、原本の四葉b「鹿児島市及其附近ノ略図」の第一桟橋と第二桟橋の中間に説明あり。註（6）で、現在の場所（易居町）については述べておいた。

（8）本田氏については、註（2）の名簿では確認できない。しかし、鹿児島県立第一高等女学校同窓会編発行『鹿児島県立第一高等女学校　同窓会員記念帖　大正三年』（大正四年一月）巻頭の口絵「大正三年三月現在職員」の左側姓名リストを参照すると、三列右より五番目に「本田トシ」が記される。

（9）『鹿児島朝日新聞』（大正三年一月十九日）一面の「●破壊されたる鹿児島市▽宛《えん》として〈ほとんど〉戦後の光景に似たり」に、「▼石塀の倒壊　石塀は鹿児島名物の一で、市内何処も六尺の堂々たる石塀を廻《めぐ》ら［さ］ざる家はない位にして、防火壁ともなり、覗見《のぞきみ》を避けるためにもなって居たが、今回の強震には一堪《ひとたま》りもなく、将棋《しょうぎ》倒しに倒壊して了《しま》つた。（中略）▼倉庫の破壊　朝日通りを下り海岸に出《い》で洲崎〈海岸を南へ生産町、築町、塩見町、住吉町、洲崎町へと続く〉へ向つて進めば、先づ目につくは、建て並べる石造いかめしき倉庫の残骸にして、（中略）何れも半壊の厄《わざわい》に遭《あ》ひ、或は中央より二つに裂け、又は屋根の墜落せるものあり。云々」と報道されている。

（10）風説の出所について、『鹿児島新聞』（大正三年一月二十六日）二面の「大爆震回顧（三）▼風説の製造者」に、「聞く所によれば、其朝《そのあさ》噴火の当初に、村上教授とやらは、噴火に就て甚だ恐るべき憶説を述べ、噴火には海嘯《かいしょう》〈津波〉と大地震が伴ひ、毒瓦斯を発散するから、五里以内に居れば危険だから、直ぐ避難せよ、と言つて生徒を驚かされたといふ事だ。斯くて之を聞いた七高生の或者《あるもの》は、此事を更に大袈裟《おおげさ》に吹聴《ふいちょう》し廻つて、自分達は逸早《いちはや》く避難し、熊本で大変な虚偽の事実を伝へた」とし、続けて熊本におけるこの七高生の談が、全国で広く新聞紙上に掲載されていったとする。

さらに『鹿児島朝日新聞』（大正三年二月三日）七面「爆発余燼」によると、巡査（警察官）達が、海嘯《かいしょう》〈津波〉が襲来するから逃げろとか、大地震があるから鹿児島市から五里以外の地に避難しろとか、言って廻っていた事を伝える。

なお、村上教授については、第八章の註（4）で詳述した。

（11）鹿児島県編発行『桜島大正噴火誌』（昭和二年三月）四六三頁の「師範生圧死者を救ふ」、参照。

（12）伊集院の混乱について、当時の新聞は次のように記す。なお、句読点は稿者による（以下の新聞記事にも同様に句読点を加筆した）。
『鹿児島朝日新聞』（大正三年一月二十日）一面の「伊集院の雑踏　新鹿児島の出現」に「今回の大震災に際し、鹿児島市民の大部分は、思い思いに附近各地に避難したるが、中にも伊集院町は、市中より鉄道の便に依り落延《おちの》びたる人々と、一方は伊敷方面を経て川内街道を落行きたる人々と孰《いず》れも同地に集中したれば、ヒ難者《ひなんしゃ》総計は約四万以上にも達したるべく、十三日より十五日頃に懸《か》けての同町の雑踏は、実に名状し難《がた》き有様なりし。▼新鹿児島　伊集院町の民家は、大小もなくヒ難者《ひなんしゃ》を以て充満し、旅館は固《もと》より、言ふまでもなく学校・寺院より料理屋・飲食店に至るまでも、殆《ほと》んど漏す所なく、ヒ難民《ひなんみん》の宿泊所となりたるが、甚しきは、六畳一間に二十名以上も収容せる処《ところ》さえあり。随《したが》て往来を見渡せば、通行の頻繁《ひんぱん》なる大都会にも勝《まさ》る趣《おもむき》あり」とある。

『鹿児島新聞』（大正三年一月十八日）一面の「避難者と伊集院」には、「十三日の強震以来、伊集院村を指して落ち行く避難市民は、幾千《いくせん》ともしれざる。多数とて仝《どう》駅は宛《さなが》ら火事場の如《ごと》き観を呈《てい》し、その混雑の状、筆にも尽《つく》ざる程にて、附近一帯は避難者を以て満されし程なれば、宿《やど》るに旅宿なく、民家に泣き付き辛《から》く〔も〕一夜の雨露を凌《しの》ぎたるもあり。又物資に至りては、供給に不足を生じたる為めか、其れとも足元を見ての結果か、暴騰《ぼうとう》に次ぐに暴騰を以てし、殊《こと》に馬車・人力車・荷馬車の如《ごと》きは、平生の賃銭に比して、二三十倍以上の暴利を貪《むさぼ》るに委《まか》せたれば、幾千《いくせん》の避難民の間には、その冷血《れいけつ》の甚《はなはだ》しきに憤慨《ふんがい》せしめ、遂に困惑《こんわく》せる身を提《さ》げて、泣く泣くも老幼の足弱と供《とも》に徒歩、他に移転したるも多かりし。（中略）怨嗟《えんさ》の声を聞くに至るは遺憾《いかん》の極《きわ》みと云《い》ふべし」と述べる。

（13）一月十四日の伊集院における避難者数と物価の様子について、『鹿児島朝日新聞』（大正三年一月十九日）二面の「同情なき伊集院町民」に、「伊集院方面にして十四日の如き〔避難者数〕四万を超ゆとの噂ありしが、川内線〈現鹿児島本線〉沿線の各地村民が特に非常なる同情を寄せ救護の方法を尽したるに反し、伊集院町は親切甚《はなは》だ多からず。米一升八十銭に売りたりとか、唐芋《からいも》一個を五銭に売りたりとか云う巷説《こうせつ》あり」とある。

（14）学舎は江戸時代以来のもので、有志による青少年の学問や心身の鍛錬などを担った教育機関。戦後G・H・Qにより解散させられたが、その後いくつかが再興されて今日に及んでいる。

学舎活動や郷中《ごじゅう》教育の簡単な知識と昭和六十年頃の活動については、古垣の「青少年を鍛える集団教育―鹿児島県の事例より―」（『道徳と教育』第二四七号、昭和五十九年十二月、二六～三〇頁）を参照。

専門的な主な研究書には、松本彦三郎著『郷中教育の研究』（昭和十八年十月第一書房、五十三年一月大和学芸図書復刻）、鹿児島県教育委員会編『鹿児島県教育史　二巻』（昭和三十六年県立教育研究所発行、五十一年大和学芸図書復刻）、鹿児島県立図書館編刊『薩摩の郷中教育』（昭和四十七年八月）、郷中教育研究会編発行『郷中教育―その現代的意義を求めて―』（昭和五十九年五月）、安藤　保著『郷中教育と薩摩士風の研究』（南方新社、平成二十五年九月）などがある。

（15）大瀬秀雄は、鹿児島県立第一高等女学校学友会文芸部編発行『会誌』第五号〈創立記念〉（昭和八年三月発行）の巻末、「旧客員住所氏名（転免順）」二頁によると、遅くとも昭和八年三月までには、「福井市梅ヶ枝仲町」に転居している。

（16）串木野の様子については、『鹿児島朝日新聞』（大正三年一月十九日）二面の「串木野の避難者▽痒《かゆ》い所に手の届く様な村民の同情」に、「串木野へは十二日の夕方よりの続々としてヒ難《ひなん》し来るものありたるが、翌十三日は、鹿児島市中一戸として残る者なく、各方面にヒ難《ひなん》せりとの報に依り、村長、駐在巡査、青年団隊、消防組は協力してヒ難者を救護するを申合せ、停車場前に臨時駐屯所を設け、貼出しをなし、（中略）東西本願寺に交渉して宿泊所に宛《あ》て、村民より金品の寄贈を募集し之を配与し、特に女人と子供には十分なる便宜を与へて殆んど親身も及ばざる手を尽したるが」とあり、また同面の「同情なき伊集院町民」にも、「串木野村民が逸《いち》早く手桶《ておけ》に蒸立《むしたて》の唐芋《からいも》を山盛《やまもり》し「何人も遠慮なくお取なさい」と立札《たてふだ》して道端《みちばた》に放置したり」とある。

(17) 川内市（現薩摩川内市）の様子については、『鹿児島新聞』（大正三年一月十八日）一面の「川内の避難救助」に、「本日来麑《らいげい》〈鹿児島市に来る〉せし大窪薩摩郡長の談に依れば、噴火当日以来、市〈鹿児島市〉及び桜島の避難民の川内に来集するもの続々あり。其数二千余に達したるより、実業倶楽部を始め平佐・水引・隈之城《くまのじょう》三ヶ村篤志者《とくししゃ》協議の上、光永寺を収容所に充て、避難者中の細民には、夫々炊き出しをなす。手順を定め、寄付も米六十俵、金五六十円に上り、現に百二三十人の賄《まかな》ひをなしつゝあり。十二日の烈震は毫《すこし》も損害なく、人気静穏なるが、此際避難者に対し、不当の利益を貪《むさぼ》る如き事なき様、実業倶楽部より夫々注意しつゝありて、物価は平素と異なる事なしと」とある。なお川内実業倶楽部は、『鹿児島新聞』（大正三年一月二十四日）三面の「川内実業倶楽部の奮起」によると、救済寄付金の募金活動も行い、二十日までで「合計金二千六百四円五拾銭」に上ったと言う。

(18)「城下の盟」とは、天正十五（一五八七）年、九州制圧を企図して二十万を超える大軍を率いて薩摩に赴いた豊臣秀吉に対し、五月八日島津義久《よしひさ》が降伏を申し入れ、直接見《まみ》えて実現した講和をいう。その時に講和の印《しるし》として立てられたのが「和睦《わぼく》石」と言われるが、今日その石は秀吉が本陣を置いた泰平寺《たいへいじ》に残されている。なお翌九日、秀吉は薩摩を島津氏に安堵し、十八日に泰平寺を後にした。

　詳しくは、鹿児島県編発行『鹿児島県史　第一巻』（昭和十四年四月、四十二年復刊）七三四〜七四三頁、原口泉等著『鹿児島県の歴史〈県史四十六〉』（山川出版社、平成十一年八月）一四九〜一五一頁などを参照願いたい。

(19) 原文は「川内実業倶楽府」とするが、上の註（17）の新聞記事によると、「倶楽部」にすべきである。また同倶楽部の活動についても、上の註（17）の新聞記事を参照。

(20)『鹿児島朝日新聞』（大正三年一月二十一日）一面の「●破壊されたる鹿児島市（二）」に、「▼下荒田町　竹迫湯屋倒壊して物の哀《あわ》れを止め、本通〈谷山街道〉に於て家屋の全壊せるもの四棟あり。県立商船水産学校附近の道路は、亀裂《きれつ》して、暗黒の夜等通行すれば、足でも陥入《おちい》るべき大亀裂ある等、誠に物騒《ぶっそう》なるが、同町にては圧死者も一人ありたりとかにて、人心尚落付《なおおちつ》かず」とある。さらに続けて、甲突川の対岸の両町について、「塩屋町〈河口の町で海に面する〉に於ては沖之村遊郭の倒滅は既報の如く、尚《なお》別に一棟の倒壊あり。概して新屋敷町〈武之橋附近から塩屋町まで広がる〉は無事なり」とある。因みに、新屋敷町には乃木希典の夫人静子の出生地や今村明恒の実家があったが、ここは被害が少なかった。対岸の下荒田町には、松方正義の生家や本「遭難記」の著者・大瀬秀雄の家があったが、こちらは比較的に被害が大きかったようだ。

(21) 砂糖製造業は『鹿児島朝日新聞』(大正三年一月二十三日)二面の「桜島製糖損害高 ▼税額のみにて壱万余円の欠損」に「今回の爆震に付き大島を除き県下唯一の砂糖生産地たる桜島の製糖被害の如何《いかん》は早くも注目する所なりしが、(中略)今回爆震の不幸に遭遇し、右総額四十八万余斤は全くの損害高となり、且《か》つ之に対する税額金一万千三百四十七円は、是れ又国庫の欠損となる」とあるように、砂糖製造業は当時桜島の重要な産業であった。

二、被害の大概

桜島にて全滅の部落は、赤水《あかみず》・横山・小池・赤生原《あこうばる》・瀬戸・脇《わき》の六区なれども、有村・黒神《くろかみ》及肝属《きもつき》郡牛根《うしね》・二川《ふたがわ》・百引《もびき》等も、焼残りたる家屋も降灰の為に埋もれて、到底回復の見込なし。溶岩に埋もれ、或は火（雷火、溶岩ノ火）の為に焼かれしもの千九百四十六戸、又溺死一人、行倒《ゆきだおれ》四人、不明二十三人、計二十八名の死者を出したり。市及び郡にて倒潰《とうかい》せる家屋・石塀のため圧死せるもの二十九人を出せり。桜島にて降石に打たれ、倒木に挿《はさ》まれ、或は食に飢えて死せる家畜は、馬千七百十五頭、牛二百三頭、豚百六十二頭に達せり。

鹿児島県庁内ニ於ケル桜島検測　自一月十七日　至二月二日

	一月十七日	〃十八日	〃十九日	〃二十日	〃二十一日	〃二十二日	〃二十三日	〃二十四日	〃二十五日
強キ噴火ノ回数	67	53	74	65	37	29	34	40	36
小ナル噴火ノ回数	連続	84	39	78	77	93	82	78	63
地震ノ回数	11	20	3	5	7	4	2	1	5

	強キ噴火ノ回数	小ナル噴火ノ回数	地震ノ回数
〃二十六日	29	101	0
〃二十七日	35	136	4
〃二十八日	14	148	2
〃二十九日	17	147	8
〃三十日	1	144	3
〃三十一日	5	130	3
二月一日	6	117	9
〃二日	4	108	1
計	546	十八日より1625	88

一月十二日の鹿児島朝日新聞所載《十二日早朝配達セシモノナリ》[1]

地震来!!!　震源地は何処?　但し心配は無用也!

十一日午前三時四十一分の地震を初発として〔以来〕強弱の地震頻発し、同日午後二時に至るまで総計六十四回に及び（中略）震源地は目下調査中なるも、蓋し市を距る〔事〕僅々《きんきん》〈わずか〉四五里の陸上にありて、昨年の伊集院地震に関聯《かんれん》せる震源に発したるもの、如し。因《ちなみ》に斯《か》く地震の頻繁なるは、土地の平定上、却《かえっ》て有効にして、之《これ》が為〔め〕に漸次地震力を消耗し、従て強烈なる地震を将来すも恐《おそ》〔れ〕尠《すくな》しといふ。（鹿児島測候所検測）

測候所の大多忙　昨日午前三時四十分よりの絶間《たえま》なき地震に、当測候所長其の他係員は忙殺され、震源地等の調査に努め居《おり》たり。（午后十時）

一月十二日の鹿児島新聞　第一号外《十二日午前十時配達セシモノナリ》[2]

昨夜来〔震動〕引続き頻繁にして今朝六時までに大小三百三十七回に及び、今朝尚ほ又頻発し、殆んど震動絶ゆる間もなし。震源地は漸次鹿児島に近《ちかづ》き、桜島は平生噴火せざる処より、異様の噴火をなし、旧噴火口よりも沢山の噴火をなせり。多分火山〔性〕地震あるべし。

〔▼非番巡査召集〕鹿児島警察署は本日非番巡査を召集し、万一の警戒に備へ〔せ〕しめたり。（「二日」《ママ》午前九時報）〈原文の「二日」は「十二日」の誤り〉

仝《どう》　第二号外《十二日午后一時頃配達セシモノナリ》[3]

安永八年以来の桜島大噴火　壮絶　惨絶

十二日早朝、桜島前面半腹の地点より黒煙を吐《は》き出し、前日来の数百度の地震の事実に徴《ちょう》し〈根拠とし〉、鹿児島警察署は、前日来地震の震源地は西桜島駐在所巡査の報告により、桜島にありと観測し、鹿児島測候所へも之《これ》を警告し、仝《どう》日午前九時、警戒に備ふる為め、非常招集を為し、仝時に田畑警察署長・上床保安課長は鎌田警部以下を随《したが》へ、本社の記者二名も仝《どう》行。

小蒸汽船鶴丸に搭乗《とうじょう》、団平船《だんべいせん》〈荷船の一種、団兵衛船〉二艘《そう》を率《ひき》ゐ、桜島へ向け全速力を以て急航したるが、途中避難船に遭遇する毎に、彼等は双手を挙げて、早く救助してと、奇異なる泣声を揚《あげ》けて哀願《あいがん》するの状、悲惨を極め、坐《そぞ》ろ〈その場の状況につられて〉一行をして同情の念を禁じ能《あた》はざらしめしが、斯《か》くて鶴丸が海上約半里を乗出したる袴腰《はかまごし》の前面に於て、横山海岸を距《へだて》る高地の直径約半里余に亘《わた》りて、百雷の落つるが如き大音響の起ると同時に噴火し、濛々《もうもう》たる黒烟《こくえん》を渦《うずま》き、巨大なる焼石は打ち揚《あ》がり数千尺の空中より光芒《こうぼう》〈光と煙〉を引ひて墜落し、附近一帯の山林は火災を起《おこ》し、濛々《もうもう》たる黒煙は白煙と打ち混じ〔り〕て全島を掩《おお》ひ、其状悽愴《せいそう》〈いたまし〉極りなく、鶴丸は最初横山に着船すべき予定なりしも、濛々《もうもう》たる黒煙に包まれ、且《か》つ雨の如く降る灰に冒《おか》されんとするの危険状態にあるにより、已《や》むを得ず横山着船を中止し、袴腰《はかまごし》の北方陸岸近き地点に仮泊し、団平船二艘《そう》をして袴腰の海岸に、蓑《みの》・笊《ざる》・毛布・手拭《てぬぐい》を打ち振り廻《まわ》はし救助の信号を為せる、幾百の老幼男女の島民を乗船せしめたるが、右の避難民中には、病人を背負ひたるものも多く、阿鼻叫喚《あびきょうかん》の声、爆声に和して実に惨憺《さんたん》の極に達し、且《かつ》海岸一帯には村民〈原文は「民村」〉の飼馬逸走《いっそう》〈逃げ走る〉し、小池・赤水《あかみず》方面の海岸にも多数の避難民蝟集《いしゅう》〈針ねずみの毛のように密集〉し、右往左往して混乱。救助を求むるの状、迚《とて》も一管の筆の尽すに遑《いとま》あらず。

而して鶴丸の一行は此急遽《きゅうきょ》の際、執《と》るべき焦眉《しょうび》の方針は、出来得る限り鹿児島港より、大小の船舶を急航せしめて多数の避難民を救助収容するにありとし、直《ただち》に全速力を以て帰航に上りたるが、此際桜島の旧噴火口より噴焔《ふんえん》し、横山の噴火と同一に巨石を雨の如くに降らし、濛々《もうもう》たる黒煙天に漲《みなぎ》り、時々凄じ《すさまじ》き大音響を発し、全島は全滅に近つ《ちかづ》かんとするものゝ如し。而して帰途にある鶴丸は、全速力を以て鹿児島に向け疾走し、鹿児島港の埠頭《ふとう》に碇泊《ていはく》中なる二千五百噸《とん》の日運丸船長に対し、救助に赴かんことを交渉したるも、仝《どう》船は機罐《きかん》に火なき理由を以て謝絶したるが、同船の一行は仝十一時半、水上署に着陸し、直に商船学校の錦丸を始め、鶴嶺、其他港内の大小船舶をして救助せしむべく、夫れ夫れ方法を講じたり。

要するに、今回の桜島噴火は、安永八〈一七七九〉年十月一日の噴火以来、即ち百三十六年目の大噴火にして、其惨絶《さんぜつ》の状、安永当時の噴火の状況に異ならずといふ。

〔註〕

（1）『鹿児島朝日新聞』（大正三年一月十二日）二面の「●地震来《ぢしんらい》!!!」、参照。記事中に稿者が〔　〕して文字をしるすのは、原文に従っている。この新聞記事は、「（鹿児島測候所検測）」までである。なお遭難記の著者が「（中略）」として略した部分には、「其の内無感覚地震四十一回有感の地震十六回弱震五回強震二回に及び就中《なかんずく》午前九時五十八分の地震は最も顕著にして、初期微動三秒時間を経て主要動に移り主に南北の方向に於て著名なる震動を現はし其最大は水平動五粍《みり》四、周期零秒《れいびょう》三、上下動は一粍《みり》、周期零秒一粍を示し震動時間は二分間なりき。而して」の文章が入る。

（2）『鹿児島新聞』（大正三年一月十三日）一面に「●震動絶間《たえま》なし」のタイトルで再録された。この記事中の〔　〕した文字は、特別に原文によって補足した。

（3）『鹿児島新聞』（大正三年一月十三日）一面に「●安永八年以来の桜島大噴火　壮絶　惨絶」のタイトルで再録された。これに従い、校訂をおこなった。

三、安永の炎上

（天保十四年刊行ノ三国名勝図会　巻四十三所載）①

安永八〈一七七九〉年癸亥《きがい》十月朔日〈一日〉、桜島岳大《だけおおい》に火を発し、炎上れり。初め九月二十九日、亥《い》の上刻〈夜十時頃〉より、方数十里の間、地震《ふるう》ふこと甚し。翌朔日〈十月一日〉已午《すでにうま》の刻〈昼十二時頃〉に至り、島中の井悉《ことごと》く沸騰《わきあが》り、所々《ところどころ》水迸《ほとばしり》出《い》づ。又海水紫色《むらさきいろ》に変ず。未《ひつじ》〔の〕刻〈午後二時頃〉に至りて、山上両中《さんじょうのふたなか》〈ふた中といふ、南岳と北岳との中間なり〈図会原文割註は「両中上文に出づ、」とす〉〉より忽《たちま》ち一帯の黒烟《こくえん》を吹出し、頃《しば》らくして大に鳴動して、東西両所一時に炎上れり。火炎ゆれば、地随《したがい》て震ひ、地震へば火愈炎《いよいよもえ》て、沙石《させき》〈すなと石〉を飛し泥土《でいど》を流し、黒煙空を覆《おお》ひ、白日晦冥《かいめい》〈くらい〉にして、忽《たちま》ち暗夜の如し。

始め其煙の出るや、沸騰《ふっとう》すること驚涛《きょうとう》〈大なみ〉怒浪《どろう》〈さかまくなみ〉の如し。競起すること疊嶂層巒《じょうしょうそうらん》〈重なりたる山〉の如し。愈升《いよいよのぼ》り愈《いよいよ》遠く、幾里を知るべからず。遂に白日変じて暗夜の如《ごとき》に至る。其光の耀《かがや》くや、烈々《れつれつ》〈高く大きく〉として天を焼《やく》は、九重《ここのえ》の高きも盡《ことごと》く紅《くれな》ひとなり。煌々《こうこう》として〈きらきら輝いて〉海上を照せば、則《すなは》ち千頃《けい》〈頃は田の百畝《せ》の称〉の広きも悉く明なり。其焔《ほのお》を閃《ひらめか》すは、疾電《しつでん》〈はやい電気〉の縦横するが如く、其石を飛すは、流星の上下するに似《に》たり。其声の轟《とどろ》くは、怒号の烈風も及ばず。

山岳も悉く崩れんとし、坤軸《こんじく》〈地の中心〉も乍《たちま》ち砕《くだけ》んとす。凡そ昼夜の所《みるところ》レ観、変幻万態にして、名状すべからず。是《これ》の如くなること五日を経て、炎火稍微《ややび》なりといへども、其火未《いま》だ遽《すみやか》に止《や》まず。或は三四時を過《すぎ》て炎《も》へ、或は一方を隔て炎ゆ。炎《もえ》て復止《や》み、止みて復鳴る。又東北五六里の海底より、炎《ほのお》上る其響《そのひび》き、隠々〈気がめいる様〉して止まず。海上俄《にわか》に洲嶼《すしょ》〈海中の洲〉若干を沸出《わきいだ》す。〈ここに図会原文の割註「別条に記す、故に此処には略す」あり〉凡《およそ》一月を経て、漸《ようや》く無事なり。於レ是《ここにおいて》桜島の形状、突然として尖《するど》き者は坦然《たんぜん》〈平ら〉となり、隆然〈豊かなる様〉として起る者は凹然《おうぜん》〈くぼんだ様〉となり、復《また》旧日の面目〈外から見た様子〉に非ず。

初《はじめ》城下の人民、其火の起るを見るや、余焔将《よのほのおまさ》に及《およば》んといひ、或は飛石将《まさ》に落んといひ、或は海嘯《かいしょう》〈津波〉将《まさ》に至らんといひ、訛言《かげん》区々〈根のない偽《いつわ》りごとが一緒に存在〉にして、人情洶々《きょうきょう》〈落ち着かず不安な様〉たり。既にして城下に灰を雨《ふら》すこと飄颻《ひょうよう》〈ひるがえりあがる〉繽紛《ひんぷん》〈盛んに乱れ飛ぶ〉として、風に随《したが》ひ地に満つ。人家の筵席《えんせき》〈むしろの席〉・器皿《きべい》〈台所用具〉、皆是《これ》が為《ため》に汚れ及び面《かお》を撲《う》ち目に昧《ばい》りて〈目がよく見えなくなりて〉、甚だ患《うれい》をなす。然れども桜島は、城下の東に在りて、此時日夜西風・北風多し。是故に城下灰を雨《ふ》らすこと稍《やや》少なし。

垂水《たるみず》・牛根《うしね》・福山《ふくやま》等の諸邑《ゆう》、其下風《それしもかぜ》にある者は、其《その》灰を雨《ふ》らすこと、沙《すな》を篩《ふるう》が如く、石を飛すこと、礫《つぶて》を投るに似《に》たり。隴畝《ろうほ》〈うねとあぜ、田畑〉を没し、溝渠《こうきょ》を埋《うず》め、五穀・草木を傷《きずつ》るに至る。其下風《それしもかぜ》にある内海数里の間は、往々浮石《うきいし》〈かるいし〉屯聚《とんしゅう》して、厚さ六尺、周り半里許《ばか》りなる者あり。船楫《せんしゅう》〈ふね〉の往来を絶つ。其浮石《うきいし》上の海を渉《わたり》て、垂水《たるみず》に至る者ありしとぞ。

若《すなはち》亦桜島に於ては、地の震《ふる》ふこと他所に十倍せり。立《たて》ば顛《うろた》へり、行《いけ》ば僵《たお》る。其火の起るや、盤石《ばんじゃく》〈大なる岩〉の落ること、霰《あられ》の如く、俄頃《がけい》〈にわかに〉積《つみ》て五六丈《じょう》〈一丈は十尺＝約三メートル〉に及ぶ。沙灰《さかい》の降ること雨の如く、須臾《しゅゆ》〈少し〉の間に二三十尋《ひろ》〈一尋《ひろ》は六尺〉に及ぶ。加レ之《これにくわえ》黒煙湧出《ゆうしゅつ》して、上下に充ち、四方に塞《ふさ》がり、島民或は抑圧《よくあつ》せられて死し、或は乱撲《らんぼく》〈乱れ打つ〉せられて死し、或は掩埋《えんまい》〈おおいうずめる〉せられて死す。然らざれば或は舟を争ふて溺《おぼ》れ、或は方〈方向〉を失ひ倒る。

数日の後、戸口を点検するに、島民死する者総《すべ》て百四十余人なり。其《それ》傷損する者は、枚挙すべからず。雞《けい》〈にわとり〉・犬・牛・馬の死する者は、推《おし》て知るべし。又東北・南海七里の間には、魚の死する者無数《むすう》なり。蓋《けだ》し海底火気の為に傷《きずつけ》らるといふ。桜島の地に火の起ることは、適《まさ》に湯之村《ゆのむら》・有村《ありむら》・脇村《わきむら》・黒上村《くろかみむら》・向面村《こうめんむら》〈高免村のこと〉等の上に当れり。是を以て此村の民頗《すこぶ》る死し、余村の民は免《まぬが》るゝ者多し。

火起るの日、邦君〈二十五代島津重豪《しげひで》〉(2)命じて速《すみやか》に舟船数百隻を出し、島民を済《すく》ふ。是故《これゆえ》に其老幼を携《たずさ》へて、城下に避《さく》る者二千余人なり。迺《すなは》ち城下に於て第舎《ていしゃ》〈たてもの〉数十間《けん》〈「間《けん》」は「軒や棟《とう》」の意〉を作《つくり》て、これ〈避難島民〉を置〔き〕、倉米《くらまい》数百石を出して是を救ふ。故に島民露處《ろしょ》〈屋外〉〔に〕餓死を免《まぬが》る。又庫銭二千緡《びん》を出して是《これ》を賜ふ。故に其島に還《かえ》るに及《および》て、以て居處を修し、産業を治《おさめ》ることを得たり。是《これ》皆邦君の仁恵《じんけい》なり。

後《のち》大坂の人曰《いわく》、安永八年十月二日、大坂に沙灰《さかい》ふる。諸人大《おおい》に怪しむ。時に丹後《たんご》浦島の人来り、彼《かの》海辺に夥《おびただ》しく浮石〈軽石〉寄《より》来る。是《これ》海島の燃《もゆる》ならんといひしに、果《はた》して桜島の事を聞たりとぞ。其頃は本藩〈薩摩藩〉日ごとに西風のみ吹つゞきたる故《ゆえ》に、かく速《すみや》に沙灰《さかい》を大坂まで降《くだ》せしなるべし。

先《これよりさき》レ是桜島〔の〕童謡に曰《いわく》、二つあひ（両中《ふたなか》〈北岳と南岳《みなみだけ》との中間〉の義〈図会原文割註は「両中の義、上文に見ゆ」とす〉）から雨流す、雨は流さず沙《すな》流す、後は火の粉のまる焼《やけ》たむの〳〵。果たして此《この》炎上ありて、童謡の讖《しるし》〈予言〉符験《ふけん》〈証明〉せしとかや。凡《およ》そ山の火を発する者は、必ず朔望《さくぼう》〈一日と十五日の意〉の交《まじわ》ひにあり。蓋《けだ》し海潮の候〈きざし〉に随《したが》ふといへり。

〔註〕

（1）本文の校勘には『三国名勝図会　下巻』（南日本出版文化協会、昭和四十一年二月）巻四十三、六〜八頁を参照した。

ちなみに同書は、天保十四年刊本を明治三十八年に再版された『新刊三国名勝図会』を影印したものである。
（2）島津重豪《しげひで》（一七四五～一八三三年）は、宝暦五（一七五五）年七月に、父重年のあとをついで、島津家第二十五代目の藩主となる。彼の時代は、木曽川治水工事費の借金を抱え、様々な災難も打ち続いて、窮乏がつづいた。しかし一方では、学問を奨励して、藩政の一新も推進した。多くの書籍の編纂をすすめ、本草学、地理学、鳥類学、農学などの成果を出版させたので、様々な分野に裨益すること大であった。安永二（一七七三）年には藩校の造士館・演武館を、同八（一七七九）年には明時館（天文館）〈薩摩暦を作成〉を設立した。天明七（一七八七）年に家督を譲って一線から退いたが、後に調所広郷《ずしょひろさと》を抜擢して財政改革を行わせ、富強な藩に脱皮させた。墓所は鹿児島市の福昌寺跡（市立鹿児島玉龍中・高等学校裏）である（以上は、国史大辞典編集委員会編『国史大辞典　第七巻』吉川弘文館、昭和六十年十一月、一〇九～一一〇頁、参照）。よって幕末に薩摩藩が強勢を誇った礎《いしずえ》は、重豪生存中に築かれたと言えよう。

四、薩摩狂句

彼処此処《イッペコッペ》逃げてがっつい疲《ダレ》もした(1)　《諸所方々逃ゲ廻ッテツカレ切ッタ》
美《ヨ》かお御嬢《ゴジョ》地震で露営《ロエ》のけこをした　《別嬪《べっぴん》ガ地震ノ為ニ露営ノ練習ヲシタ》
宜格構《ヨカカッコ》(2)お令嬢たつが荷馬車から　《ヨク似合ヒマス令嬢達ガ荷馬車デ逃ゲテ》
天文《テンモン》どん腹切《ハラキィ》や嘘言《ウソ》ぢやったげな　《測候所長ノ切腹ハ虚説デアッタサウダ》(3)

〔註〕

（1）「がっつい」とは「とても」の意味、「疲《ダレ》る」とは「つかれる」の意味である。

（2）「宜格構《ヨカカッコ》〈格好〉」とは、「良い身なりの」の意味。

（3）鹿児島県内外で前年から、異変が続いていた。大正二年四月に日向灘や大隅方面で地震が起こり、五月に霧島山で地震頻発、六月下旬に「伊集院地震」発生、七月に桜島で地震や地鳴りが頻発、十一月に霧島山で爆発が起こり、十二月に二回目の、翌一月八日に三回目の爆発が起こっていた。つまり錦江湾内外の地域で、異変が打ち続いていた。当時、『鹿児島新聞』（大正三年一月十二日）二面の「震源地は市附近」に、「昨朝来〈一月十一日〉の地震は、日没頃迄《まで》に百回以上にも及びたるが、此《かく》の如きは当市未曾有《みぞう》の天変にて、市民は孰《いず》れも安き心地なかりしが、今県下各地より本県警察部に達したる情報に依れば、伊集院地方の如き軽微の震動にて、南薩方面又た同様微弱の震動なりしと云ふ。

殊に加治木地方の如き五六回の震動を感じたる迄なりと云へば、此の震源地は市を距《へだつ》る遠からざる吉野地方ならんと云ふ」とあり、桜島の爆発を想定する情報は公的機関から流されていなかった。

本書巻頭「遭難記」の「一月十一日」部分にも、「夜の明くるを待ちて、武橋《たけのはし》〈タケンバシ〉交番所に走りて掲示をみる。曰く、震源地は市を距《へだつ》る北、四五里の陸にありと（後日、測候所長〈鹿角義助〉の妄断《もうだん》を怒り、自殺を勧告せしものを出《いだ》せり）。昨年夏、霧島山麓（五月三十日前後に渡りて）及伊集院地方（六月廿九日、三十日の両日数回の大震あり。市民も一時洶々《きょうきょう》〈どきどきする〉たり）に起りし地震と同一ならんなど強《し》いて自ら考へつゝ、家人にも其の由を告げて、学校〈鹿児島県立第一高等女学校〉に行く。途中耳を巷説《こうせつ》に傾け、絶えず桜島を睨《にら》む」とある。

また本書に後掲する「桜島噴火日記」の一月十一日部分に「山上は砂煙甚し。噴煙したらんかと思はる。余り心配なりしかば、郵便局に行きて聞く。測候所（鹿児島市南洲翁墓地の上に在り。鹿児島郡吉野村に属す。当時世評に上りし鹿角所長今は転任せり）よりの電話によれば、桜島は心配なしと。やゝ安心して、壮烈なる景を前にして、西平《にしびら》（袴腰《はかまごし》の磯辺一帯）の浜辺を手を取り交はし」とあるように、桜島山上で異変が見られたが、測候所は十一日の時点で、桜島は心配なしと言っていた。

しかし実際には桜島の噴火が起こった。後掲の「有村最後の人々（一月十四日の鹿児島新聞号外抜書）」にも、有村におけるその間の事情を詳述している。長文になるので、ここでは原文の引用は割愛したい。また測候所の所長鹿角氏問題については、本書第七章でも取り上げるので、そこも参照願いたい。

ともかくこうした事から、遭難記の著者も含め県内の人々の中で、測候所の所長の責任を問題にする者が多かったことが推察できる。こうした事情が、この「薩摩狂句」が作られた背景にあったと思われる。

五、桜島のいろゝ

桜島の涌出《ゆうしゅつ》につきては、諸説区々なれども、何れも取るに足らず。蓋し有史以前の太古より存せしものならん。此島、昔は何れよりも相対して見ゆるを以て、向島といひしを、何時の頃よりか桜島と呼ぶに至れり。何れの代にかありけん、桜島忠信が此地〔の〕領主たりしより（本朝文粋、古事談、宇治拾遺等に出づ）とも云ひ、古来此の島に木花咲夜姫《このはなさくやひめ》を祀れるより、神名を訛《あやま》れりともいふ。今何《いづ》れとも定め難し。

此の島周回十里、多角形にして、其の稜角《りようかく》〈とがったかど〉は何れも溶岩流出の為に造られしもの也。島は即ち桜岳にして、其西、東の両裾野《すその》、稍《やや》農作物を得べし。元来灌漑に利すべき河流なく、地質亦火山灰なるを以て、蔬菜（桜島大根名高し）・果実（蜜柑《みかん》・枇杷《びわ》）類を得るに止まりしが、今回の爆発は此の裾野《すその》に起りしことゝて、全滅と云ふも亦誣言《ふげん》〈無いことをあるように言いふらすこと〉にあらざるなり。

附属〔の〕島十個あり。何れも無人島にして、言うに足るものなし。只新島《ただにいじま》（此には一小部落あれども、年々土地埋没す）・沖小島《おこじま》（文久三年英艦来襲の時、青山翁〈沖小島砲台の隊長・青山愚痴《ぐち》〉之《これ》を守る。今の井上元帥〈井上良馨《よしか》、一八四五～一九二九年〉亦之に従ひ、大傷を負う）のみ稍著《ややいちじる》し。

其《それ》桜島周囲の村次〈村の順〉を読める歌

第一、村次は横山《ヨコヤマ》、小池《コイケ》、赤尾原《アカオハル》、武《タケ》や藤野《フヂノ》とゆけば西道《サイドウ》
第二、松浦《マツラ》がた二俣《フタマタ》こえて白濱《シラハマ》や高免《コウメン》がもとにかゝる黒髪《クロカミ》
第三、瀬戸《セト》や脇《ワキ》なごり有村《アリムラ》、古里《フルサト》や湯《ユ》の村こえて野尻《ノジリ》、赤水《アカミズ》

本島〔の〕位置　東経　一三〇度三三分
北緯　三一度三三分
周囲　十里一町
面積　四千六百十五方里
高サ　三千六百三十六尺
鹿児島市ヨリ東約一里（二・三哩）ノ海上ニアリ

現住人口
西桜島村・・・男　六四五八　女　六七七九　計　一万三二三七
東桜島村・・・男　四一三六　女　四一九五　計　八三三一
総計　二万一五六八人

現住戸数　三一二四戸

六、桜島の詩歌

夏ながら時雨《しぐれ》て見ゆる桜島波のぬれ衣きてやほそらん　（西行法師）

いつはあれど雲のかゝれる時そ《ぞ》猶さながら富士にさくら島山　（近衛内大臣前久）

桜島の図の讃

月雪のなか《が》めのみかは桜島浪の花さくゆふ《う》べ明ぼの　（冷泉大納言為村）

桜島を見てよめる

いにしへに誰かいひけん桜島つくしの海に富士をうつして　（細川幽斎）

又同じ島の麓より嶽につゞきて松の多くうゑしを

はれ残る霞の中の山松や雲を根さ《ざ》しに誰かうゑけん　（仝）

文禄四年神無月九日

春にこそ桜島ともいひつらめしぐるしけうは紅葉ならまし　（貫明《かんみよう》公〈島津義久公〉）

桜島ひがたをかけて降る雪はちりかふ花の春の面影　（高辻中納言家長）

雪そらやしづこゝろなきさくら島　（筑後　君山）

文明十年戊戌《つちのえいぬ》八月十九日、歴二七里原一。（福山牧野ヨリ末吉恒吉界マテ約七里ノ処）西南有二一島一曰レ向。文明八年丙申《ひのえさる》秋、火起焚レ島、烟雲簇《むらがる》也、塵灰散也。青茅《ちがや》之地、忽《たちまち》変二白沙堆一。滄桑《そうそう》之嘆、不レ克レ蔑二千懐一　作二是詩一。

烈火曾焼二一島一来、　桑田碧海総休レ猜、
去年澗底草深処、　七里平原沙作レ堆(1)

望二向島一賦レ詩

万頃蒼波白島濱、　中流向島一由旬、
蓬窓穏坐回レ頭見、　宛是廬《ろ》山面目真、　（以上　釈桂庵）

題二燎崎(1)一

寒嵒次列里程余、　龍臥虎蹲勢活如〈然?〉、
黒質彩丹燎崎石、　宛如三炎気未二相除一　（僧恵覚）

桜山突立海湾間、　一碧瑠璃擎二髻鬟一、
鹿子〈児？〉(1)城中家幾万、　無二窓不レ納二紫孱顔一、　（頼山陽）

我胸のもゆる思にくらぶれば煙はうすし桜島山　（平野国臣）

さくら島をよめる

はや人のさつまのせとの明立ば横雲なびき夕されば月さしのぼり白たえの波もてゆへるものとしも思ひなされずわたつ海の中より出でて久方の雲ゐにそびえ東路のふじの高根にいともよく似たるのみかは信濃なる浅間のごとく峰よりはけふりたちのぼりふもとには出湯もわきてもろ人のやまひをいやし君が為みつぎをはこぶもゝ舟の便となりてことさへぐうるまの国の人もみなあふぐ斗《ばかり》にいや高きいさほあればぞ日の本の花の君てふはなの名をこの島の名におはせけらしも

いつとなく岩ねに寄《よ》する波の花さくらしまてふ名こそうべなれ　（税所敦子《さいしょあつこ》）(2)

景色無双《むそう》なるは薩摩の桜島山也、蒼海《そうかい》の真中に只一つ離れて独立し景色嶮峻《けんしゅん》なるに日光映ずれば山の色紫に見え絶頂より白雲蒸すが如く煙常に立登る譬へば青畳《だたみ》の上に香炉を置きたるが如し　（西遊記　橘南谿《けい》）

桜島爆発後九十三日
山本首相〈山本権兵衛《ごんべえ》、鹿児島県出身〉以下骸骨を乞うて、後継内閣未《いま》だならざるに、皇太后陛下先帝〈明治天皇〉の御跡《みあと》を追ひ給《たま》ひて
廃朝明けの大正三年四月十五日之を記し了《おわ》る

大瀬秀雄

〔註〕

（1）上掲の釈桂庵の詩中「七里〔平〕原は大隅国福山牧の原の事なり」、僧恵覚の詩中「燎崎は西桜島野尻と湯之の界に在り文明の噴火の折噴出したる溶岩帯なり」、頼山陽の詩中「子を〈児?〉とする」等は、九州鉄道管理局編『大正三年桜島噴火記事』〔西村書店、大正三年七月〕二頁、参照。ところで、頼山陽の詩中の「鹿児城」は、「麑《げい》城〔鹿児島城のこと〕」である。

（2）税所敦子《さいしょあつこ》の文については、屋代熊太郎著『税所敦子　心つくし　屋代熊太郎註釈　全』〔東京／泉文社発行、六盟館・松村文海堂発売、大正二年一月〕口絵の次頁〈或いは「心つくし註解の序」の前頁〉の「さくら島をよめる」を参考にして校勘した。ちなみに、屋代熊太郎は『遭難記』著者の所属した県立第一高等女学校の校長〔大正三年四月末?から就任・・・これについては、上記第三章の一の〔稿者註（2）〕職員メンバーを参照〕であった。

税所敦子《さいしょあつこ》〔一八二五～一九〇〇年〕は、江戸時代末から明治時代の歌人。京都の宮家付の武士・林篤国の長女。二十歳で京都出向の薩摩藩士税所篤之の後妻となる。八年後の嘉永五〔一八五二〕年、夫と死別す。翌六年鹿児島に下って姑《しゅうとめ》に仕えた。この西下の紀行文が『心つくし』である。明治八〔一八七五〕年から宮内省に出仕。皇后の歌の相手など、文学の諸務に二十数年精励し、歌人としても広く世に知られた。東京の牛込区の自宅で没した。享年七十六。歌集に『御垣《みかき》の下草』〔明治二十一年刊〕『御垣《みかき》の下草後編』〔明治三十六年刊〕がある〔以上は、国史大辞典編集委員会編

『国史大辞典　第六巻』吉川弘文館、昭和六十年十一月、一六六頁、参照）。

ところで税所《さいしょ》敦子《あつこ》は、薩摩藩では現在の鹿児島市鷹師町一丁目の西田温泉の所に居住した（ここに石碑あり）。温泉の裏の筋（鉄道線路から海側二本目の筋、西田温泉入口から数分の所）中ほどの宅地に、池端家（俳優・歌手の加山雄三〈本名は池端直亮《なおあき》〉氏の先祖の屋敷）があった。従って税所《さいしょ》敦子《あつこ》は、ご近所さんとして池端家の人々とも交流していたことが想定される。

七、桜島噴火日記（能勢久執筆《のせひさ》）

此の日記は、今回爆発地の一なる横山〈西桜島村〉の桜洲《おうしゅう》小学校訓導能勢久《のせひさ》氏(1)が克《よ》く大難に処し、傍《かたわ》ら実地視察のまゝを、記されしものにして、当時の様《さま》を偲《しの》ぶに最も有力なるものなれば、師高校友会時報第七十四号(2)より之を転記す。

此の桜洲《おうしゅう》小学校〈桜洲尋常・高等小学校、後に再興、現在は鹿児島市桜島小池町五十五番地にある〉は、西桜島村立の尋常〔科〕・高等〔科〕併置の小学校にて、横山区城山〈俗に袴腰〉の裏にあり。彼《か》の父の為に腕の肉を割《さ》きし孝女、木ノ脇くら子を出しゝ学校なり。余等、昨春五月八日、此《こ》の校及此の孝女を訪《と》ひて、其の印象未《いま》だ新たなるに、真先《まっさき》に、溶岩に埋められて、此の校も此の家も村と共に火の原となりて、今尚余焔《なおよえん》〈ほのお〉を絶たず。噫《ああ》。

一月十一日　日曜　晴天

午前三時とも覚《おぼ》しき頃、微震あり。それより続けざまに地震来る。宿の主人は外へ出でずともよきかと聞かる。地震は近頃の産物、地震に馴《な》れし身は「外へなんか出ないでもい、でせう」とすまし込んで、休みぞせしもの、、振動烈《はげ》しく頭いたきこと限りなし。同宿の礼子の君〈野津礼子(3)〉（之は我が校（第一高女）昨年の卒業生にして此の月八日に此校に赴任せし人なり）(4)〔に〕屢々《るる》〈しばしば〉呼び起さる。熟睡せざりし故か、朝寝ときまりて、七時過《すぎ》やうゝゝ起き出づ。

午後より友訪れ給《たまう》ふ。正月始めての事とて、汁粉《しるこ》の御馳走をなす。自炊《じすい》生活の第三日目也。共に食す。其の間、地震の止むことなし。家にのみ居るは、余りよき心持《こころもち》もせず。入学試験予習の生徒を帰らしめて、先生方の御宅を訪問す。山より石のまろび落つること頻《しばしば》也。山上は砂煙甚し。噴煙したらんかと思はる。余り心配なりしかば、郵便局に行きて聞く。測候所（鹿児島市南洲翁墓地の上に在り。鹿児島郡吉野村に属す。当時世評に上りし鹿角《かづの》所長〈鹿角義助《かづのぎすけ》〉、今は転任せり）よりの電話によれば、桜島は心配なしと、やゝ安心して、壮烈なる景を前にして、西平（袴腰《はかまごし》の磯辺一帯）の浜辺を手を取り交はし、対岸なる故郷（市ナリ）を眺めつゝ、市もこんなに地震がして、あんな恐ろしい音がする〔の〕でせうかなど、語り合ひ共に歌ひつゝ散歩す。

神ならぬ身は、目前に横《よこた》はれる大難をも知らず、ゆり動く地上を斯《か》くものん気に此の学期の計画など話しあひて、希望にみちゝゝてありき。日曜とし云へば、必ず帰鹿なすものを、此のなつかしき桜州（桜島のこと也）の地と、永久の別をすべく天は帰るを許さゞりしか。あゝあの時が最後の離別なりしか。

帰りに有村様御宅に病気見舞に行き、夕餉《ゆうげ》の御馳走《ごちそう》になる。「こんなに地震がしては死ぬかも分かりませぬから、其の用意に御湯《おゆ》に行って置きませう」と戯談《ぎだん》などいうて、共に連れ立ちて行く。湯屋の戸口を出づる時、強震来りて、前の石垣は破れぬ。役場の石垣もゆり動く。余りよき心地もせず。そこゝゝに帰る。宿の子供は肺炎とかにて、地の烈しくゆり動くも顧《かえり》みず、医師の許《もと》に行かる。同宿の礼子の君と広き座敷に只二人、ますゝゝ烈しき地震に力《ちから》一杯ランプを押《おさ》ゆ、淋《さみ》しきことといはん方《かた》なし。

気晴らしに手紙を書く。此宵《よい》の有様・御伺《おうかがい》〈御機嫌伺〉などを、東京の友と佐藤先生、我家とに書き終わり、台湾の姉にも知らせんとて、文余《ふみのあまり》〔を〕正《まさ》に書き終わらんとする時、大地震あり。ランプを消し、庭に飛び出、戸板をしきて、宿主〈宿の主人〉の帰りをひたすら待つ。夜風身にしみて、一《ひと》きは哀《あわれ》を催《もよお》す。やゝありて、宿主も帰らる。

郵便局と測候所とは、電話の掛け通し、いまだに危険なし、心配するな、市を去る北五里に震源地はありとか、知らぬ身は刻一刻と危険の近《ちかづ》くも知らず。只測候所のみを頼《たより》となし、あの恐ろしき煙うづまく上に、動揺烈しければ、家にも居たたまらず。近所の人々と、蜜柑《みかん》の木の下に莚《むしろ》を敷き、時々伝へ来る測候所の知らせのみを、力《ちから》とたのみ、心細き夜を更《へ》しぬ。

心なき月は、常に変らず皎々《こうこう》〈白いさま〉と頭上を照らす。家に居る処《ところ》は何処《どこ》もなく、皆《みな》木の下に避難す。「之に雨でも降ったらどんなにつらいだらうか、天はようしたものだ」とは、老人の話。何となく故里〈故郷〉の忍《しの》ばれて、懐《なつか》しきこと限りなし。一分だに振動のやむことなく、一《いち》地震毎に御岳（桜岳のこと也）の石はまろび落ちて、石と石と突き当りて、火花を散らす。ゴロゴロゞ、ツゴロゞ、ヅシンさてゝ、いよゝ、物騒、壮厳《そうごん》、悲壮、万感《ばんかん》胸にせまりていふ所をしらず。

夜半二時過には、上下動《じょうげどう》さへ加はりぬ。頭は破れさうに胸はつまりて、心地〈心の状態、原文は「知」〉いと悪し。百余年前噴火〈一七七九年、安永八年の噴火〉せしは、旧十八日にて明後日にあたるとか。刻々に地震は烈《はげ》しく、物音は耳底に深くひゞく。月光の淡くなると共に、大空も明るくなりぬ。終夜ゆられし故《ゆえ》か、頭痛はげしくして、恐怖にみてる〈満ちる〉一夜は過されぬ。

一月十二日　月曜　晴天　噴火の日

宿の主人も病人を扣《ひか》へてはと考へ、さわぐ胸を押静め、皆の分まで朝食の仕度をなす。友《とも》〈教員仲間〉来宅ありて、測候所は、却《かえ》って市はあぶなし、桜島は心配なし、逃ぐるに及ばずとか申す由《よし》なれど、どうせ死ぬなら故里で諸共《もろとも》に死なんを、帰鹿《きか》しては如何《いかん》と話す中、又も大地震来りて立つを得ず。鳴動烈《はげ》し。

村の老人も唯《ただ》ならぬ山の鳴り方だ、山があれ位崩れるのだから、きっと大事になる。どうも震源地は当地〈桜島〉らしい、何時まで〔も〕測候所を信用しても駄目だとの話。一応校長〈鶴留《つるとめ》盛衛〉に帰市の許《ゆるし》を得てよりとて、あぶなければ我は残りて、友〈教員仲間〉は校長宅に行かれぬ。

二年も住み馴《な》れし土地、後にはまだ可憐《かれん》の教へ子もあるものを、甚《はなはだ》くるし、共に死にたし。帰らざるべきか、帰るべきか、如何《いか》なる処置を執《と》りてよきか苦しむ。宿の主人より若《も》しものことありてはと注意されたれば、大事の品物と不用品とをかき分け荷造《にづくり》をなし、亡き両親の形見の品と重要書類とのみ包みて出校す。

近所のお婆様《ばあさま》〔が〕「先生こんな時は舟もたりませんよ、早く私共の舟〔に〕より逃げませう」と云《い》はるれど、職務ある身は如何《いか》にせん、村人はどしゞゝ、避難す。泣き叫ぶ声浜辺に満つ。生徒も少しは出校せしかど直《す》ぐ帰さる。職員校庭に集りて色々の話あり。鎮静《ちんせい》したらば再び出校せよ、各自適所に避難せよと〔の〕校長の命令の下に、各自解散す[5]。

命がけに村人は避難す。海ばたとは云《い》へ、各々舟を所有する〔者〕はいと少なし、混雑極《きわま》りなし。約束せし舟は、早や出帆しぬと。かうする中に東側より噴煙頻《しきり》なり。心は躍《おど》れど乗る舟もなく、早や荷物を持出すの暇もあらばこそ、やうゝゝ小使《こづかい》の尽力により、助けられて、からだのみ逃げのびぬ。

乗り後《おく》れし人〔の〕親呼《よ》ぶ声、子呼ぶ声、病人、老人、岸辺の騒《さわぎ》、目もあてられず。人生之《これ》を惨《みじめ》といはずして、何をか惨といふべき。助《たすけ》の舟の影さへ見えず。舟の烏島《からすじま》を去らんとする時、横山の権現様《ごんげんさま》の谷間らしき所より、煙草《たばこ》の煙《けむり》やうのもの二つ立ち上《のぼ》りぬ。アレゝゝといふ間もあらばこそ、小なりし煙はポカゝゝと綿の如くムクゝゝと忽《たちまち》の中に広がりぬ。灰砂《かいさ》・焼石ほとばしり出づる様、身も心も寒うふるひ〈震え〉ぬ。

三人にて櫓《ろ》を押せど、心あせれば遅きこと限りなし。浮ぶ百余艘《そう》の舟は漕《こ》ぎ出しぬ。命がけに泣き叫ぶ声、父呼《よ》ぶ声、悲惨極《きわ》まりなし。（平家の落武者もかくやと思はれた）やうゝゝ、漕《こ》ぎつきしは我家近き天保山〈下荒田町の海側に隣接〉、見物の人々は山を築きぬ。あゝ恙《つつが》なかりしかと慰《なぐさ》め給ふ。

近所の盲目の子を背負ひ、生徒の手を引いて、同船の人もさしあたり行くべき所もなければ、我家にともなひぬ。写真取り〈カメラマン〉のゴム輪《わ》〈タイヤの人力車或いは自転車〉〔に〕より、かけつくるもいと心にくし。家のものも迎《むかえ》ひに出でくれぬ。「よう帰った、あゝよかった、怪我もなく帰って来て呉《く》れたか、道具なんか丸焼になってもかまは《わ》ん、命があったのが何よりだ」と慰《なぐさ》めらるれば、今まではりつめし気もゆるみて、悲しさいよゝ、まさりて、止《と》めどもなく涙は頬《ほお》を伝《つたう》ふ。

程《ほど》なく近所の人々・友も見舞はれぬ。命の助りしを共に喜び給ひぬ。捨《すて》小船なりし身は、かくも皆様に心配をかけしかと、恥《はじ》ぢ入りぬ。遠つ国に居ます姉達には、無事なりしを打電する。叔父《おじ》上が海岸まで迎《むかえ》にやられし由《よし》なるも、いかで此の混雑に出会《であう》ふべき。

〔下荒田町の自宅に帰りて〕[6] 祖母の部屋に参《まい》れば、二三日前より病にて早や危篤《きとく》に陥《おちい》り給《たまい》ひぬと、昨夜は、もつまじと心を砕《くだ》きしとの事。今まで帰りを待ち給ひしよし。我顔をみられて、やゝ安心されたるが如し。病《やまい》重しとの報を学校に伝へられし由《よし》なるも、混雑のためか、今だに落手せず。避難の人々〈同船した桜島の避難民〉の昼食の用意はせねばならず、祖母は病重く、恐ろしき鳴動は耳を劈《つんざ》く。只《ただ》するすべなく椽《たるき》〈屋根の椽《たるき》、棟より軒に渡して屋根板を支える木〉に立ちて、なつかしき桜島岳のみを打ち仰《あお》ぐ。

あゝ只《ただ》着のみ着のまゝ、読むに一冊の本すらなく、〔着換《きが》ゆるに一枚の衣なく、〕[7] 折角《せっかく》持ち出せし風呂敷包、紀年の品々・重要書類も行衛《ゆくえ》不明、からだ一つに傘一本（之もあとにて焼燼《しょうじん》に化したりと聞きぬ）。あゝ、あの恐ろしき煙は、今我所有物を焼きし煙もあらん。あの図画は？　写真は？　ヴァイオリンは？　着物は？　本は？　置き去りし主《あるじ》を如何《いか》に恨《うら》むらん。刻々に増《まさ》り行く黒煙は、只《ただ》々己《おのれ》を呪《のろう》ふかの如く身も心も打ちふるひぬ。なれし文机、いろゝゝの紀念物など、昨夜とりひろげて整理し、手を触れしが、最後の離別なりしか。あゝ幼き時の友なりし、思出深き人形は？

此処《ここ》に思ひ至りては、熱涙の涌《わ》き出でて、とむ〈止める〉べくもあらず。女子の弱点か、命全《いのちまった》かりしを神に感謝するも打忘れ、あれもあゝあれもあゝありしと時を経るに従ひ、惜《お》しきもの、胸に浮ぶの情けなくも、又思ひ切り悪《あ》しき心の、いとど〈ますますひどく〉たのみなし。

十分遅かりせば、如何《いか》に。命はとうになかりしならん。恙《つつが》なく帰りしが何よりの幸と、心あらためて、再び天に謝《しゃ》しぬ。同宿の礼子の君は、親任式のありしのみ、只《ただ》道具焼《やけ》に来られしも同然。如何《いか》に運命とはいへ同情にたへ《え》ず。此度《こたび》の噴火については、処世に又見学上に、得る所大なるを喜ぶべきに、などて〈どうして〉丸焼をいつまで悲しむべき。あゝとく〈疾《と》く、はやく〉忘れかしなつかしき桜洲〈桜島〉の下宿を。あゝとくさめかし〈おちつかない〉清き心は。・・・・・

近所は皆避難せり。武ノ橋交番所には、「騒ぐに及ばず」とあり。海ばた近き我家〈武之橋近くの下荒田町(6)〉の降灰おびたゞしけれども、如何《いか》にせん、危篤《きとく》なる祖母を。家は倒れても、病室に障《さわ》りなき用意しつれど、硝子《がらす》戸《ど》越しにうつる噴煙の光景、すさまじき電光さへ加はり、家の動揺甚《はなは》だし。音響は耳をもつんざくばかり。強震時々来りて、棚のものは落ち、ランプはこわれぬ。電燈も此の騒ぎに来さ《こざ》れば、真《しん》の暗黒、僅《わず》かに、蝋燭《ろうそく》の燈《あかり》を便《たより》にす。

然し病《や》める祖母は、避難はせずといふ。軍隊の方《かた》より、危険なれば早く立退《たちの》けよと、二度までも命令を受けぬ。今は仕方なく、やうゝゝになだめすかし、羽根ふとんのまゝ、我と共に車〈荷車或いは人力車などか〉にのりて、上ノ園《うえのその》町〈武駅近く、高麗町と武駅の間、西郷隆盛宅地跡・共研公園などあり〉の親類宅に避難す。八十を五つも越す老体にかてゝ加へて此の重態、車上にて早息《はやいき》され給《たま》はずやと、心を千々《ちぢ》に〈おおくの数に〉砕《くだ》きぬ。昨日に変る今日の姿は、ふり落つる涙をとめえ〈「止め得」の意〉で、やうゝゝにつきぬ。

早や午前二時〈一月十三日〉、音は荒田《あらた》〈実家の在所「下荒田町」〉に比べて微弱なれど、揺れることには変りなし。庭に畳《たたみ》をしきて天幕をおほひ、仮の宿を造りて休ませ参《まい》らせ、悲しくも恐ろしき夜を送りぬ。

一月十三日　火曜　降灰多し

まどろむ間もなく、夜は明け離れぬ。降灰霜《しも》の如し。地震音響いまだに衰へず。此の地も安全ならず、伊敷《いしき》〈甲突川の上流、川内街道による避難〉にせんか、宇宿《うすき》〈谿《たに》山郡谷山郷宇宿村、現鹿児島市内〉にせんか、人〔を〕して探らしめぬ。彼の地はなほ危険との事、仕方なければ西市来《にしいちき》〈伊集院と串木野の間、現いちき串木野市〉へと相談まとまりぬ。医師の診断〔は〕祖母上は異常なし、衰弱は昨日にまさる、避難せざればあぶなし。二時の臨時列車〈武駅から〉は、人込《ひとごみ》多く乗るを能《あた》はず。持ち来《きたり》し荷物も受付けず。三時五十九分の列車を待つ。此のあたり〈武駅周辺〉新開地のことゝて、地の破れたる処《ところ》多し。

列車はつきぬ〈武駅に到着〉。人多きこと前に仝《おな》じ。やうゝゝに抱《だ》きまゐ《い》らせて車内の人となる。立錐《りっすい》の余地すらなく、若き身すら、かうも苦しきを、まして老いませる身、かてゝ加へて〈その上に〉病身、如何《いか》に苦痛におはすらん。天はいつまで我《わが》祖母をなやませ給ふか。停車場〈西市来《にしいちき》村では一万三四千人程が避難していた(8)〉につきて共に車〈人力車か〉に乗る。家人は後よりつき添《そ》ふ。日々衰へ給《たまう》ふ身は、足もたゝれず。〔祖母を〕抱《だ》く身の苦しさ限りなし。

宿〈西市来村〉につきて、いくらか心も安《やす》うなりぬ。あの恐ろしき鳴動をきかぬまでか〈聴かないうちに〉湯に行く。二三日以来、灰まみれの髪は、櫛《くし》も通らず。洗ふ心地よし。看病人も皆交互に休む。十一日未明より休まざりし身は、綿《わた》の如くなりて、前後も知らず、夢路《ゆめじ》をたどりぬ。

御寒《おさむ》さいやます昨日今日、校友会員皆様方には、御変りもなく日々御勉強のこと丶存上候《ぞんじあげそうろう》。此度の桜島噴火には一方《ひとかた》ならぬ御驚きの事と存候《ぞんじそうろう》。皆様方には、彼の地に在りし私の身を、深く御心配下され、すぐといとも御丁寧《ごていねい》なる御見舞を下され、誠に〔有〕難《がたし》や。只うれし涙にかきくれ申しあぐ。厚く丶丶御礼申上候《もうしあげそうろう》。

委《くわ》しく知らせよとの思召《おぼしめし》に、すぐと御返礼旁々《かたがた》御報知申上《もうしあ》ぐべき処《ところ》、都合のあしき時は何処《どこ》までも折《おり》あしく、危篤《きとく》なりし祖母が、遂《つ》ひに永眠いたし、何とか取り紛《まぎ》れ、今まで失礼申上候《もうしあげそうろう》。何卒《なにとぞ》悪しからず、御許し下されたく、別々に委《くわ》しく御知らせ致度存候《いたしたくぞんじそうら》へ《え》ども、其の暇《ひま》を得ず、右日記を、時報を拝借いたし御目にかけ申候。もとより、文拙《ぶんせつ》にして要領を得ざれども、只当時の模様《もよう》を御推読願上候《ねがいあげそうろう》。又追て御返事申上ぐべく存候、まゝ左様思召《おぼしめ》し下度《くだされた》し。

一年有半自然の美景にあくがれし〈あこがれし〉身は、今や又自然の大なる力にてかくも苦しめられり候。小波寄せ来《こ》し岸辺は、見るも恐ろしの毒々しき溶岩おそひ来《きたれ》りが候。なれし我宿・我学屋は早や地下に埋没いたされ候。いとしき教え子と連れ立ちて、茸狩《たけがり》〈山野に入りてキノコを探し採る遊び〉せし小松ヶ原、草花摘みあつめし野辺は、はや焦土《しょうど》と化し果て申候《もうしそうろう》。朝な夕な桜岳にたいしては、ただゝゞありし日のなつかしく、うたゝ〈転《うた》た、より一層〉今昔の感にたへず候。

終りにのぞみ、校友会員皆様の御健康を祈り上候《あげそうろう》。　かしこ。

能勢　久

校友会員皆々様

御前に

（大正三年七月二十六日　転記ス）

〔註〕

（1）能勢久《のせひさ》については、『桜洲《おうしゅう》尋常小学校職員履歴書綴（大正四年以降）』（桜洲小学校蔵）の「能勢久の履歴書」によると、住所は「鹿児島郡西桜島村横山」、本籍は「鹿児島市荒田町八番戸」とし、「明治二十四年九月二十二日」生まれ、「明治四十五年三月、〔鹿児島県〕女子師範学校卒」とする。さらに桜洲尋常小学校に「明治四十五年三月三十一日訓導ニ任ズ　月俸拾五円」と訓導に任ぜられた。能勢久《のせひさ》は西桜島村横山に居住し、鹿児島市の実家の本籍（ここでは「住所」のこと）は鹿児島市荒田町八番戸であった。

　ところで、この実家の住所表示は正確ではない。染川享編『鹿児島城下　下荒田《しもあらた》郷土史』（鹿児島市八幡尋常小学校創立六十周年記念会、昭和十一年十一月）一～二頁によると、町名の変更を次のように説明する。明治時代はじめに下荒田町と言ったのを、同三十二年一月から荒田町に改称。さらに同四十四年九月から下荒田《しもあらた》町に戻し、今日に及んでいる。このように、住所表示が半年前に「下荒田町」に変更されていた。しかし能勢は、言いなれていた「荒田町」と記してしまった。住所表示変更の経緯のなかで起こった過誤と推察される。こうした旧町名（荒田町）の使用は、新聞記事中でも見られる。また能勢は、本「日記」一月十二日部分の中で、実家の場所について、「近所は皆避難せり。武ノ橋交番所には、「騒ぐに及ばず」とあり。海ばた近き我家云々」とある。よって、実家は武之橋に近く、かつ海ばた近くにあった。つまり、実家は天保山に隣接する現在の路面電車の線路（谷山行き）と甲突川の間に広がる地域で、旧武之橋（現武之橋に隣接して下流側にあった、平成五年の大水害で崩落）を通る谷山街道に沿って発達した町、即ち下荒田《しもあらた》町八番地にあったと考えられる。

　地方法務局の『旧土地台帳附属地図（公図）』、実地踏査会編『実測番地入　鹿児嶋市街地図』（鹿児島／誠進堂、大正九年一月）、『番地入　鹿児島市案内図』（白楊舎、昭和六年九月）、『80　鹿児島市住宅地図』（MBC開発、昭和五十五年三月）などの地図を活用すると、下荒田町八番地は、現在の下荒田《しもあらた》一丁目十四番の八にあたるようだ。能勢の実家は松方《まつかた》公園（大蔵大臣、首相などになった松方正義の生誕地、大正十三年東京で死去）の近所で、旧谷山街道（或いは現路面電車線路）寄りにあった。

その位置については、第二章の二に掲載した『訂正増補番地入鹿児島市街図』〈松方公園南の〇印〉を参照。甲突川寄りの大瀬秀雄の寓居（四八番戸）から数分以内の所で、家族が路上で良く顔を会わすご近所さんであったと言えよう。つまり、明治末から大正三（一九一四）年の、三家の大まかな位置関係は、旧谷山街道―能勢家―松方家（松方正義の家族の誰が、いつまで居住していたか不詳）―大瀬家―甲突川というもので、旧武之橋に近い狭い範囲内に、これらの一族が居住していた。

能勢のその後の活動は不詳であるが、ただ鹿児島県女子師範学校・鹿児島県立第二高等女学校・鹿児島県女師附属小学校編発行『創立二十周年記念誌』（昭和五年五月刊）「師範嚶《おう》鳴会員」一四頁の「明治四十五年三月第二回卒業」にその名がある。そこには、昭和五（一九三〇）年の彼女の現住所を「北米カリフォルニア州ハンチングトンビーク」とし、姓は「石原」とする。結婚して夫の仕事の関係で、米国へ渡ったのではないかと想像される。

（2）『師高校友会時報』第七十四号については、今日まで発見できていない。同窓会を継承している県立甲南高等学校にも、太平洋戦争中に焼失したということで何も残っていなかった。従って、校友会時報に掲載された能勢の日記全文が見られるのは、管見のかぎり唯一本書のみである。なお「師高」とは、鹿児島県女子師範学校と鹿児島県立第二高等女学校の略称であろう。

ところで、本日記の一部を採録しているものに、難波経健監修・発行『改訂復刻版　大正三年　桜島大爆震記』（平成二十六年八月）がある。これには三二五〜三二八頁に「桜島噴火日記」と題して、「一月十二日」部分の、初めから「〜同宿の礼子の君は新任式のありしのみ。只道具焼に来られしも同然、如何に運命とはいへ同情にたへず」の部分までを採録しており、このように、十二日部分も全文の採録ではない。しかも誤写や誤字も気になる。さらに本書では、十一日、十三日部分の全文、日記提供の挨拶文については、全文が採録されていない。

（3）「礼子の君」とは、鹿児島県立第一高等女学校学友会文芸部編発行『会誌』第五号〈創立記念〉（昭和八年三月）「正会員住所氏名」の二四頁、大正二年三月卒業者によると、野津礼子（新姓は「蘆田《あしだ》」）ではないか、と思われる。

（4）本日記中の（　）した全説明文は、註（2）で言及したように『師高校友会時報』第七十四号の原文を見られないので、残念ながら能勢《のせ》の筆によるものか、大瀬による加筆かが判然としない。しかし少なくとも、ここの（　）中の（第一高女）は大瀬の筆になるものであろう。

（5）桜洲尋常・高等小学校では、その校長（鶴留盛衛）の指揮のもと、爆発前後にどのような対応がとられたのであろうか。桜島町立桜洲小学校編発行『おうしゅう（桜島町立桜洲小学校創立百周年記念誌）』（昭和五十八年二月）三七～三九頁に採録されている、校長のまとめた「桜島爆発遭難校務処理調書」に、その対応の一端が垣間見られる。能勢久以外の桜洲校関係者がどうしていたのか、本史料はその動向が窺えて興味深い。能勢と校長（鶴留盛衛）が残した両記録を、比較しながら一読願いたい。校長（鶴留盛衛）が残した記録は、本書「第五章　西桜島村における体験　二、桜洲尋常・高等小学校校長、鶴留盛衛《つるとめもりえ》の県への校務処理報告書」である。

（6）能勢の住所については、註（1）参照。

（7）難波経健監修・発行『改訂復刻版　大正三年　桜島大爆震記』（平成二十六年八月）三二七頁により補足。

（8）西市来への避難者の人数は、『鹿児島朝日新聞』（大正三年一月十九日）一面の「●避難民三万余　▼市来警察管内の大混乱」によると、「西市来にも一万三四千の避難者あり。伊作田に約五百名位、串木野に約二万余の避難者あり。寺院・役場・学校等、何《いず》れも一杯の人にて大混乱を呈したる」とあり、一万人以上（一万三、四千人）にものぼった。本記事のほぼ全文は、「第一章　桜島大正噴火の経緯　二、桜島爆発被害に就いて（谷口知事実話）」の註（2）にも掲載したので、参照願いたい。

八、有村最後の人々　（一月十四日の鹿児島新聞号外抜書[1]）

有村《ありむら》は桜島第一の温泉所にして、横山《よこやま》〈袴腰方面〉に次《つ》げる大邑《ゆう》なり。東桜島村〈大隅半島よりの村〉に属す。今回の爆発には、鍋山《なべやま》の新火口より出でし溶岩の為に、埋没《まいぼつ》せられたり。〈有村は現有村町、古里温泉郷と牛根大橋の中程の町〉

有村温泉場附近では、十日の夜七時頃より、地鳴《なり》を感じたが、それが西と東に二回づゝ交互にゴーと、狂濤《きょうとう》〈荒れ狂う波〉の寄《よ》するが如き音と共にドーゞーと地中が崩れ落る《よ》やうな音響を伝へる。島の人々は、此時《このとき》既に不思議の変災を直覚《ちょっかく》せぬでもなかつた。数日前来《ぜんらい》の霧島《きりしま》の爆発であらうと思つた。けれども此の不思議の音響は、依然《いぜん》として十一日朝に及び、然も刻々頻々《ひんぴん》として、激しい地震の襲来《しゅうらい》に、島民は、避難の準備に着手した。〔川上福次郎〕村長・石川〔巌《いわお》川原尋常高等〕小学校長〈石川の体験記は、本書第四章の一に採録〉・〔木佐貫惇〕郵便局長・〔小松金八〕駐在巡査等は、[2]容易ならぬ地震を鹿児島測候所に電話で報じ、桜島に異変なきかを照会した。所《ところ》が測候所では震源地は、市の北方五里吉田地方〈現鹿児島郡あたり〉なれば、決して心配するに及ばぬとの返事ではあるが、正午頃には、住家は殆《ほと》んど転倒せんばかりの強震が頻発《ひんぱつ》するので、島民は片っ端より垂水《たるみず》・牛根《うしね》方面〈大隅半島の桜島に近い所〉に避難を開始するに至つた。

かくて恐ろしい其の夜も明けて、十二日の朝となつた。夜明《よあけ》を待つて、浜に出た人々は、横山方面〈現袴腰《はかまごし》に近い、袴腰は当時城山といった〉の山形《やまがた》、既に変化せるを発見したので、校長・〔郵便〕局長・巡査等は、電話を測候所に繋《つな》ぎ切《き》りの如《ごと》くにして聞くけれども、猶《なお》桜島には噴火なしと断言するので、村長は直《ただ》ちに集合せる村内各部落〔の〕総代に、避難するに及ばぬと通告した。

けれども、事実はどうすることも出来ぬ。有村の海岸には、水と熱湯とが、到る所に盛に地下〔や〕海中より湧出《ゆうしゅつ》し始めた。〔その〕矢先《やさ》き、山上〔の〕旧噴火口よりは、一縷《いちる》〈ひとすじ〉の灰白色《かいはくしょく》の煙がスーッと揚《あが》つた。かくと〈これは噴火だと〉見た島の人々は、折角《せっかく》海岸に持出した荷物も放棄し、悲鳴を挙《あ》げ先《さき》を争《あらそ》うて、少い舟に多数の者が乗り込んで、垂水《たるみず》方面に漕出《こぎいだ》した。

コハ只事《ただごと》にあらずと思つたが、測候所では今のは煙にあらず雲なり。水や湯の湧《わ》くのは、かゝる地震には当然の現象なりとすました返事に、万一の僥倖《ぎょうこう》を期した〈願った〉が、午前十時頃なりしか、一団の煙は、有村より見て、赤水《あかみず》〈島の西面〉の上にプーと揚《あ》がり、少時《しょうじ》にして消えた。今のは何かと〔測候所に〕聞くと、依然として雲だといふ。測候所の回答を人々に伝へて居る最中、又しも同所にモクヽヽモクッと、微音《びおん》もなく揚がる暗黒色の濃煙《のうえん》は、静隠《せいおん》無風の空に、牡丹《ぼたん》の花の如《ごと》く、分一分大きく広がつて、次第に天を掩《おおう》ふた。

島民も、もう測候所の報告を信ずる程の余裕を持たなかつた。悲鳴は全島を揺がして起つた。そして夢中になつた。折柄《おりがら》〈ちょうどその時〉黒神《くろかみ》の上に当る鍋山《なべやま》〈島の東面、有村の東北直径半里程にあり〉の旧噴火口から又しも前同様の濃煙《のうえん》がムラヽヽと天に昇つた。石川〔巌〕校長などその美観壮観に撃たれて、危急の身辺に近よるを忘れて居た。それから十分間ばかりは、何等の微響《びきょう》すらなかつたが、突如《とつじょ》として百雷の一時に落下するが如き大音響は地中より放たれて、濛々《もうもう》たる黒煙は、島の東西両方面より一時に天を衝《つ》いて、且《か》つ響き、且つ轟《とどろ》き、光景悽愴《せいそう》、今にも此の一《いち》小島は、崩壊《ほうかい》するであらうと思はしめた。

有村は平素《へいそ》汽船が来るので、和船《わせん》が甚《はなは》だ少かつた。迚《とて》も避難民を収容するには、不足である。気まぐれの連中は、帆桁《ほげた》〈帆をかけるための横木〉を取つて、裸体《らたい》のま丶海中に飛び込み、垂水《たるみず》〈大隅半島の現垂水市方面〉さして泳ぎ出した。〔その〕中に村収入役山下源太郎氏は遂に溺死《できし》したが、其の他は垂水海方《うみかた》〈海に関わる仕事をする者〉青年会の勇躍《ゆうやく》して救護船を寄《よ》せたので、居残つた人々と共に救助された。

噴煙・垂火《すいか》は、秒一秒激甚《げきじん》を加へて来た。そして正午前後には、火石の降ること雨の如く、黒神《くろかみ》・瀬戸、つゞいて脇《わき》部落は、忽《たちまち》にして火災を起し、火石に埋《う》められて、早くも全滅したと思はれたが、有村も茅屋《ぼうおく》〈茅葺《かやぶ》きの家〉を真つ先として、瓦葺《かわらぶき》は軒下《のきした》の砂糖黍《さとうきび》の殻《から》より、溶融の火を導いて、此処《ここ》も彼処《かしこ》も盛《さかん》に火災を起した。

已《すで》にして午後一時半、今は郵便局長と石川校長と駐在巡査と鹿児島の篠原《しのはら》某とそれらの家族総勢十四五人を残すのみとなつた。避難するにも一艘《いっそう》の船すらない。止《とど》まらんか、固《もと》より一命を全《まっと》うする事は難《かた》い。〔郵便〕局長は、鹿児島警察署に電話で救助船を要求したが、どうしても通ぜぬ。やつとの事で船をやつた、といふ事だけが分つた。勇敢なる巡査〔小松〕は、一人でも人の居るうちは去《さ》らぬといひ、校長〔石川〕は一命は賭《と》しても、御真影《ごしんえい》〈天皇の写真或いは肖像画〉の安泰《あんたい》を図ると言ひ、〔郵便〕局長〔木佐貫〕は一切の局務を安全に終了し、〔その〕為《ため》に各人共《とも》一点の家財を持たず、着衣の侭《まま》火石を避けて、船の来る〔の〕を待つた。

午后二時、沖合遥《はるか》に汽笛《きてき》がなつた。一同は旗を振り、警報〈救助を求める声〉を揚《あ》げたが、降灰《こうはい》海を掩《おお》うて、見えもせず聞こえもせず、容易に浮船《うきふね》〈荷舟の一種の団平船《だんべいせん》が広く用いられた〉が来る風《ふう》〈様子〉もない。や丶暫《しばら》くしてから、陸軍省の菱刈《ひしかり》〔隆〕中佐と四十五聯隊《れんたい》の山下〔清治〕大尉[3]が、船頭《せんどう》を叱咤《しった》しながらやつて来て、大音声で「人は居らぬか」と叫んだので、有村《ありむら》最後の人々は救助され、校長が身に代へて捧持《ほうじ》した御真影と勅語〈教育勅語〉は、無事大信丸に移された。

浮船には盛に火石が落下したが、幸《さいわ》ひに負傷もなかつた。船長は御真影の奉戴《ほうたい》に喜び勇《いさ》んだが、顧《かえり》みれば刻々に〔村は〕亡び行く。有村一帯は、今や炎々《えんえん》として、火災を起し、山上の黒煙に映発して、悲惨なる最後の告別

を船上よりなした。人々の張り詰《つ》めた心の底から、始めて熱い涙がホロ、、とこぼれた。（最後避難者の談）

〔註〕

（1）「有村最後の人々（一月十四日の鹿児島新聞号外抜書）」の原文である『鹿児島新聞　号外』（大正三年一月十四日）は、当日の新聞とともに、「国立国会図書館」、「鹿児島県立図書館」、東京大学の「明治新聞雑誌文庫」でも発見できなかった。今後この号外の原文が発見できることを待望して止まないが、管見の及ぶ限りでは、現在のところ本書に採録された文章が、残された唯一のもののようである。

　ところで、この「号外」と鹿児島県編発行『桜島大正噴火誌』（昭和二年三月）三〇六～三一一頁の「第九節　東桜島川原校長石川巌噴火報告」の文章とは、内容の大筋がほぼ同じである。従って、この号外最後尾の「（最後避難者の談）」の「談者」とは、主に校長石川巌であったと推察される。石川の報告の文章は、「号外」の記事以上により具体的で、かつ号外以上の内容も含むので、別に本書でも第四章の一に採録しておいた。

（2）註（1）の『桜島大正噴火誌』三〇六～三一〇頁により、川上・石川・木佐貫・小松の四人の姓名を記した。

（3）註（1）の『桜島大正噴火誌』三一〇頁により、菱刈と山下の名前を記した。

九、桜島登山

今日となりては、余等最後の登山なりしを以て、旧記なれども茲《ここ》に書きつく。

大正二〈一九一三〉年十月二十日、我寄宿生三、四学年の有志四十五名、職員五名、別に錦城《きんじょう》幼稚園〈当時は易《やす》居《い》町にあったが、戦後は城山町へ、現在は星ヶ峯に移転〉教員五名加はりて桜島に登る。午前六時半、舟夫を眠より覚まして二舟に分乗し、第一桟橋《さんばし》〈鹿児島駅寄り〉港務所の裏より纜《ともづな》を解く。霧島颪《きりしまおろし》〈霧島山麓より吹き下ろす風〉に波騒《さわ》ぎて、怒涛《どとう》〈音鳴りの激しい波〉時々衣《ころも》・袴《はかま》を侵《おか》す〈濡《ぬ》らす〉。

飛ぶ潮《しお》に驚き騒ぐ少女等を慰《なぐさ》めつゝも漕《こ》ぐ舟子哉《かな》

驚き立つ少女等を制しつゝ、九時〔に〕有村《ありむら》〈現有村町、南側の村〉につく。小憩《しょうけい》〔し〕直《ただち》に山に向ふ。身の長《たけ》ばかりの甘蔗《かんしょ》〈さとうきび〉、拳《こぶし》大なる島大根〈桜島大根〉の中を行くこと数町、路漸《みちようや》く峻《しゅん》〈けわしい〉なり。稀《まれ》に疲《つかれ》を訴ふるものなきにあらねど、一名の落伍者《らくごしゃ》なく、勇を鼓《こ》して頂上に達せしは、午後一時なり。蜘蛛《くも》の子と散りて嬉々《きき》たる〈無心に楽しそうに遊ぶ〉生徒、前の疲《つかれ》も見えでいとをかし。立ちて眼を恣《ほしいまま》にすれば、遠く霧島、開聞《かいもん》〈開聞岳〉を始めとし、大隅《おおすみ》の連山、薩南の山々、さては有明の海〈現志布志湾〉(1)、甑島《こしきじま》〈薩摩川内市の沖合の甑島列島〉まで雲烟《うんえん》の間に探るべし。鹿児島市〔は〕近く、指呼《しこ》の間にあり。鴨池《かもいけ》の競馬のどよめきも聞ゆらんと思はる〈鴨池は市の南に連《つら》なれる新開地にして、此の日、九州馬匹展覧会及本県秋季大競

鹿児島県地図の一部。鉄路は大正3年7月現在『遭難記』28葉のａ

馬会なり。近年稀《まれ》なる盛況なり）〈桜島から見て、鹿児島市の中心街から谷山方面へ、沿岸に次のようにならぶ。甲突川《こうつき》→下荒田町《しもあらたまち》（著者大瀬の自宅）・天保山→騎射場《きしゃば》→鴨池《かもいけ》〉。

中岳《なかだけ》の火口は已《すで》に崩壊して形を残さゞれども、南岳《みなみだけ》は外輪完全にして直径約一町〈広さ三千坪〉、深さ亦五十間〈約九一メートル〉なるべし。周壁は黄褐《おうかつ》〔色〕、赭黒鳥《しゃこくちょう》〈あかぐろい色の鳥〉(2)も攀《よ》ず〈よじ登る〉べからざる断崖にして、無数の亀裂より淡《あわ》き蒸気の立ち昇るは、火事場の跡を見るが如《ごと》し。硫気《りゅうき》〈硫黄《いおう》の臭い〉亦《また》鼻をつく。安永の大爆発〈一七七九年〉は近き昔にして〈凡百三十年前〉、今年陸続《りくぞく》〈つぎつぎと〉起れる大地の震動も、或は此の下にあらんかと心地安《やす》からざれど、自然の壮景〈すばらしい景色〉に、暫時《ざんじ》は我を忘れたり。

北岳《きただけ》は時なければとて、宿望〈かねがねよりの希望〉を抛《なげう》ちて直《すぐ》に西に下る。道なき急坂厂行《かんこう》〈がけ歩き〉して降《くだ》れば、後者の足は前者の頭にあり。しかも、岩塊《がんかい》転々落下し来りて、頭を襲《おそ》ひ踵《かかと》を打つ。山腹より稍坦《ややたん》〈たいら〉にして、まゝ畑あり。半腹〈山の中腹で〉水を売る翁《おきな》あり。蟻集《ぎしゅう》して価を吝《おし》まず。あゝ高き哉《かな》、水高き哉、銭更に高きかな。父母の遺体〈子供たち、即ち生徒たち〉かくて谷を下り、腰〈袴腰〉を縫《ぬ》うて、赤水《あかみず》〈西側の村〉に出でゝ舟に乗る。

日既に没《ぼっ》せり。横山《よこやま》湾頭〔は〕波《なみ》静にして、楽しき歌は二舟に溢《あふ》れ、清きハーモニカの響《ひびき》、海上を蔽《おお》ふ。桜島は夕陽《ゆうひ》を反射して還客《かんきゃく》を送り、麑城《げいじょう》〈鹿児島城下〉の電燈は燦々《さんさん》として、我等を迎《むか》ふるが如し。海上の暮色《ぼしょく》を眺《なが》めたる上に、更に又市街の夜に酔《よ》うて、日頃の鬱《うつ》〈心の晴れないこと〉を散ぜんとの少女心のやさしさに、舟人も手を緩《ゆる》めしが、暴風俄《にわか》に起り、舟は躍《おど》りて塵《ちり》の如し。舟夫は、全力をあげて漕《こ》げども進まず。夜色陰々《いんいん》〈物さびしい様子〉迫《せま》り来りて転《うた》た〈より一層〉悽愴《せいそう》〈ものさびしさ〉を感ぜしめ、ハーモニカの響《ひびき》は、やがて悲鳴の声となりて、騒ぎ立つこと甚《はなは》だし。

浪《なみ》高し声荒らゝかに舟人はさわぐ少女をしづめつゝ行く

荒波にゆられゝゝゝて少女等が舟酔《よ》ひ顔ぞあはれなりける

漸《ようや》く波止《なみとめ》〈港の堤防〉内に入りたれど、一隻後《おく》れて来《きた》らず。舟夫老《お》いたるに、乗客多く、加ふるに燈火の設《もうけ》なければ、其の在所さへ明《あきら》かならず。人々憂《うれ》へもだふ《う》。余は生徒を上陸せしめて、更《さら》に之《これ》をさぐらんとす。やがて入《はい》り来りて、始めて安堵《あんど》し、残留寄宿生に迎《むか》へられて、第二桟橋〈第一桟橋の南の桟橋〉より帰途につく。余《よ》鹿児島に来りて茲《ここ》に七年、桜島に登ること二回。前には黒神《くろかみ》〈東側の村、大隅半島寄り〉よりして有村《ありむら》〈南側の村〉に下り、今は有村より登りて赤水《あかみず》〈西側の村、袴腰寄り〉に下る。共に北岳《きただけ》を見ざるは本意にあらねど、齟齬《そご》多きは人生の常、何ぞ此の壮遊《そうゆう》〈りっぱな旅〉の価値に関せんや〈関係ない〉。

〔註〕

（1）原本二十八葉aの「鹿児島県地図ノ一部」（本書で前掲した大瀬手書の地図）によると、今日「志布志湾」と言っている湾を、「有明湾」と記している。従って、「有明の海」とは、この湾を指すようである。

（2）「赭黒鳥《しゃこくちょう》」とは、具体的になんの鳥を指すのか不詳である。「赭黒《しゃこく》」とは「あかぐろい色」の意味であるから、「名称不詳のあかぐろい色をした鳥」という意味であろうか。なお、鳳凰《ほうおう》の一種に「赭爾《しゃじ》鳥」というものがいる。或いは、大瀬はこうした空想上の「鳳凰」の一種を念頭に置いて、本文のような表現をしたのかもしれない。

十、桜島に渡る〈噴火後第一回ノ渡島〉

最も早きは、噴火後二日を隔て、十五日〈大正三年一月十五日〉、大阪毎日新聞社員及第七高等学校造士館〈俗称「七校」、現鹿児島大学〉の学生を第一とし、学校教員、其の他の有志、逸早《いちはや》く桜島に渡られしを、余《よ》は事に支へられて〈用事があって〉果《は》たさず。迷惑極まりなし。

然るに、その月廿五日〈日曜　噴火後十三日目〉、俄《にわか》に思ひ立ち談《かた》り合ひて、我校〔の〕河野〔勇之進〕・根本〔哲彦〕・中村〔尚樹〕三君、(1)夫《そ》れに有村門監・山下使丁〈小使《こづかい》〉も加はりて、同勢六人桜島に向ふ。石灯籠《いづろ》岸〈いづろ通の先の岸壁か、第二桟橋の南〉より報徳会(2)の舟〈当市報徳会は桜島罹災民《りさいみん》救助を目的トシ同島人ヲ使役シテ百余艘《そう》ノ観覧船ヲ出セリ〉にて出立《いでた》つ節《せつ》、大寒に属し朔風《さくふう》〈北風〉肌を突《つ》けども、前に大噴煙、よりて寒を覚《さと》らず。

午前十一時、袴腰《はかまごし》の西平《にしびら》につく。去年春、横山桜洲《おうしゅう》校〈桜洲尋常・高等小学校〉を訪れたる折、同校教員にして我校上原琴子の伯父《おじ》なる町田氏に招かれて遊覧舞踏〔せし〕の地〔は〕、今は一木一草をも止《とど》めず。落々たる岩塊《がんかい》の中、斃馬《へいば》〈死んだ馬〉の横《よこた》はれるあるのみ。

逃げて行く主《あるじ》の後を慕《した》ひつゝ、嘶《いなな》きつらんあはれこの駒《こま》

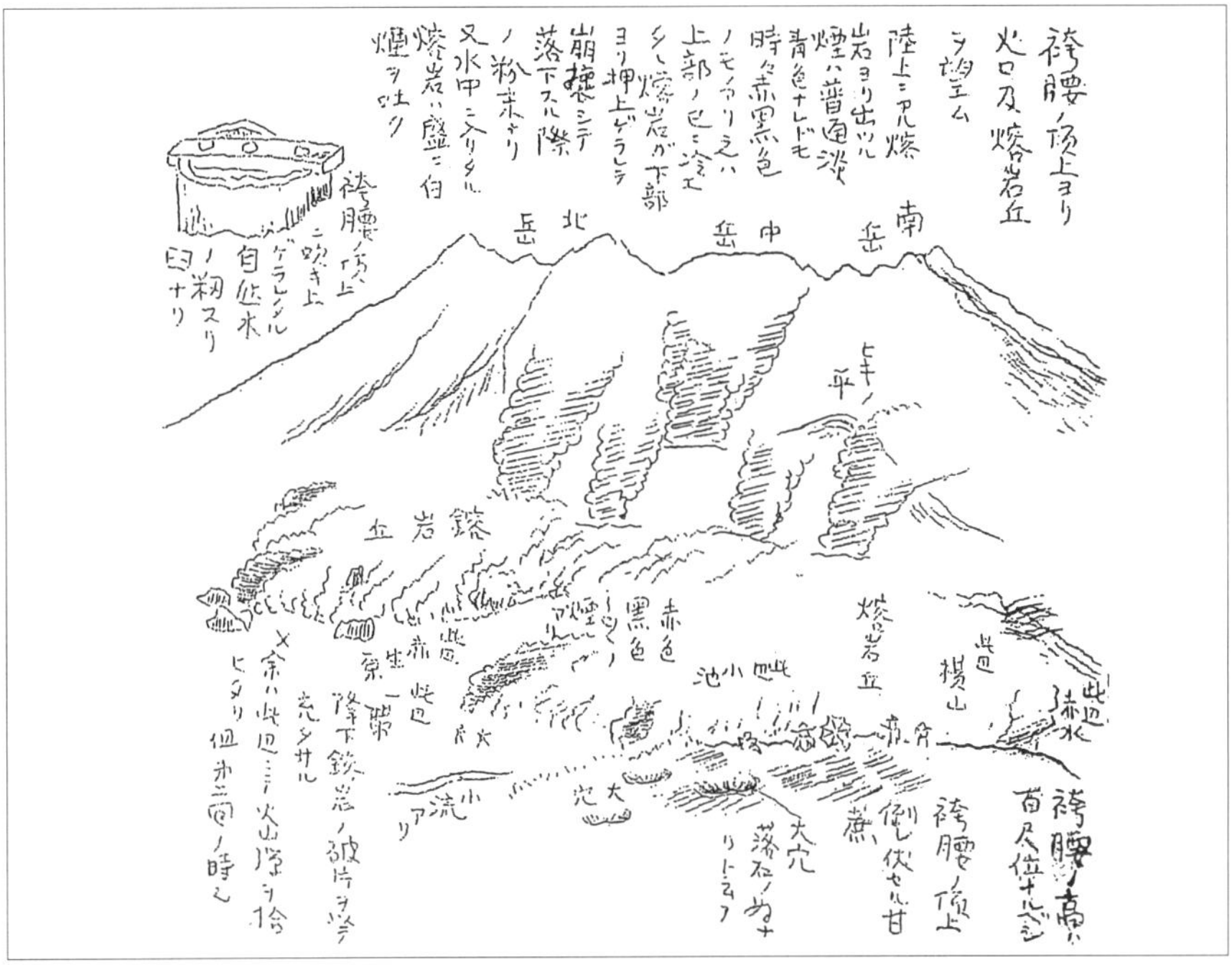

袴腰の頂上より火口及び溶岩丘を望む。（上）陸上にある溶岩より出づる煙は普通淡青色なれども時々赤黒色のものあり。之は上部の已に冷えたる溶岩が下部より押上げられて崩壊して落下する際の粉末なり。又水中に入りたる溶岩は盛に白煙を吐く。袴腰の頂上に吹き上げられたる自然木の籾すり臼なり。（下）袴腰の高は100尺位なるべし。袴腰の頂上倒れ伏せる甘蔗。大穴落石の為なりと云ふ。此辺一帯降下溶岩の破片を以て充たさる。余は此辺にて火山弾を拾ひたり。但第2回の時に。『遭難記』29葉のb

直《ただち》に袴腰に登る。去年〈大正二年十月二十日の登山〉、四五〔人〕の生徒と共に道を麦畑に失《うしな》うて、農夫に咎《とが》められし処《ところ》なり。今や其の人なく、また其の麦なし。只《ただ》落雷か落石〈降下溶岩即チ火山弾〉〔による〕か、大なる穴〈大ナルハ直径二間、小ナルモ三尺、深サ亦之《これ》ニ適《かな》フ〉の無数なると、半《なか》ば焼けたゞれし甘蔗《かんしょ》〈さとうきび〉の一斉《いっせい》に西に倒れたるを見る。麓《ふもと》より吹き上げられたる合抱《ごうほう》〈ひとかかえ〉の柑樹《みかん》、さては家屋の梁《はり》、柱などの破片より、籾摺臼《もみすりうす》〈籾殻《もみがら》取りに使用の臼〉〈此の島、古来水稲なければ、此の頃陸稲《おかぼ》を栽《う》う、或は之に用ひしならん〉まで、見るも恐ろしき中を行き〻て、其の南端に立てば、溶岩一面に流れ来りて、左は赤生原《あこうばる》より赤水《あかみず》にかけ、右は横山湾《よこやま》一帯、皆火の原と

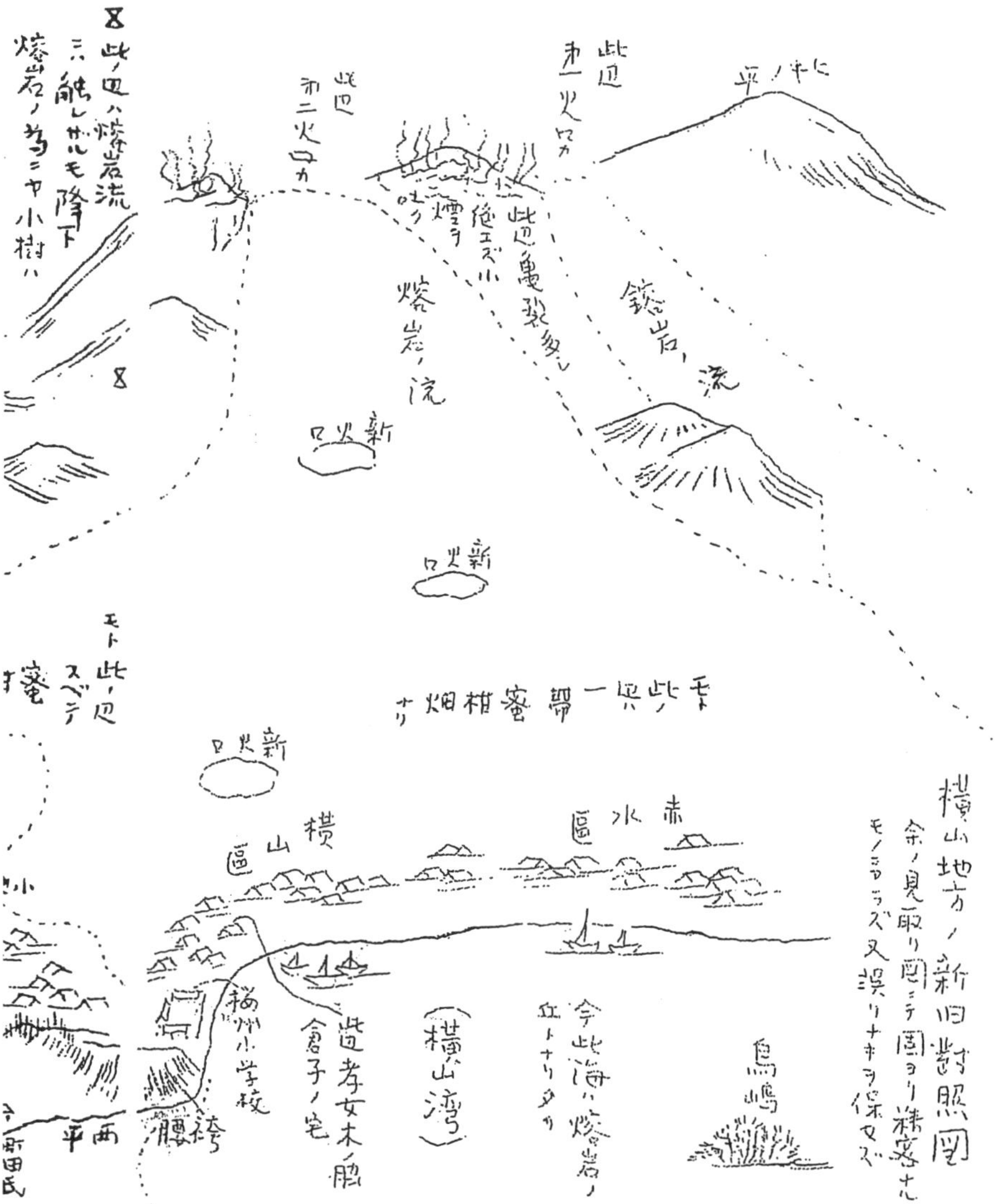

横山地方の新旧対照図。（右下）余の見取り図にて固より精密なるものにあらず。又誤りなきを保せず。（左上）此の辺は溶岩流には触れざるも降下溶岩の為にや小樹は焼かれて痕もなく一抱二抱の大松樹など全く根部を焼き焦がされて算を乱して倒れたり。之は余が後日実見せし処なれども之に併せ記す。（左下）此の図点線内はすべて溶岩丘と化し全部盛に煙を吐く。又此の点線以外と雖も、此の図にある各区はすべて溶岩の降下せる際焼尽され今は岩石の海となれり『遭難記』30葉のａｂ

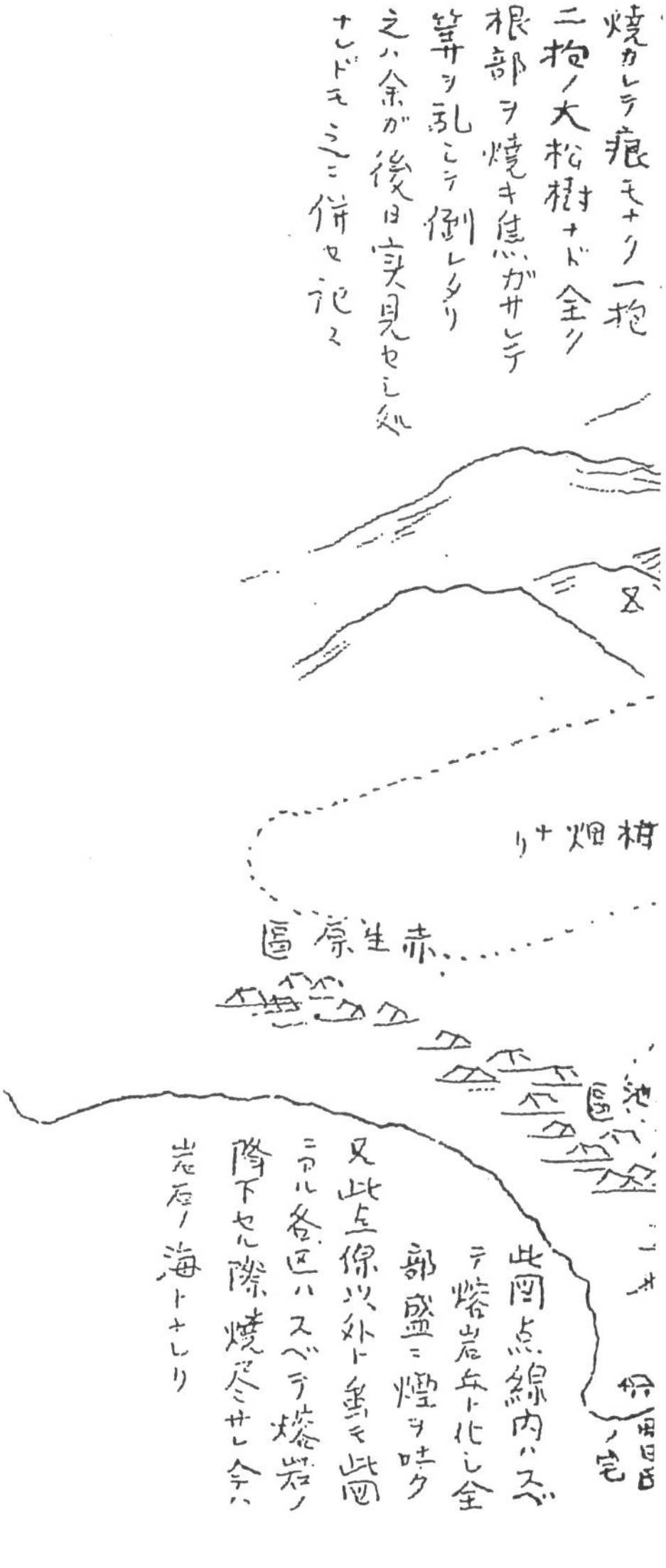

なりて、炎々《えんえん》煙を噴《ふ》く。

焼岩《やきいわ》の何処《いずこ》を果《はて》と限りなく流れ出でけり横山の里

鬱蒼《うっそう》たりし烏島《からすじま》も、皆其の下に埋め去られたれば、去年枇杷《びわ》のもてなしにあづかりし桜洲校《おうしゅうこう》〈横山の桜洲尋常・高等小学校〉も、孝女木ノ脇〈木ノ脇倉子[3]〉が家も、固《もと》より尋《たず》ぬべくもなし。桑田碧海《へきかい》〈「滄《そう》海桑田（海が変じて桑畑となる）」の言い換え〉など聞かぬにもあらねど、今日まのあたり〔に〕此の変を見て、覚えず竦然《しょうぜん》〈ぞっとする〉たりき。

彼是観廻《かれこれみまわ》るうちにも、時々大鳴動《めいどう》を発して、数個の火口より交《かわ》るゞゝ大怪煙をあげ、際涯《さいがい》〈きわ〉なき溶岩の海にす。屹立《きつりつ》せる奇岩・怪石、五百羅漢《らかん》は愚《おろ》か数万の不動尊が、火焔《かえん》を浴《あ》びて立てる如く、其の壮観は筆舌《ひつぜつ》の及ぶ所にあらず。此《こ》の千古《せんこ》〈永遠〉の奇観《きかん》を眺《なが》めつゝ、昼食を了《お》へ、谿谷《けいこく》を走り下りて溶岩を採取す。

始《はじ》め溶岩の流れ出るや、其の勢《いきおい》猛烈にして、数日ならざるに、横山・赤水《あかみず》を洗ひ烏島《からすじま》を蔽《おお》ひしが、此の頃はやゝ鈍《にぶ》く、一日一尺位の割合にて進み来るとかや。其の高さ大抵三丈許《ばかり》。表面は皆凝固《ぎょうこ》して岩石となり、黒き赤きさまゞゝなるが、内部より押上げられて見《み》るゝゝ砕《くだ》け落ちて、轟々《ごうごう》たる響と共に黒赤の砂煙《すなけむり》を捲《ま》き立つる様《さま》、たとへ《え》んやうも無く凄《すさま》じ。静に其の罅隙《かげき》〈欠けたる隙間〉を窺《うかが》へば、熾熱《しねつ》〈とてもあつい〉せる岩汁恰《あたか》も溶鉱炉《ようこうろ》のそれの如《ごと》し。試《ためし》に長き竿《さお》を差込《さしこ》めば、直《ただち》に燃え来りて煙草《たばこ》を喫《きっ》すべく、五六間《けん》を距《へだ》つるも、顔熱《ねっ》して堪《た》へがたし。裂《さ》け落ちたる破片も、触《さわ》れば火傷《かしょう》すべし。数日を経《へ》たるも、尚《な》ほ華氏《かし》八十度〈摂氏《せっし》約二十七度、体温は華氏九十六度と言われる〉を失はず。此《こ》のあたりは彼《か》の十三日の晩、大抵雷火《らいか》の為《ため》に焼かれたるならんも、溶岩の落下せるもの累々《るいるい》〈物が多く連続する様〉折重《おりかさな》りて礎《いしずえ》だに認《みと》むる能《あた》はず。

此処《ここ》は桜島の宝庫とも云はれたる名だゝる蜜柑《みかん》の林なりしが、大は二抱《ふたかかえ》より、小は脛脚《すねあし》大なるまで、数を尽して〈ほとんどのものが〉拉《くだ》かれ、数抱《すうかかえ》の大木《たいぼく》さへ皆挫《くだ》き折られて、海岸指《さ》して倒れ伏《ふ》せる様、大戦場の鹿砦《ろくさい》〈鹿角砦《ろっかくさい》の略〉(4)もかくや、と思ふばかりの惨状《さんじょう》なり。火山爆発の際は、局部的暴風生《しょう》じて、其の勢極《いきおいきわ》めて猛烈なりと、某大家の話なりとは耳にせしかども、爆発以来我市《わがし》〈鹿児島市〉にも海上にも、風らしきもの更《さら》になかりしを、さりとは〈こういうことになるとは〉、恐ろしきものなる哉《かな》。此の倒木《とうぼく》の間に、主《あるじ》を失ひたる牛・馬・豚・犬の屍《しかばね》の、やゝ腐敗に傾《かたむ》けるが転々せる、亦憐《あわれ》なり。

此の頃は、まだ爆発後間《ま》もなきことならば、珍《めず》らしき噴出物も多かりけんを、余《あま》りの凄《すさ》まじさに臆《おく》したればにや、我を忘れて急ぎ舟に上《のぼ》る。今まで遊びし袴腰《はかまごし》の麓《ふもと》、俄《にわか》に大噴煙を揚《あ》げて、我等と別《わかれ》を惜《おし》むに似《に》たり。

〔註〕

（1）教員の姓名については、鹿児島県立第一高等女学校同窓会編発行『鹿児島県立第一高等女学校　同窓会員記念帖大正三年』（大正四年一月）巻頭写真「大正三年三月現在職員」（本書の口絵）を、参照。

（2）報徳会は二宮尊徳の思想（報徳主義）の実践を目的として活動した。明治三十八（一九〇五）年に結成され、大正元（一九一二）年に中央報徳会と改称して、全国的に勢力を拡大していった。

　鹿児島市報徳会による、「見学者運送船事業」などの具体的活動については、鹿児島県編発行『桜島大正噴火誌』（昭和二年三月）一四五～一四六頁の「第四節　鹿児島市報徳会員の救済事業」に詳しい。それによると、被災島民のための主な救済活動は、以下のようなものであった。

【鹿児島市報徳会員の救済事業の概要】

　イ、雇人周旋《しゅうせん》事業

　鹿児島市報徳会幹事花田仲之助氏主宰の下に、罹災《りさい》島民救助の目的を以て、大正三年一月十六日より雇人周旋事業を開始し、其事務所を西本願寺内に設け、普《あまね》く社会に広告せしに、其目的の存ずる所、罹災島民に勤労的自活の必要を鼓吹《こすい》すると共に、一方雇傭者に比較的安価なる雇《やとい》人夫を紹介するに在りしを以て、社会の同情大《おおい》に集り雇傭者多く、為《た》めに西本願寺のみにては応じ兼ぬる程なりしかば、更に東本願寺不断光院に同一事務所を増設し、双方の便利を計りしが、同年三月二十日迄《まで》二ヶ月半の間《かん》、人夫出役《しゅつやく》総数三千九百八十二名（事務所の手を経《へ》ずして勝手に出稼《でかせぎ》せるものを加ふれば更に多し）にして、其《その》得る所の賃銭は千三百九拾参円七拾銭に達せり。

　ロ、見学者運送船事業

　桜島の噴火稍々《やや》鎮静し、略《ほ》ぼ危険の憂《うれい》なきに至りたりければ、同年一月二十三日より見学者の為、渡航船百余艘《そう》を準備し、罹災民をして之れが運送業に従事せしめ、賃金を得さしめたるに、同〔年〕三月三十日迄約七十日間に出航せし船数壱千二百三十二艘《そう》にして（此外《このほか》事務所を経《へ》ずして窃《ひそか》に出稼せしものあり）、其《その》得たる金額壱千八百廿五円四銭に達したり。

ハ、罹災木《りさいぼく》にて紀念品製作

罹災民をして溶岩を採集し、或は罹災木を利用して茶臺《ちゃだい》〈茶托のこと〉・急須台《きゅうすだい》等の製造を為し、之が販売をなさしめたるに、仝年二月一日より三月三十日迄に使用せし人員、都合四百九十名にして、其売上高金弐百六拾八円余となれり（中略）全く純益となれるを以て、義捐金《ぎえんきん》として寄附すること、したり。

以上のように、その活動を記している。さらに、「成績一覧の表」（引用は割愛）によると、三事業の利益は四千四百八十六円で、このお金を義捐金として被災島民に寄附した。この他「寄附金品募集」によると、市民より寄附された金品は、次のような物であった。

ニ、寄附金品募集

罹災民救助の為め以上三事業の外更に寄附金募集に努力し其応募金品左の額に達せり。

一、金七百四拾五円六拾壱銭五厘

一、白米壱石壱斗八升

一、餅九千弐百九拾八個

一、衣類七百六拾枚

其他雑品数十点

このように、鹿児島市報徳会の人々は、被災島民の自力での生活再建を基本方針に据えて援助し、大きな成果を上げていたことが窺《うかが》える。

（3）木ノ脇倉子については、「桜島噴火日記」の本書著者・大瀬の「序」にも引用されている。

（4）鹿角砦《ろっかくさい》とは、逆茂木《さかもぎ》、逆虎落《さかもがり》等ともいわれるものである。これは、戦争などで敵（或いは不審者）の侵入を防ぐために、鹿の角のように茨《いばら》の枝を逆立て、垣にした防御物。倒木の葉のない枝が、鹿の角のようになって、累々と立っているのを、形容したものであろう。

十一、横山方面に火山弾を探る（噴火後第二回ノ渡島）

二月一日（日曜）、野田の君〈野田松平〉[1]が、今日は学校より人夫を連れて行く也《なり》。火山弾を拾《ひろ》ふには都合よかるべしとの事に、余《よ》〈大瀬秀雄〉は長男信[2]をつれ、小松先生〈小松文雄[1]〉と共に四人、外に人夫二人、又報徳会の舟（此の舟の事は前文〈（噴火後第一回ノ渡島）の文章〉に出せり。舟賃は大人往復十六銭、小児半額）にて桜島に渡る。

東麓《とうろく》〔の〕鍋山《なべやま》方面は、勢《いきおい》更に衰へたる気色なければ、横山《よこやま》の〔方面〕は稍々《やや》弱りて、時々大鳴動と共に噴煙すること、瀕死《ひんし》の病人の大息《おおいき》を見るが如《ごと》くなりぬ。されば観客亦《また》多く、西平《にしびら》一帯、人《ひと》の山をなせり。十二日には、骨肉〈血を分けた間柄にある者〉相忘《あいわす》れて逃《に》げ惑《まど》ひたる人々、今日はまた舟を傭《やと》うて火口を探る。払《はら》はれて亦《また》来る、夏の蠅《はえ》にも似たる哉《かな》。

直《ただち》に小池〔の〕溶岩丘の麓《ふもと》に至り、彼此《かれこれ》あさ〈原文は「ざ」〉りて、赤《あ》生原《こうばる》に向ふ。見渡す限り、茫々《ぼうぼう》たる〈広大な〉岩石の海にして、而《しか》もその岩石たるや、凡《す》べて鼠色《そしょく》せる降下溶岩にして、大なるは米俵《こめだわら》にも過ぎ、小なるも人頭を下らず。而《しこう》して其の質脆《もろ》ければ、降下の際大抵破砕《はさい》して、全《まった》きもの殆《ほと》んどなし。其の十二日より十三日にかけ、火の雨とふれる様《さま》、如何《いか》に盛なりけん。民家と林もすべて跡なく、只《ただ》一条の細流のみ潺々《せんせん》〈水のさらさらと流れるさま〉として流る。

礎《いしずえ》の影も止《とど》めぬ賎《しず》が家《や》は何処《いずこ》なりけんあはれかなしも

住みなれし我家のあとに尋《たず》ね来て行きつもどりつ少女泣く也《なり》

ふと足許《あしもと》に、石碑めきたる破片をみつ〈みつける〉。思はず辿《たど》れば、果して墓所なり。こゝかしこに破壊されたる石像・石碑の落々《らくらく》〈広く大きく〉狼藉《ろうぜき》を極めたる〈とりちらかっていて、全く秩序が見られない様で〉、目もあてられず。彼の古墓犂《すき》為レ田、松柏携為レ薪《たきぎ》〈古墓犂《すき》して田となし、松柏携えて薪《たきぎ》となす〉を思ひ出されぬ。余《よ》等此の稜角突錯《りょうかくとっさく》〈とがった角《かど》があちこちにつきでる〉せる破岩に足をかまれつゝ、火山弾（是亦《また》前述の降下溶岩なれども、其形《そのかたち》完全にして手頃なるを珍《めず》らしがりて拾《ひろ》ふ也《なり》）を探る。

他の火山の〔もの〕は大抵砲弾状なれど、此処《ここ》のはパン質とて、溶岩汁の数百尺数千石の高さに迸《ほとばし》りたるが、冷気に触れ外面先《ま》づ冷え固《かた》まりたるを、内部よりの瓦斯《がす》〔の〕噴出盛《さかん》にして、為《ため》に亀裂《きれつ》を生じたる、恰《あたか》も炙《あぶ》りたる餅《もち》の如《ごと》く、又パンのよくふけたるが如くなれば、斯《か》くは〈このように〉名づくるとぞ。

余《よ》は始めての事とて、漸《ようや》く三個を得たるに止《とど》まりぬ。大なるものなりしかば、一《いつ》は自《みずから》の紀念品とし、一は故国なる母校に、一はかねて依頼を受けたりし呉市《くれし》高等女学校増田君に贈りぬ。其の外洋杖《ようづえ》にせん料《ばかり》に〈つもりで〉焼け焦《こ》げたる蜜柑《みかん》樹など拾《ひろ》ひて帰る。後にて聞けば、パン質の外に、尚《な》ほ火山球（爆発の際溶融せる種々の泥砂団塊となりたるもの、質密《みつ》にして重量大なり）あり。いと珍《めずら》しき由《よし》なれど、其の由来を知らざりければ、数個を発見しながら、皆捨《す》てしこそ迷憾《めいかん》なれ〈悔《く》やまれる〉。
拳大《こぶしだい》のもの一個価数円に上り、一時は島民皆此の採取に熱狂せり。

〔註〕

（1）教員の姓名については、鹿児島県立第一高等女学校同窓会編発行『鹿児島県立第一高等女学校　同窓会員記念帖』（大正四年一月）巻頭写真「大正三年三月現在職員」（本書の口絵）を参照。なお当時の、鹿児島県立第一高等女学校の全職員については、本書第三章の一の「遭難記」〔稿者註（2）〕職員メンバーも参照。この名簿では確認できないが、本書巻頭写真「大正三年三月現在職員」に見える人物に、三列目の田中藤次郎と本田トシの両人がいる。

（2）「余は長男信をつれ、云々」の「信」については、本書第三章の一に収録する大瀬秀雄の避難体験記（「遭難記」）中の十二日部分（3葉のb）に、「信長男十六才」とある。従ってこの「信」は、大正三年一月十二日の時点で十六歳であった。この事から、同年二月一日の渡島体験記「横山方面に火山弾を探る（噴火後第二回ノ渡島）」の文章中の「信」は十六歳か、或いは渡島までの間に誕生日がきていると十七歳になっていたかもしれぬ。またこの一事からも、本書の著者は大瀬秀雄と考えて大過なかろう。

鹿児島市常盤町の水上坂に通じる坂道

日置市伊集院の徳重神社（旧妙円寺）

薩摩川内市の新田神社（境内の神亀山が可愛山陵）

現在の薩摩川内市内

袴腰と桜島（船上より）

現在の桜洲小学校

第四章　東桜島村における体験

一、川原尋常・高等小学校校長、石川巌《いしかわいわお》の内務省への体験報告書

《有村にいた小学校校長、石川巌《いわお》の体験報告書。鹿児島県編発行『桜島大正噴火誌』（昭和二年三月）三〇六～三一一頁、「第九節　東桜島川原校長石川巌噴火報告」より採録》

大正三年一月十二日の桜島噴火に就《つい》て、最後の避難者としての私に、当時の模様を見聞のま丶、細大となく筆録回送せよ、との服部《はっとり》内務部長からの命でございますので、謹《つつし》んで事実を書き列《つら》ねて見ませう。

大正三年一月は、八日鹿児島市は勿論《もちろん》、桜島も、其他も、有名な大雪で、実に静かな雪景色《げしき》。ダンダンと雪は融《と》けて、九日は快晴。天下之《これ》より静かな日は、又となかつたと思ひます。噫之《ああこれ》が、即《すなわ》ち大地震に移る予告ではなかつたのでせうか。

翌十日（土）は、常の如く出校（川原尋常・高等小学校）して見ますと、高等科生徒には、大部《たいぶ》欠席があるやうでした。多分、頻々《ひんぴん》たる地震を恐れてのことでは、なかつたでせうか。有村温泉場の方でも、九日の夜から地震を何回も感じた。然も、それが強いでした。十一日の日曜には、早朝から私の自宅に、生徒が暇貰《ひまもら》ひに来ました。どこへ行くかと聞けば、地震が恐ろしくて、島が燃え出る心配があるから、牛根《うしね》〈対岸の大隅半島の村〉へ避難するのだと申します。そこで噴火爆発を気遣《きづか》つて、続々避難を企《くわだ》てたものは、慥《たしか》に十日の夕方、大噴火二日前からで、島民は疑懼《ぎく》〈うたがい心配する〉の念に堪《た》えなかつたことが明らかであります。

避難者は〈原文は「の」〉僅《わず》かの食糧と寝具類丈《だけ》を背負《せお》ひ、又は船に積んで対岸なる牛根や垂水《たるみず》方面に、一、二泊の積もりで避難したらしい。私に〔村民が〕「余《あま》りひどいから、小児丈《だけ》避難させておく積もりです」といつたのは、十日（土）の学校帰りでありました。私共《わたくしども》は、十日までは、何等《なんら》不安の念は懐《いだ》きませんでした。然《しか》し、十一日の頻々《ひんぴん》と襲来する大地震には、早朝から頗る神経過敏となりました。宅《たく》〈自宅〉の直《す》ぐ後ろが郵便局でしたから、間断なく測候所へ電話で問合《といあわ》せるのを聞きますと、「何も桜島には何等異変はない」と云ふ返話であるので、全く之を信じて、少しも避難のことなどは思い浮べず。島民が、さも交戦地帯かのやうに、家具・家財を船や背で運搬するのに、汲々《きゅうきゅう》としてゐ《い》るのを見て、嘲笑《あざわら》つてゐました。知識のないもの、学問のないものは、俗説に惑《まど》はさるゝ、ほんに詰《つま》らぬものだと、心に思つてゐ《い》ました。避難するものが愚《おろか》か、測候所の知らせを信ずるものが智《かしこし》か。智愚は、天を指す方がよかろうと思ひます。

十一日（日曜）の日は、強烈な地震に神経を痛めつゝ、最《も》う止《や》むだらう、そんなに長くは続《つづ》まいと思つてゐ《い》ましたが、夜に入つては益々強く、然も其《その》襲来する度数が多いばかりか、余程《よほど》震動の時間が長かつたやうです。この夜眠りに就《つ》きますと、稍々《やや》ともすれば地震に目を覚《さま》されて、到底安眠は出来ませず。加ふるに、鍋《なべ》で湯をわかすやうな厭《いや》な音と、有村より西と東に交互に、ゴーゴーといふ列車のレール上を通過するやうな、実に物凄《ものすご》いやうな音に、頗《すこぶ》る心配しつゝ、夜の明けるが待ち長《な》がゝつたのです。寝てゐて、どうも不思議ヂヤネー、霧島の爆発ぢやろか〈であろうか〉、何ぢやろうか、といふ物語りなどしたのでした。然し震源地は吉田地方〈鹿児島市の北方、現鹿児島市吉田町方面〉だといふ測候所の報知に、先《ま》づ安心してゐ《い》ました。

が今から考ふれば、鍋に水を沸《わか》すやうな音は島の山崩れ、ゴーゴーと東西に遠雷のやうな音がしたのは、西のは赤水権現《あかみずごんげん》の噴火口、東のは鍋山権現の噴火口で、東西一直線上に噴火口が開《あく》からと云ふ。予備行動であつたのでせう。

十一日の夜、鹿児島から電話が二回、私にかかりました。在島の一教師の安否を問合《といあわ》せる〔も〕のでしたが、私は大丈夫《だいじょうぶ》です、島は噴火しないさうです、と対《こた》〈応〉えてやりました。有村〔郵便〕局の通信書記某《ぼう》と鹿児島交換局の女交換手との、いたづら言《ことば》〈冗談としての会話〉が面白いでせう。

書記某「震源地はオハンたちの交換局の下ヂャッモスガ、モウソラ陥落シタガソラ」

〈震源地はあなたたちの交換局の下ですよ、もうほら陥落したよほら〉

女交換手「ナイガオマンサアタチの桜島ン噴火ゴアンド、ハヨ逃ゲヤラント、モウ噴火シモスド」

〈そうではなくて、あなたたちの桜島の噴火ですよ、早く逃げられないと、もうすぐに噴火しますよ〉

以上の話は、一寸したことながら、如何《いか》に測候所の報知を島民が信んじて、大丈夫《だいじょうぶ》と思つてゐ《い》たかがわかります。

安い心〈安心〉もしないで、十一日の夜は恐怖の中に明《あか》しました。此夜、午前四時頃の地震が最も強かつたやう《よ》で、この地震が鹿児島市に烈《はげ》しく感じたらしい。

十二日（月）、頻々《ひんぴん》なる地震の中に、朝飯《あさめし》をすまして定刻に出校すると、教員も一人も出ず、使丁〈小使い〉も出ず、校舎は開かず。児童は高等科二年生山下善之助一名のみ、出校してゐ《い》るのでありました。どうともすることが出来ないものですから、村長や村役場員、駐在巡査など、一所に郵便局に集つて、測候所や県庁、警察署などに電話を掛けて見るけれども、確かに噴火ヂヤないといふやうなことで、どうも安心が出来ませぬでしたが、その山崩れの凄《すさま》じい有様つたら、何とも譬《たと》へやう《よ》がありません。グワラグワラグワラゴウと云ふ有様《ありさま》ですもの。

朝八時頃と思ひました。有村海岸一帯は地裂《ちれつ》がして、熱湯や水が盛んに湧《わ》くと云《い》ふものですから、行つて見ましたが、温泉浴槽の中には泥が盛《さかん》に吹いて、其他汀《なぎさ》といはず、石垣といはず、湯や水が盛に川をなして、大きな穴が開いてゐ《い》ます。私共は、なに〔か〕ある筈《はず》だと思つてゐ《い》たのですが、島民は、唯事《ただごと》ぢやない、こんな事は滅多に無い。一分間も早く、逃げるが増しだといふのです。私共も小気味悪く感じて、又電話で聞くと、測候所は、これ位の地震には、そんな現象は有り勝ちだ、地底が鳴動しな〈原文は「せぬ」〉ければ、大丈夫《だいじょうぶ》だといふことです。

此時分でした、東桜島の湯之《ゆの》の青年と黒神の青年とが人民総代で、村役場に地震の前途を、聞きに来てゐ《い》ました。村長川上福次郎氏は、電話を以て更に測候所に安否を問合《といあわ》したのですが、又も大丈夫との返話に、村長は前の青年に、只今も大丈夫《だいじょうぶ》なりとの電話なれば、速かに帰つて部落民に、事の由《よし》を告げよ。決して避難など、馬鹿《ばか》気《げ》た事をする必要は全然ない、と申含めましたので、青年等は大急ぎで帰りにつきました。

一寸《ちょっと》こゝに川上〔福次郎〕村長と山下〔源太郎〕収入役との談話を挟《はさ》みますが、

川上村長「今朝出掛けて来るとき、宅〈自宅〉の者共が大騒ぎをして、避難しやうとするものだから、大に之を制して、己《おのれ》が帰宅するまでは避難する事はならぬ、といふて役場へきた。」

かういふことで、避難が遅れしため、同氏の実弟等を初め、同地（湯之《ゆの》）〔の〕若者十数名は、沖小島《おこじま》〔を〕目蒐《めが》〈目掛《めが》〉けて海に泳ぎ出したるも、遂に目的を達せずして、行衛《ゆくえ》〈行方〉不明となつたのです。川上村長は、此日は遂に自宅には帰らないで、弟の死を知らなかつたさうです。

収入役山下源太郎氏「作夜は余り地震が激しいので、宅の妻子は恐れて、どうしても、屋内に居る気がせぬといふから、庭に小屋掛をしてくれたらもう安心だといつた。妙なものだ、安心といふのは。」

との談なりしが、同氏も、避難〔が〕後《おく》れたる為め、無惨《むざん》や溺死《できし》を遂《と》げられたのです。

襄《うえ》に〈上に〉有村海岸一帯から水や熱湯が湧出したこと、地裂が出来たことなど書きましたが、当時の県公報にも、大森〔房吉〕博士の談として、三尺〈約九一センチメートル〉も高く吹き上がつたことが書いてありましたが、あれは少し過ぎてゐます。そんなことはなかつたやうです。唯《ただ》水と云はず、湯と云はず盛に湧出《ゆうしゅつ》して、海岸一帯が川になり、又大きな穴が開いた事、山崩れや地鳴のあつた事も事実です。

部落の青年も帰りにつき、島の人々も段々少くなつて、殆《ほとん》ど人影稀《ま》れなる頃、山上《さんじょう》旧噴火口から、硫黄《いおう》の煙が灰白色《かいはくしょく》になつて、一楼《いちる》〈一つの細長いもの〉スーツと上つた。此時有村〔の〕海岸に避難せんとて、船にあるものなどの悲鳴を上げて喚《わめ》き叫ぶ声は、実に修羅《しゅら》戦場の巷《ちまた》に似《に》てゐ《い》ました。〔必要な物を〕持つて出て、海岸まで持ちつけたものも、其処《そこ》に打捨《うちす》てゝ、慌《あわ》てゝ逃げて行きます有様は、実に実に見物になる位でありました。この騒ぎに、又測候所へ問合《といあわ》すれば、又大丈夫《だいじょうぶ》だといふのでせう。暫時してから、島の西方から一団の煙が上つたので、どうも危険でたまらず、今のは何ですかと聞くと、依然《いぜん》として雲だといふ答《こたえ》。

垂水《たるみず》村海浜の青年会は、事の急なるを見て取つたらしい。救助船として、漁船数隻を有村、脇《わき》〔の〕海岸に漕ぎつけて来て、川上〔福次郎〕村長に、救助に赴《おもむ》き来れる旨《むね》を告げて、大部分の島民を救助して行つて、それ限り二度とは来なかつたやうです。

いくら聞いても、大丈夫、煙ぢゃない。湯は湧《わ》くが当然だといふ報知も、全く宛《あ》てにはならず。午前十時十分であつた。島の西面赤水《あかみず》の上に、すうつと一団の煙が上つたかと見ると、続いて同所にモクモクモクツと、僅《わず》かの微音もなく、揚がる暗黒色の濃煙は、静隠《せいおん》無風の空に、牡丹《ぼたん》の花のやうに、分一分大きく広か《が》つて、次第に天にも届くかと思はれる程高く直上した。是迄《これまで》は測候所の報知を信じて、大丈夫《だいじょうぶ》避難する必要はないと思つてゐ《い》たのが、是《ここ》に至つては、到底測候所の報告を信す《ず》る余裕も勇気も持たなかつた。海上にゴモゴモしてゐる避難船中の者らと、陸上にゐ《い》た者とが、一度にどつと悲鳴を揚《あ》げて叫喚《きょうかん》する〈わめきさけぶ〉声が、全島をゆるがした。

そうかうする中、有村の東北方に当る鍋山《なべやま》の旧噴火口に近いと思ふ所から、又しも前同様の濃煙が、ムラと天に上つた。此度のは大きい、前の、何倍つてある。実に綺麗《きれい》で綺麗で、壮観であつた。

私は余りの美観・壮観に、家に在る妻にも、早く出て見よ、是程美しいものは、又と見ることは出来ないからと。妻も出て見、又郵便局長なども賞観されてゐたが、十分位も経《た》つ間は、何等の微響《びきょう》すらなかつた。突如として、百雷の一時に落下するが如き大音響は地中から放たれて、朦々《もうもう》たる黒煙は、島の東西両方面より一時に天を衝《つ》いて、且《か》つ響き、且つ轟《とどろ》き、光景凄愴《せいそう》〈すさまじいこと〉。今にも此一大島《このいちおおしま》は、崩壊するであらうと思はしめた。

有村温泉場は、平素汽船が来るので、和船は甚《はなは》だ少かつた。全部〔の〕避難民を、収容することが出来なかつた。自己の船を持つてゐるものは、二日以前から、家具・家財を積載して、遠く垂水《たるみず》、新城《しんじょう》、花岡《はなおか》、牛根《うしね》の諸村〈大隅半島の村々、現垂水市方面〉へ行つたきり、残留民の救ひ出しには帰来しなかつた。

このやうな連中には、東桜島村の助役竹下清治〈彼の活躍については、次掲「二、東桜島村助役竹下清治の噴火報告」参照〉の如きもあつた。同人は噴火の朝などは、全く島には居なかつた。同人は戸籍係であり、又庶務係でもあるのに、こんな有様であつたから、戸籍なども焼いたのであらうと思ひます。同村役場書記松山次郎は、兵事係と学務係とを兼ねてゐたのでありましたが、同人も噴火の朝は全く村役場には見えなかつた。兵事書類などの焼失も、同人の無責任から来たのであらうと思ひます。

噴火の朝、私は川上〔福次郎〕村長に、かうなるとどうも危険であるから、いざといふ場合には、御真影〈天皇の写真、或いは肖像画〉だけは奉安しなければならぬから、避難船一隻の用意を願ふと相談しましたら、駐在巡査の下に船を繋いで、船夫をつけておくからとのことでしたから、安心して地震の経過を待つ〔て〕ゐましたら、果《はた》して噴火襲来、無論船の用意はない。

川上〔福次郎〕村長、山下〔源太郎〕収入役、野添〔八百蔵〕書記と金庫の格納金を国旗に包んだまゝ、三人諸共《もろとも》に檣《ほばしら》に取りすがり、脇《わき》部落の海岸から垂水《たるみず》さして、泳ぎ行くのが目に蒐《あつま》つてゐ《い》ました〈目にとまりました〉。

私と小松〔金八〕巡査とは、声を限りに、其無謀《そのむぼう》〔な行為〕を止《や》めよ、と注意を促《うなが》せども、いつかな〈いっこうに〉聞く風もなく、どんどん泳ぐ風でした。間もなく瀬戸〈東桜島村の大隅半島に最近接の部落〉の漁船らしいのが通り掛《かか》つて、一行を救助するのを見て安心はしましたが、此時山下〔源太郎〕収入役は、遂に力盡《つ》きて死し居《い》たとのことです（1）。

此日は全くの無風なりしも、時厳寒《ときげんかん》の際なる上、山下収入役は平素から肺患をわづらひ居たれば、斯くは早く死したるものなりしならんかと思ひます。まだ此外に沢山の人が噴火の打ち上がつたのにたまげて、海中に飛び込んだものがあつたようでした。泳いだものは大概《たいがい》、死したり、又救助船に収容されて、人事不省《ふせい》〈意識不明〉に陥《おちい》つてゐたさうです。

私は、今は是までだと覚悟して、小松〔金八〕巡査と我校の職員室を破壊して中に入つて、御真影と勅語〈教育勅語〉とを取り出して、自宅に持ちて帰り〈校務上の書類に言及なし〉、妻に避難の用意を命じましたが、避難するにも一隻の船もない、止《とど》まるにしても、一命を全《まっと》ふすることは六ケ《むずか》しい。寸分も外に出ることは出来ない。然しどうかして、活路を開かねばならぬ。

そこで小松巡査と共力して、残留者一行十六名を有村海岸の新宅に集合させて、食物を徴発して一行にあたへ、一方には、郵便局長木佐貫〔惇〕氏に、電話の続かん限り鹿児島市に救助船を出しくるゝ様にと、通話方をして貰《もら》ひ、又局の重要書類を片付けて、救助船の来るを待つてゐ《い》ました。

噴煙・火石〔は〕、秒一秒激甚《げきじん》を加へて来て、正午前後には、火石の降ること一層猛烈で、石の落下した所には、直《す》ぐ火がついて火災を起《おこ》し〔た。〕黒神、瀬戸〔の〕部落の火災〔による〕全滅の状況は、有村〔の〕海岸から凄《すさま》じく見えた。それかと思ふと、足許《あしもと》の脇部落《わきぶらく》も、火石のため忽《たちま》ち火災を起し、見るまに百七十余戸の部落〔が〕、全滅さ〔せら〕れて仕舞つた。

私共の避難してゐ《い》る所の附近も、茅屋根《かやね》を真《ま》つ先《さ》きとして、瓦葺《かわらぶき》は軒下・床下の砂糖黍《きび》の搾《しぼ》り殻《から》より火石の火を引いて、此処《ここ》にも彼処《かしこ》にも火災を起して、危険は身に切迫して来ましたが、どうとも仕様はありません。只《ただ》猛烈なる火石を、爆声轟々《ごうごう》〈大きくとどろく〉の中に避けつゝ、只管《ひたすら》救助船の来る〔の〕を待つてゐ《い》ました。

取残《とりのこ》された牛馬・鶏犬は、右往左往にさまよひ歩き、気の毒なのは、大きな牡牛《おうし》が、火災の中に頭角を突き込んで行くのでした。馬が火石に中《あ》てられて、驚飛《きょうひ》するも見ものでした。

私共の一行は、小松〔金八〕巡査、木佐貫〔惇〕局長、浴谷、篠原某の家族、其他局員、罹病者《りびょうしゃ》等十六名で、盲目の少女あり、下女あり、幼児あり、然も一行は極めて沈着で、静かに救助船を待つてゐるのは、神明の加護を信じてゐ《い》るものかのやうに見られました。

巡査小松金八氏は、有村駐在所の在勤で、家族の方丈《かただけ》は、早く避難させられたが、父君の避難が遅かつたこと丶、行衛《ゆくえ》不明のこと丶を、頻《しきり》に気にしておられた。氏の勇敢にして親切なる行動は、実に警官の模範とするに足り、又何等の家具・家財をも手にせず、剰へ《あまつさ》〈さらに悪い事に〉勲章をも取り出されなかつた〔の〕は、同情に値《あたい》すること丶思ひます。

木佐貫〔惇〕局長が熱心なる電話は、爆声轟々《ごうごう》の中にやつとの事、救助船をやるやうにするといふ事だけは分つた。前夜来《ぜんやらい》、殆《ほと》んど繋ぎ通しで〈原文は「て」〉電話〔をしていた。〕〔そ〕の上に、一方横山局の方にも電話を〈原文は「に」〉取りついでゐ《い》て、通話が余程困難であつた。鹿児島警察署の電話で、愈よ《いよい》救助船を出したといふことが分つたのは、午後二時頃でした。

救助船の来るのが待遠《まちどお》〔し〕い。一方の爆発は、刻々に猛烈を極めた。実に足の許《もと》〈足許《あしもと》〉が、大噴火口になつて来るのではないかといふのが、皆の恐怖であつた。

然し、行くも帰るも絶対絶命、寸歩も足を踏み出すことは出来ない。実に待遠《まちどお》〔し〕くて堪《た》〈原文は「溜《た》」〉

まらぬ。丁度《ちょうど》今にも、死期《しき》が眼前に逼《せま》つて居るかのやうに、早く救ひの神が来《こ》れかし〈来ないか〉とは、一行の中《うち》、唯《ただ》の一人も、願はぬものはなかつた。

午後三時と思ほしく〈思う時に〉、沖合遙《おきあいはる》かに汽笛を聞いた。オゝ船が来たぞといつたとき、一同は異口同音に、オーイオーイを連呼して、旗を振つて警報〈救助を求める声〉を揚《あ》げたが、四面全く降灰《こうはい》に鎖《とざ》されて、海は全然〈まったく〉暗夜の如く、見えもせず、又聞えもせず。一行《いっこう》〈残留島民〉は、船体の現はれざるを悲歎《ひたん》して、彼の船は我等を救助する見込つかざるため、遂に垂水《たるみず》方面〈大隅半島方面〉に向ひたるには非《あらざ》りしかと、いはない〈言わない〉ものはありませんでした。

所が約一時間も経つたと思ふ頃、再び汽笛を聞いた。うむ、来てゐ《い》る、大丈夫、命は助かつたぞといつたとき、一同は又オーイオーイと連呼して、毛布を竿《さお》の先きにつけて打振《うちふ》るもの、外套《がいとう》〈オーバーコートなど〉を振り翳《かざ》すもの、実に救主とはこんなものであるか、と思はしめたのです。

船首を向けた巨船は、漸次《ぜんじ》有村海岸に近く寄せて、二隻の曳舟《ひきふね》を本船から放つて、陸上に向はしめましたが、降石が激しいため、一度は本船に引き返しました。此度《このたび》は軍人らしい人が、一隻に一名づゝ乗込んで、再び〔救助に〕出発しました。此時の喜びは、筆舌《ひつぜつ》にあらはすことは出来ません。来て見ると、四十五聯隊《れんたい》の中聯長大尉山下清治殿が一隻を指揮し、今一隻の〔曳舟《ひきふね》〕は陸軍省の参謀官中佐菱刈《ひしかり》隆殿が指揮されてゐ《い》ました。

私は〔参謀官中佐菱刈《ひしかり》隆氏が〕、確に参謀〔官の〕肩章《かたしょう》の軍人だから、参謀官には相違ないと思つて、参謀官殿、私は御真影〈天皇の写真或は肖像画〉を捧持《ほうじ》してゐ《い》ますから、早く乗せて下さいと申しましたら、何処《どこ》に在るか、早く持つて来いとの事でしたが、此時は小松巡査が捧持して、山下大尉殿の端船《はしふね》〈初めに着岸した船〉に乗せてゐました。私が身命《しんめい》を賭《と》〈なげだす〉して奉安した御真影と勅語とは、一行〈救助を求める者達〉と共に無事救出されたのでありました。

〔私は〕山下大尉殿に、こんな話をしました。

小松巡査は、戦争はまだまだ恐ろしいといはれましたが、弾丸は雨の如くと申しますさうですが、まだこれよりも沢山弾《たま》は飛んできますか。

と申しますと、〔山下大尉殿は〕

それは程度のものさ、戦は決死の覚悟だから、其上《そのうえ》若者の寄り集りだから、左《さ》まで恐ろしいことはない。

との事など物語つて〔おられました〕。

〔一方、〕漕《こ》ぎ行く船の中に、ボーンボーンと火石が降つて来るのです〈原文の「せう、」は「す。」に訂正〉。船の簀《ゆか》の板を頭に載せた大尉殿が、「ウムニヤコラ危ネ」といはれるから、〔私は〕「そんなものをおかぶりなさるから尚《なお》、見舞ふのですから、御止《おや》めしなさい《ママ》。」と申しますと、〔大尉殿は〕「ウム君がいふ通りだ。戦争も弾《たま》が中《あた》るのヂヤない。人が弾丸に中《あた》るのぢや」との事でした。

こんな事など話しつゝ、本船に無事乗船が出来たのは、午後四時半頃でした。此船は、大阪商船会社の大信丸といふ二千噸《とん》近き大汽船で〈原文は「が」〉、当日午後二時、沖縄演習行きの兵を積んだまゝ、有村へ救助に来たのでした。

大信丸船上には兵卒は勿論、騎砲兵科の将校なども沢山ゐ《い》たが、火石が雨下するので、皆船の廂下《ひさしした》に潜《ひそ》んでゐて、全く顔も出し得なかつたが、前記の山下〔清治〕大尉や菱刈〔隆〕中佐は、元来が薩人出の軍人であるから、真逆《まぎゃく》のとき〈非平時、即ち戦争や災害などの時〉には、命位《いのちぐらい》のことは、何とも思はれなかつたのである。

私が捧持《ほうじ》した御真影は、大信丸船上の貴賓室に奉安を終へ、午後六時、鹿児島港第一栈橋〈生産町、現鹿児島駅より〉に繋船《けいせん》して、無事県庁〈当時、城山の下に市役所、道路をへだてて県庁があった、山下町〉に奉安方《かた》を御願ひした。

私共一行十六名の外に、本船に救助されたものが十七名で、中には半死半生のものもあつた。多分泳ぎ切《きれ》なかつたものに相違ない。是等は鹿児島医会員中村平輔氏の看護を受けて船中で蘇生したとのこと、東桜島村役場書記大山矢一氏は、黒神〈対岸が大隅半島、部落が溶岩で埋没〉の住人で、避難のため瀬戸海峡〈大隅半島との海峡、現在は桜島と半島が接続〉を泳ぐとき、潮流に押流されて溺死して行衛《ゆくえ》〈行方〉不明となつてゐる。瀬戸海峡で死んだものが、今少しあるとの事であるが、姓名を逸《いっ》してゐる。黒神部落では、前田〔市之進〕巡査が勇敢なる動作に、無事に村民を避難させた事は、当時の新聞紙などにも、特筆されてあつた通りで、極めて賞讃に値する[2]。

瀬戸部落〈大隅半島に最近接の部落〉の避難の方法は、順序が立つてゐる〈順序立てられている〉。船を持たぬ家の女子供から、先に瀬戸〔海峡〕を渡して、〔その後〕船持《ふねもち》の女子供を渡し、それから船持《ふねもち》の若者共が渡つてから、船を持《もた》ぬ若者は泳ぎ渡つたため、此部落のものは、誰《だれ》一人も死んだ者はなかつた。而《しこう》して此部落は漁業者が多く、子供も婦女子も遊泳を能《よ》くしてゐる上に、船数が多かつたから、尚《なお》うまく避難が出来たのでせう。湯之《ゆの》部落〈袴腰と有村の中間〉から行衛《ゆくえ》不明者の多く出たのは、之《これ》も船の少ないと、狼狽《ろうばい》の度が激しかつた〔こ〕とによる。私共は最後に桜島を離れて、時々刻々に部落が滅び行く〔の〕を見たときは、無限の悲哀《ひあい》に沈んだが、世の終末の近づくのではないかと思つた。

記憶に残つてゐるまゝを、走り書きに、粗雑に、書き駢《なら》べたので、杜撰《ずさん》〈手抜かりが多くいい加減〉の罪は免《まぬが》れません。

〔註〕

（1）「川上〔福次郎〕村長、山下〔源太郎〕収入役、野添〔八百蔵〕書記と金庫の格納金を国旗に包んだまゝ、三人諸共に檣《ほばしら》に取りすがり、脇《わき》部落の海岸から垂水《たるみず》さして泳ぎ行くの・・・遂に力盡《つ》きて死し居たとのことです」の部分について、後になって、この文中に見える野添八百蔵書記は、事実と異なる所があることを指摘する。即ち、野添武志著『桜島爆発の日　大正3年の記憶』（南日本新聞開発センター、昭和五十五年初刷、平成二十四年十二月改訂増補）七一〜七二頁の回想のなかで、石川校長の手記について、次のように述べている。

（前略）この手記にはちょっとした矛盾がある。

一、三人一緒に同じ海岸から泳いだようになっているが、前述のとおり、泳ぎ出した場所も時刻も別々であった。

《ここに言う「前述のとおり」とは、七十頁の「（前略）川上村長と山下収入役は、瀬戸〈最も大隅半島に近い部落〉まで行くには行ったが、噴石と軽石の落下に危険を感じ、また、脇《わき》〈有村よりの部落〉へ引き返した。そこで帆柱に村の公金をしっかりと結びつけ、二人は海中に泳ぎだしたとのこと。ところが、かねてから喘息《ぜんそく》を病《や》んでおられた山下収入役はしばらくして不運にも凍死されたのである。」の文章である。》

二、声を限りにその、無謀を止《や》めよ、と注意を促せども、いつかな聞く風もなく・・・とあるが、私と大山書記とが泳いだ海岸は役場から八百メートルも離れた脇集落のはずれであった。八百メートルも離れていると、ふだんの日でも声は届かない。（中略）人影すら視認することも困難であったはずである。

三、まもなく一行が救助されるのをみて安心はしましたが・・・とあるが、私（野添書記）が救助されたのは十二時頃、その位置は脇登《わきのぼる》沖で有村海岸から三キロメートルも離れた海上であった。これも当時の状況で見えるはずがない。

四、川上村長を救助した船（瀬戸の岩上岩五郎所有）が燃崎の兄弟岩《けでいし》前を通過して瀬戸へ向ったのは昼少し前（野添八郎の記録）である。

燃崎から脇海岸沖までは七キロメートルあり、当時の櫓漕《ろこ》ぎ船だと、急いで一時間以上かかるはずであるから、村長が救助されたのは、午後の一時を回っていたはずである。村長は厳寒《げんかん》の海に二時間以上つかっておられたので

ある。云々

この野添八百蔵の指摘は、正鵠《せいこく》を射《い》るもので、石川校長は自己の体験に、後日の伝聞も加味して、自らの報告書の上述部分をなしたもののようだ。従って、我々は石川の文章を、彼の直接の体験と他からの伝聞部分〈新聞記事等〉を区別して、読んでいく必要があるようだ。また、東桜島村の助役竹下清治についての記述では、石川の誤認が見られる。

（2）『鹿児島新聞』（大正三年一月十八日）一面の「●軽石鎖難船談　救はれし巡査語る」、同紙（大正三年一月十九日）三面の「●前田巡査の勇壮　二昼夜不眠不食」に、前田巡査の活躍を報じる。

二、東桜島村助役、竹下清治の噴火報告

《有村にあった東桜島村役場の助役、竹下清治の体験報告書。[1] 鹿児島県編発行『桜島大正噴火誌』（昭和二年三月）三二一～三二五頁、「第十節　元東桜島村助役竹下氏噴火報告」より採録》

①桜島爆発の前兆

大正三〈一九一四〉年一月十日、数度の地震ありしも差したる事なく、翌十一日午前三時半頃に至り、漸次強烈となり、熟眠《じゅくみん》すること能はず。唯《ただ》床に着居《つきおり》たるのみなりしが、仝《どう》七時朝食後、直《ただち》に郵便局に赴き〈局は有村にありたり〉〈村役場もあった〉震源地を問合せしに、震源地は市〈鹿児島市〉の附近なるにより、桜島には危険なしとの事なりしを以て、稍《や》や安堵《あんど》の思ひをなせしも、震動は倍々激烈となりしを以て、午後一時頃、再び郵便局に赴き、再〔び〕震源地を照合せしに、尚《なお》桜島にはあらずして、市の港湾なるものゝ如しと。

余〈わたし〉は、更に安心出来ず。鹿児島警察署に、電話にて問合《といあわ》せしに、仝《どう》署も未だ取調《とりしらべ》付《つ》かず。されど、桜島にはあらざるものゝ如し。委細は、測候所に問合《といあわ》せらるべし、との返話なりしかば、直に測候所に電話をかけしに、市〈鹿児島市〉を去る北方三里位の所にして、桜島には危険なしとの事に付《つき》、茲《ここ》に漸《ようや》く安心し、其旨《そのむね》〔を〕脚夫〈連絡人〉を以て、各大字《おおあざ》〈村は複数の大字に分けられ、大字は複数の小字に分けられていた〉に通

知せり。然れども、震動は刻一刻と激甚《げきじん》となり、夜に入りては、益々頻発《ひんぱつ》するに至れり。

午後八時、郵便局に赴き、翌十二日の新聞〈十二日配達予定の新聞〉を受取り、測候所の観測欄を見るに、左の如き意義を記載せり。

地震の原因は、昨年甚だしかりし伊集院地方の余波にして、震源地は、四、五里の所にあり。鳴動の多くあるは、地盤を堅《かた》くし、返つて安全にならしむるにありと。

此記事を見ては、予《よ》〈わたし〉は大に安心せしも、一般島民は尚《なお》危惧の念に堪《た》へざる者の如し。

而《しこう》して同時刻まで、西北より鳴動し来りしも、時針〈時計の針〉の廻るに従ひ、上下動と変じ、震動は倍々激烈となれり。故に老人・婦女子の多くは、垂水地方に避難すること丶なり、残余の者と雖も一人の安眠する者なく、皆海岸に出て火を焚きつ丶、夜の明けるを待つこととせり。余《よ》は前々日、即ち十日以来、一眠〔も〕せざるに因《よ》り、十二日の午前二時、船を浮べて寝ることとなしぬ。

而《しこう》して仝《どう》五時、上陸帰宅せしに、家内は避難の準備整ひたれば、早く避難せんことを慫慂《しょうよう》〈誘《さそ》いすすめる〉せり。依《よ》つて長女一人を残し、家族五名は垂水方面へ避難せしめたり。後〔に〕家具全部を、大河平氏別邸に運び錠《じょう》を堅《かた》くす〈仝《どう》家は締《しま》りの宜敷《よろしき》に因《よ》る〉。

七時頃、食事を為す時に、長女曰《いわ》く、五、六日前より一滴《いってき》の水なき井戸に、多量の水出《い》づるありと。然《しか》れども、之《こ》れ満潮なるが為《ため》に然《しか》らんと、敢《あえ》て念頭に懸《か》けざりき〈気にしなかった〉。夫《それ》より便船《びんせん》〈都合よく乗って行ける船〉あらば、娘を垂水《たるみず》に避難せしめ、余《よ》は所有の小船を村役場〈有村にあった〉の下に廻《ま》はし、万一の場合に備へんと海岸に出て便船を待ちつ丶ある内《うち》、今迄《まで》異状なかりし海岸も〔潮が〕満ち、涯《きし》より約三間《けん》位〈五メートル五六センチ〉の上手《かみて》より水迸出《ひょうしゅつ》〈ほとばしりでる〉しければ、是は不思議の現象と思ひつ丶、温泉を見るに〈〔有村の〕温泉は余《よ》の居宅の下《した》にありたり〉、直径二尺五寸位〈約七五センチメートル〉の水柱《みずばしら》を立てつ丶あるを見たり。

此時、余は愈々《いよいよ》桜島の爆発に相違なし、人々皆避難の必要ありと、声を限りに呼《さけ》びしに、附近に散在する人々皆集り来、此《この》有様を見て、是《これ》は大変なり、早く逃げよと、〔異口〕仝音《どうおん》に〈皆同様に〉叫びけり。時に、八時過ぎなりき。漸次の間に、水は石垣の下より（有村海岸の宅地は約二間位高き石垣なり）流出。海水は、一面に湯気を立てつゝあり。

人は左右より集り、三、四隻の船は忽《たちま》ち満員となり、泣《な》く者、呼《さけ》ぶ者、其状《そのじょう》、敗軍の乱逃《らんとう》〈ばらばらに逃げる〉するも、斯《か》くやあらんと思はれき。余は、今一度村役場に行かんと思へども、避難の場合、逃るに船なきを恐れ、所有の小船（約三間位〈約五メートル四五センチメートル〉のもの）に廿名〈二十名〉位を乗せ垂水《たるみず》さして漕出《こぎいだ》せり。

因《ちなみ》に、記《しる》す井戸は、五、六日前より涸渇《こかつ》〈水がれ〉し、温泉は、両三日〈二日或いは三日〉前より冷却せしも、一つの奇現象と言ふべし。

②爆発

船〔が〕半里位進みしとき、桜島の絶頂より白煙上りたるも、暫時にして消滅。于時《ときにおいて》、午前九時過ぎなり。而《しこう》して船〔が〕、海潟《かいがた》〈戸柱崎と垂水の中程の部落、現垂水市に属す〉に着くや否《いな》や、有村の青年を集め、余《よ》〔には〕今一度渡島の義務あり、汝等《なんじら》の助力を仰《あお》ぎたしと述べしに、衆《しゅう》〈青年たちは〉〔私の呼びかけに〕皆応ず。依《より》て屈強の者共《ものども》を選抜し、六挺艫《ちょうろ》〈六本の艫《ろ》で動かす船〉にて漕《こ》ぎ出でたり。

船〔が〕六歩《ぽ》（二十一、二町位）〈二三〇〇～二四〇〇メートル位〉進みし時、西桜島村横山方面〈現袴腰方面〉に黒煙昇騰《しょうとう》〈ぐんぐん立ち上《のぼ》り〉し、壮絶を極《きわ》む。十時十分、船の進行を止め、其状況を凝視しつゝある内、十分間を経て、東桜島村脇《わき》〈有村の東隣の部落〉の上に又爆発す。始めは四、五ヶ所に輪形《わがた》をなし噴出し、暫時《ざんじ》にして一団の大爆発となれり。此時西桜島の噴煙は、早や頭上に覆《おお》ひ来るもの、如《ごと》ければ、人々皆恐れを抱《いだ》きつゝ、早く船を還《かえ》さんことを勧《すす》む。此処《ここ》に於《おい》て、〔船を還《かえ》すことに反対しても〕詮《せん》なく〈むだと考え〉、海潟《かいがた》へ引返《ひきかえ》すことゝせり。

③救護

船〔が〕海潟へ着くや、早々家族を捜《さが》さんと、海潟《かいがた》〈戸柱崎と垂水の中程の部落、脇登《わきのぼり》の南、現垂水市に属す〉・中俣《なかまた》〈海潟と垂水の中程の部落、現垂水市に属す〉を捜索する内、誰《だれ》言ふとなく有村々役場員、郵便局員、駐在所員、校長皆全滅せりと〈これらの人々については、前節石川の「体験報告書」参照〉。之を聞くや、早々海潟に引返せしに、垂水分署長を始め署員一同・垂水村役場員〔は〕、皆救護に従事中なりしを以て、其《その》模様を聞きしに、避難民の多数〔は〕海中を泳ぎ避難しつゝあり。故に二隻の救護船を出したりと。

此状況を聞き、村吏員の（松山〔次郎〕、中野〔金次郎?〕二書記を除く二名は、先に中俣《なかまた》にて、廻《めぐ》り逢《あ》ひたり）残部〔は〕、海中を泳ぎ避難中なるを確めしに依《よ》り、警官及び垂水村吏員と共に、救護の任に当り、仝《どう》地消防夫及び海潟《かいがた》〔の〕青年、桜島〔の〕有村・脇〔の〕青年の十数名を督励し、数隻の漁船に警官一人づゝ分乗し、監督をなすことゝせり。余は若し幸にして、吏員の一名にても救助し来たらんには、厳冬《げんとう》の際、永《なが》く海中を泳ぎし故、寒さに堪《た》えざらんと、裏《うえ》に〈上に〉預け置きし風呂敷包《ふろしきづつみ》を持来つて、海岸に待ちつゝありしに、暫《しばら》くにして野添〔八百蔵〕書記一人、救助され来たれり。其時の嬉《うれ》しさ、例《たと》ふるに物なし。

暫時《ざんじ》にして、仝人《どうじん》〈野添書記(2)〉涙ぐみて曰《いわ》く。余《よ》は幸ひ救助されしも、残念なる哉《かな》。大山〔矢一〕書記は、既に溺死《できし》せりと。又曰く。仝人は余《よ》と共に瀬戸《せと》〈大隅半島に最近接の部落〉〔の〕海岸より、船《ふね》製造用の木材、各一枚を浮べ、咲花平《さつかびら》〈牛根近くの山、「大熊石」の産地。別本では、「戸柱鼻」の方面とする(3)〉に向《むか》ひ、二町余〈二〇〇余メートル〉も泳ぎし頃、仝人《どうじん》は汐上《しおかみ》に、余は汐下《しおしも》にあり。其時、汐漸《ようや》く早くなりしが、余は右手、即ち汐下に破船あるを見付《みつ》けしを幸《さいわ》ひ、其れに泳ぎ着き、仝人に向つて、此船に泳ぎ来《きた》れと叫《さけ》びしに、大山書記は、此《この》方面彼岸《かのきし》〈咲花平《さつかびら》など〉の近か〻れば、此方《こちら》へ来《きた》れよと答ふ。其時、咲花平は約五十間〈約九〇メートル〉位なりと思ふ。其《その》破船を仝人《どうじん》の方へ向はしめんと、板を以て汐《しお》をまねきしも、汐《しお》早き為め船進まず。暫《しばら》くして仝人の姿を見るに至らず。後に至つて、仝人の用ゐ《い》し板の流失を見届ければ、此《これ》は必ず溺死《できし》せしに相違《そうい》なしと。余〈竹下助役〉は鳴呼《ああ》残念なりと、悲惨《ひさん》の涙にくれたり。

其後間もなく、高山〔静二?〕書記来《こ》れるを以て、避難の状況を問へば、瀬戸〈大隅半島に最近接の部落〉にて漸《ようや》く船に乗ることを得たりと。夫《それ》より続々として、救護船に助けられ来るもの多し。

時を経て、気勢好《よ》き船来るをみれば、川上〔福次郎〕村長を救ひし船、其時の感、果して如何《いかが》。只《ただ》互に顔を見合《みあわ》すのみにて、一言《ひとこと》の語を交《かわ》す能《あた》はず。稍々《やや》ありて、川上氏曰《いわ》く。山下〔源太郎〕収入役は凍死《とうし》せり、真《まこと》に残念なりきと。然れども、之《こ》れ〔を〕見給《みたま》へよと、金庫の格納金《かくのうきん》及び諸株券を示さる〻を見て、村役場の重要物を持参せられしは、不幸中の幸《さいわい》なりと、大に喜びぬ。

暫《しばら》くして、一隻の破船の救助を乞ふもの、江の島〈「江之島」のこと、和田の沖合い、海潟の南西の沖〉の北方に見ゆ。急ぎ救護船を出したるに、船頭岩切《いわきり》長太郎外《ほか》一人を救護し来《きた》れり。而《しこう》して曰《いわ》く。生等〈小生ら〉は、二、三十人と共に海岸に出で、救護船の来るを待《まつ》こと久し。然れども、来る模様なきに依《よ》り、何かあらんやと捜《さが》す内、薪の中に〔松葉〔の中に〕〕、破れたる小船のあるを見付《みつけ》、喜んで破れし個所《かしょ》を着物にて繕《つくろ》ひ、艫《ろ》も梶《かじ》もなければ、板を櫂《かい》となし、漸《ようや》く江の島附近まで来《きた》りしに、斯《か》くは救はれたりと。又曰く。脇〔の〕海岸には、未《いま》だ二十余名残存せり。然れども、少し危険なり。誰《だれ》か救ひ呉《く》れるものなきやと。幸《さいわ》ひ此処《ここ》に十数名の脇《わき》部落青年ありしを以て、之《こ》れ等を励《はげ》まして、脇へ行かしむ。之《こ》れ、即ち最後の救助船なり。

夫《それ》より一時間位後、高山〔静二？〕書記と共に、収入役〈山下源太郎〉の死体を、垂水町まで護送し、仝《どう》日共同墓地に埋葬す。〔その〕後、余は家族を尋《たず》ねんと柊原《くぬぎばる》〈垂水と花岡のほぼ中間〉に赴き、六時〔に〕漸《ようや》く尋ね得たりしが、未《いま》だ語を交《かわ》さゞる内に、大地震襲来し、悲惨の声八方《はっぽう》に充《み》つ。而して避難民の多数は、津波の来るならんなどと、花岡《はなおか》村〈垂水・新城《しんじょう》よりさらに南方、現鹿屋市に属す〉方面指《さ》して逃げ行けり。然れども、余〔の〕一族は、揃《そろ》つて麦畑に、一夜を明《あか》すことゝしぬ。

④溶岩流出

明くれば、一月十三日早朝、人の噂《うわさ》に天神山（海潟《かいがた》にあり）の下《した》に、死体浮き上《あが》り来《きた》れりとの事に、余《よ》〈わたし〉は必定〈疑いを容れる余地がほとんど無く〉、大山〔矢一〕書記の死体ならんかと、急ぎ天神山に行きしに、何も見当《みあた》らざりき。其時《そのとき》桜島を望見《ぼうけん》するに、黒煙盛《こくえんさかん》に噴騰《ふんとう》〈ふきだしあがる〉するを見るも、仝日《どうじつ》までは溶岩《ようがん》の流出を認《みと》めず。

翌十四日に至り、脇の上《うえ》約二町〈約二一八メートル〉の所に、丘陵の如きものゝ出現を見る。之《こ》れ溶岩の流出〈原文は「流失」〉ならん。其時までは、黒煙を噴《ふ》きつゝあるに因《よ》り、単に山火事位《ぐらい》のものと思ひ、其丘陵の如きが溶岩なりとは、数日後、之《こ》れを知れり。

余始《はじ》め、溶岩なるものは、爆発と同時に噴出するものと思ひしを以て、二日間位も有村に異状なきを以て、単に火災を起す位にて止むことゝ思ひしに、三日の後に至りては驚くべし。溶岩流出、遂《つい》に有村、脇《わき》、瀬戸の全部〈古里《ふるさと》の東側の部落〉を、数十間《けん》〈十間は一八メートル〉の溶岩〔が〕、山と化せしめたり。

当日は、脇・瀬戸〔の〕海岸に、水蒸気の熾《さかん》に噴出するを見《み》、愈々《いよいよ》新島の湧出《ゆうしゅつ》を見るならんと。其《その》結果、津波の来襲《らいしゅう》あらん事を流言し、余も之《これ》を信じ急ぎ柊原《くぬぎばる》に赴き、危険を慮《おもんぱか》り、家族〔を〕引連《ひきつれ》〔て〕花岡村〈新城《しんじょう》の南方、現鹿屋《かのや》市に属す〉へ避難することゝせり。

⑤各村役場及び避難民訪問並に救護運動

一月十五日、避難民収容の各村役場を訪問せんと、早朝出立《しゅったつ》〔す〕。先《ま》づ花岡、〔次いで〕新城《しんじょう》〈垂水と鹿屋の中間の村〉を訪問し、仝村《どうそん》〈新城〉にて川上〔福次郎〕村長に逢《あ》ひ、垂水村に向《むか》ひ、仝地《どうち》に着きしは、午後五時半にして、最早《もはや》日没後なれば、明日村役場を訪《と》はんと、水《みず》の上《かみ》〈現垂水市の町〉収容所を訪《と》ひ、〔その〕後十時頃、故《こ》収入役未亡人を段《だん》〈現垂水市の町〉に尋ね、翌早朝垂水村役場を訪問せんと、馬木と言ふ所まで行きしに、日根野《ひねの》侍従官〈日根野要吉郎《ようきちろう》、一八五三〜一九三二年〉御下県被遊《おんげけんあそばさる》に付《つき》、県庁へ出張せよとの命に接し、軽砂《かるさ》〈垂水村柊原《くぬぎばる》軽砂〉より御派遣の勇良丸にて県庁へ出張せしに、〔肝属《きもつき》〕郡役所も仝《どう》庁にて避難事務〔を〕取扱《とりあつかい》居《お》られり。侍従官は、午後七時何分かの御着車《ごちゃくしゃ》なるも、余は礼服なき為《た》め、川上村長のみ出迎ひに行くこ〔と〕ゝせり。

翌日〈十六日〉は二人共《とも》、随行〔して〕桜島を一周する筈《はず》なるも、降灰《こうはい》甚しき為め延期となり、余は谷山村〈鹿児島市の南部に隣接、現鹿児島市内、多くの島民が避難〉を訪問し、翌日〈十七日〉村長一人随行の任に当り肝属地方へ行くことゝす。

〔十七日〕午前、便乗し垂水に赴くや否や、本郡地方へ避難せし者は、収容所を皆放逐《ほうちく》せりと。何とか救護の道を講じ給《たま》はれよと乞ひしを以て、余は中野〔金次郎？〕書記を引連れ新城村へ赴き、野添《のぞえ》〔八百蔵〕書記を尋《たず》ね、両人をして垂水村に赴かしめ、其不都合を訴へ、引続て救護を乞ひ、余は新城村長に面会し、避難民放逐の事実なりやと問へば、決して然る事なしと。然らば引続き御救護あらんことを願ひ、早速仝《どう》村を辞し、花岡村長〈新城村の南方の村〉へ仝断〈引続き救護を願っておいた〉。夜に至り仝村古里へ避難せし松山〔次郎〕書記を尋ぬ。

翌日〈十八日〉、鹿屋町役場へ赴き救護上の件を相談し、郡役所にて一科長に面会し、〔余が〕垂水地方は避難民収容者を放逐《ほうちく》せしやの噂《うわさ》あり。若し事実なりとすれば、引続《ひきつづき》救助すべき旨《むね》、御通諜《ごつうちょう》あらんことを願出《ねがいで》せしに、科長曰《いわ》く。本吏《ほんり》〈吏員《りいん》の私〉も斯《かか》る噂を聞きし故《ゆえ》、昨夜不都合〔である旨〕を打電し、本朝〈本日あさ〉川上郡書記を出張せしめたりと。余は其《その》厚意を謝し、仝《どう》所〈郡役所〉出立《しゅったつ》。花岡へ返る〈原文の「返り、」を「返る。」に訂正〉。

翌日〈十九日〉、垂水村役場を尋《たず》ね、〔担当者に〕従来の事件を語り、今後の救護方を依頼し、夫《それ》より高山〔静二？〕、松山〔次郎〕、中野〔金次郎？〕の各書記〔を〕仝行《どうこう》〔して〕、川上〔福次郎〕村長を新城〈垂水と鹿屋の中間の村〉へ尋ね、野添《のぞえ》〔八百蔵〕書記の仮宿にて吏員《りいん》会議を開き、今後の措置《そち》を協議す。

翌日〈二十日〉、仮村役場を新城村《しんじょうむら》役場の一室に置き、避難事務を取ること、したり。

翌日、即〔ち〕一月廿一日、松山〔次郎〕書記〔を〕仝行〔し、〕肝属郡《きもつきぐん》役所に行き、避難民〔の〕目今の居住地及び今後の移住希望地を届出《とどけで》る様、各町村長へ御依頼あらん事を仝郡一科長へ依頼す。

其後は、毎日〔新城村《しんじょうむら》役場内の〕仮役場に於て、事務に従う。数日を経て、大山鹿児島郡長・中山熊毛《くまげ》郡長・臼井県技手・其他三、四名〔の〕県郡吏員〔が〕出張せられ、移住地選定の注意を与へらる。其《その》示されし移住希望地は、熊毛郡中割《くまげぐんなかわり》官山・国上《くにがみ》官山〈この両官山は種子島のもの〉、肝属郡大中尾《きもつきぐんおおなかお》官山・内之牧《うちのまき》官山・名辺迫《なへざこ》官山・北野官山・大野原《おおのばる》官山、其他なり〈「官山」とは官有山〉。

而《しこう》して、二月十四日に至り、新城村役場を解き、東桜島村湯之《ゆの》に村役場を置き、普通事務を執《と》ること、なり、村長以下各吏員〔は〕仮村役場を引上《ひきあげ》たり。

⑥移住事務

村長以下の書記は、普通事務を執ること、なり桜島へ引上げ〈後日、湯之《ゆの》に村役場を置いた[4]〉、余〔は〕猶《なお》肝属郡内に残り、移住事務に従ふこと、なり、事務所を垂水村柊原軽砂《くぬぎばるかるさ》に置き、日々之に従ふ。夫《それ》より層一層多忙《たぼう》を極《きわ》め、東奔《とうほん》西走。今日花岡にあると思へば、明日は鹿児島へ行くと云ふ有様にて、又一方避難民に於《おい》ては、移住地の希望替《きぼうがえ》をなすあり。或は指定移住出願《しゅつがん》を取消《とりけし》〔て〕任意移住を願出《ねがいいで》て、又は任意移住を指定移住に願出《ねがいい》づるありて、其《その》困難〔は〕筆紙《ひっし》に尽《つく》し難《がた》し。

始《はじ》め提出したる希望地調査を見るに、県の指定したる官有地移住者九分《ぶ》五厘《りん》。願書提出の際は、九分位なりしが、三月中旬頃は、約半数に減じ（但《ただし》溶岩部落のみ）、四月上旬に至り、又々八分通りとなり、残る二分は任意移住、即ち下作《げさく》移住なり〈下作人、即ち小作人としての移住〉。

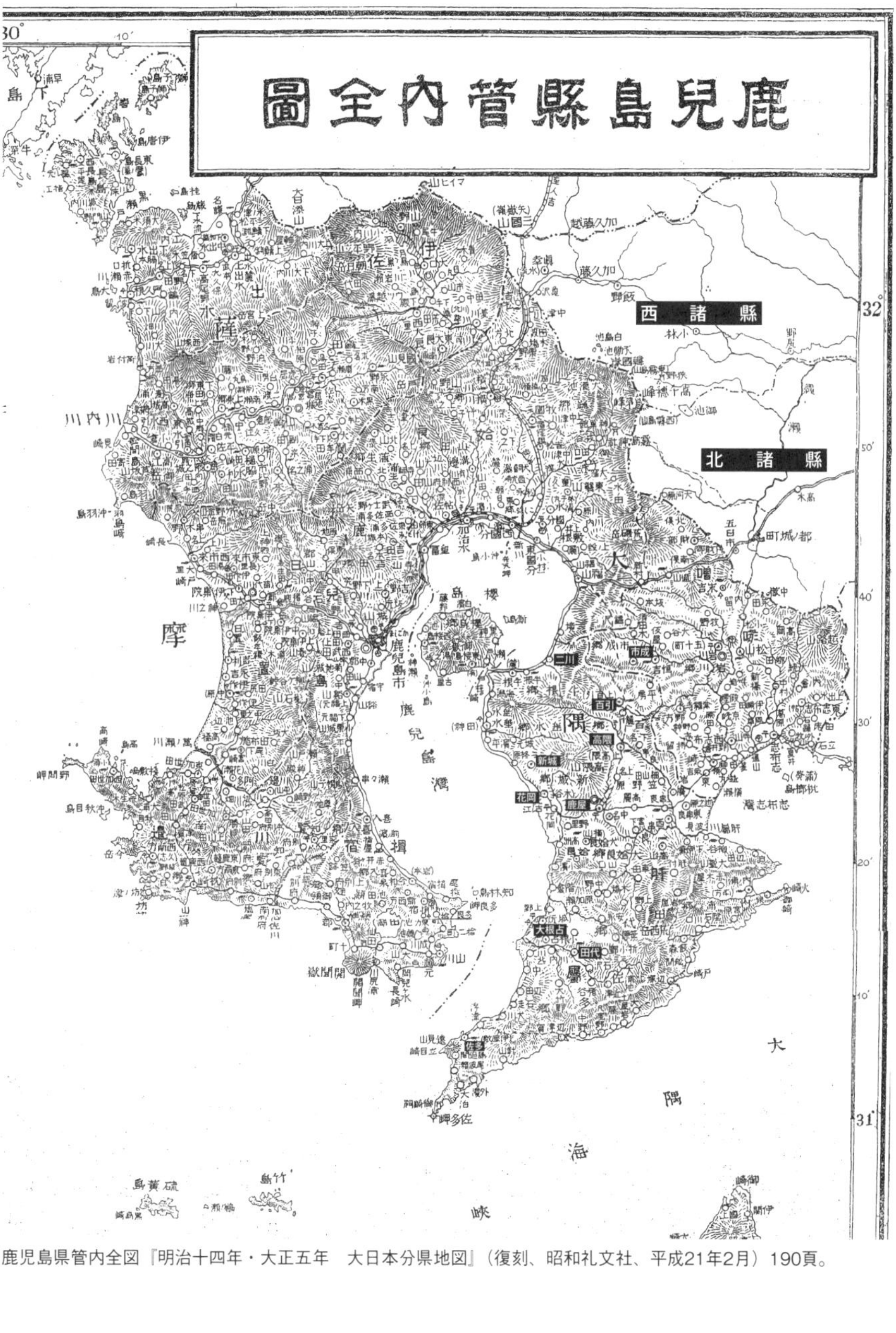

鹿児島県管内全図『明治十四年・大正五年　大日本分県地図』（復刻、昭和礼文社、平成21年2月）190頁。

⑦指定地移住（官有地）(5)

三月二十七日、第一回種子島《たねがしま》〈熊毛郡《くまげ》北種子村〉へ瀬戸〔村民〕二十二戸〔を〕輸送し、仝月十八日、瀬戸の残部、黒神、有村、古里〔の〕三十戸を先発隊として、各一名宛《あて》の壮丁〈成年に達した青年〉を派遣し、四月上旬之が輸送を終る。右〔の〕内、瀬戸の多数は〔種子島、熊毛《くまげ》郡〕中割にして、他は〔熊毛郡〕国上《くにかみ》官山なり。夫《それ》より先《さ》き、大隅半島南部の〔肝属郡《きもつきぐん》佐多村〕大中尾《おおなかお》官山〔が〕先《ま》づ許可され、次に〔肝属郡花岡村〕北野、田代《たしろ》〈肝属郡田代村内之牧《うちのまき》〉、〔肝属郡大根占村《おおねじめむら》〕名辺迫の順にて許可され、夫々先発隊として、各戸一、二名宛の壮丁を遣《や》り、小屋掛《こやがけ》をなさしめ、二週間又は三週間にて輸送し、第一に田代を了し、北野、名辺迫《なべざこ》、大中尾の順にて完送せり。于時《ときにおいて》、大正三年五月二十三日なり。

官有地移民表（〈 〉は稿者が加筆）

旧大字別＼移住地	種子島〈熊毛郡〉	大中尾《おおなかお》〈肝属郡〉	田代《たしろ》〈肝属郡〉	名辺迫《なべざこ》〈肝属郡〉	北野〈肝属郡〉	日奈森《ひなもり》(6)〈宮崎県〉
有村	七	○	○	○	五一	○
脇	○	一	四二	○	一七	○
瀬戸	二五	一七○	二二	○	六	○
黒神	一九	五一	○	七一	二	○
其他	一六	○	○	○	一一	七

〈稿者による移住戸数の集計〉

戸数合計	六七	二二二	六四	七一	八七	七

〔註〕

（1）竹下助役の村民としての生活、人となり、桜島爆発後の竹下自身の対応などについて、当時書記であった野添八百蔵は、次のような回想を残している。

垂水へたどりついたとき親切にしてくれた竹下助役には、有名な後日談があるので、それを紹介してみたい。彼は有村の中心部にある一等地に立派な住宅を構え、有村において指折りの素封家を気取り、当時数軒の貸別荘を持ち、裕福な生活を営んでいたのである。その時代の役人には珍らしく、事業家肌の人物であったといえる。

と述べた後、新しい役場（「湯之《ゆの》」に設置）完成祝賀会の開催準備会でのことを語っている。

その席で話が爆発の避難にも触れたとき、或る議員が立ち上がり、「竹下助役は爆発の日には出勤しないで、早々避難してしまったそうであるが、余《あま》りにも無責任なやりかたではないか、あの時の助役の行動は明らかに職場放棄と思うが、助役の気持ちを聞かせてほしい」と、語気するどく詰《なじ》った。（中略）皆の衆が固唾《かたず》を呑《の》んで待つ中《うち》に、竹下助役は悠然《ゆうぜん》と立ちあがりおもむろに口を開いた。

その後、竹下助役は「尾生《びせい》の信《しん》」という、古代中国の魯国《ろこく》の姓・尾、名・生という正直な若者の話をしたという。その話の概要は、「或る日、尾生《びせい》は恋人と待ち合わせていた橋の下に、早めに出かけて待っていた。しかし、その頃から雨が降り出し、どんどん水かさが増していった。恋人が来ることを信じて、橋の下で彼女を待ち続け、遂に彼は水に流されてしまった。その翌日、下流で尾生《びせい》の水死体が発見された。それを見た村人たちは、馬鹿正直にも程《ほど》があると評した」というものであった。

この話に引き続き、竹下は、

――不肖《ふしょう》竹下清治は助役として最後まで測候所の判断を信頼せず、十二日の爆発寸前に身の危険を感じたので難を対岸にのがれ、海潟《かいがた》に待機して避難者の救護に微力《びりょく》を尽くしたつもりであります。しかしながら村長の指示を待つことなく島を脱出した私の行為については、その責任を免《まぬが》れようとは思っておりません。この上は何なりと皆様のご整序〈秩序立てて筋が通るように整える〉を仰ぎたいと思っております。今後、私共の子孫が尾生の轍《わだち》を再び繰りかえさないことを念《ねん》じて私の所信とします〈海潟は、大隅半島の戸柱崎と垂水のほぼ中間の集落〉。

と述べたという。野添は竹下の話の後、この準備会のその場の様子を、「これを聞いた並《な》みいる人達は、唯々《ただただ》感じ入《い》って声を呑《の》むだけであった」と結んでいる〈以上は野添武志著『桜島爆発の日　大正3年の記憶』（南日本新聞開発センター、昭和五十五年初刷、平成二十四年十二月改訂増補版）七六〜七九頁、参照〉。

噴火当時からの竹下の行動に対して批判的な村民達も、この竹下の答弁以降は、おそらく少なくなったのではないか、と想像される。噴火以降の大変な避難の体験をした東桜島村の人々は、きっと竹下氏の行為を許容したものと信じたい。数回の決断の機会を逸し、早めに自主避難命令を出さなかった村長川上福次郎の行動が問題であった。

（2）野添武志著『桜島爆発の日　大正3年の記憶』六五〜七〇頁に、野添八百蔵が入水から救助されるまでの体験を回想した文を記す。

（3）註（2）の書籍、六五頁の野添八百蔵による回想文、参照。野添らが、脇部落の海岸から目指した所は、「咲花平」ではなく、「戸柱鼻（戸柱崎）」であったとする。

（4）註（1）を参照。新役場を「湯之」に建設し、完成祝賀会が開催される前段階の有志による集会が持たれた事について述べられている。

（5）指定地移住を行った島民や大隅半島の人々（指定地移住者）の、移住地とその戸数について、それを表にしたものが、次のものである。これらの人々（約千戸の人々）の多くは、入植した土地で山林を開き、農地を作って、生活を支えていった。また種子島では、山林の開墾と共に、漁場の開拓も行われた。入植地で生活が安定するまで、人々の艱難辛苦は、我々の想像を絶するものであった。（その詳細は割愛）

【桜島と大隅半島の被災者の移住地とその戸数】〈大正四年六月十日現在〉

移住地名＼移住者原籍地名		東桜島村 戸数	東桜島村 人口	西桜島村 戸数	西桜島村 人口	牛根村 戸数	牛根村 人口	百引村 戸数	百引村 人口	垂水村 戸数	垂水村 人口	市成村 戸数	市成村 人口	西志布志村 戸数	西志布志村 人口	合計 戸数	合計 人口
肝属郡	北野	八八	五四一													八八	五四一
	名辺迫	七一	四六三													七一	四六三
	内之牧	六四	四〇七	二八	一六八											九二	五七五
	大中尾	二二三	一、四二九					二一	一一〇							二四四	一、五三九
	大野原			二一	一三四					六三	三五二					八四	四八六
熊毛郡	中割	二八	一九九	一七八	一、一三一											二〇六	一、三三〇
	国上	三四	二一六	四一	二三七	三	一二	二〇	九三			一	四	一	五	一〇〇	五六七
	現和	四	二三	三九	二六六											四三	二八九
宮崎	夷守	七	四七	三四	二二九							一一	五二			五二	三二八
	昌明寺			一二	七三											一二	七三
朝鮮				一〇	五四											一〇	五四
計		五一九	三、三二五	三六三	二、二九二	三	一二	四一	二〇三	六三	三五二	一二	五六	一	五	一、〇〇二	六、二四五

〔註、①、鹿児島県編発行『桜島大正噴火誌』（昭和二年三月発行）三九二〜三九三頁、「第一号　表　指定地移住戸数図（大正四年六月十日現在）」により作成。②、西桜島村から大野原への移住戸数を「二十二」とするが、これを「二十一」に訂正。垂水村からの移住戸数の計を「六十二」とするが、これを「六十三」に訂正した。〕

〈表中の地名について、簡単な解説をしておきたい。「北野」は鹿屋に近い花岡村にあり、現花里部落。「名辺迫」は大根占村《おおねじめむら》にあり、現桜原地区。「内之牧《まき》」は田代《たしろ》村にあり、現錦江町に属す。町域の大部分は山地で、北に大根占町、東に内之浦町、西に根占町、南に佐多町がある。「大中尾《おおなかお》」は佐多村にあり、現南大隅町の一地区。「大野原《おおのばる》」は垂水村に属し、現垂水市の市域東部。種子島の「中割《なかわり》」「国上《くにがみ》」「現和《げんな》」は北種子《たね》村にあり、現西之表市に属す。「夷守《ひなもり》」は宮崎県西諸県郡《もろかたぐん》の小林村の大字で、現小林市の大王集落。「昌明寺」は西諸県郡《もろかたぐん》の真幸村《まさきむら》の大字。現えびの市に属す。〉

【桜島と大隅半島の被災者で任意移住希望者の移住地とその戸数】〈大正十四年六月十日現在〉

村名	県内	宮崎県	東京府	大阪府	兵庫県	佐賀県	計
東桜島村	二九九	一					三〇〇
西桜島村	七四九	七四	三	二	一	一	八三〇
牛根村	四二四	二二八					六五二
百引村	一三八	八六					二二四
市成村	一〇	八					一八
野方村	一九	一					二〇
高隅村	二〇	二					二二
計	一、六五九	四〇〇	三	二	一	一	二、〇六六

〔移住地の詳細〕

一、県内移住地　　鹿児島市、鹿児島郡、揖宿郡、川辺郡、日置郡、薩摩郡、出水郡、伊佐郡、曽於郡、肝属郡、熊毛郡の一市十郡

二、宮崎県　　西諸県郡、宮崎郡、南那珂郡、児湯郡、東臼杵郡、西臼杵郡の以上六郡

三、佐賀県東松浦郡、大阪市、東京市、神戸市であった。

なお、任意移住戸数は二〇六六戸であるが、任意移住者数は一四、五八七人である。

〔註、①、鹿児島県編発行『桜島大正噴火誌』（昭和二年三月発行）三九三頁、「第二号表　任意移住戸数図（大正十四年六月十日現在）」により作成。②、任意移住の総人数は同書三九二頁を、移住地の詳細については三九三頁を参照。〕

（6）「日奈森」は、「夷守《ひなもり》」と漢字表記すべきところを、誤った漢字を使用している。

三、東桜島村の碑文「桜島爆発記念碑」

《「桜島爆発記念碑」は、現在「東桜島小学校」の校庭に存在する。なお原文は片仮名を使用しているが、ここでは読み易くするために、平仮名を使用した。〈　〉は補足。》

大正三〈一九一四〉年一月十二日、桜島の爆発は、安永八〈一七七九〉年以来の大惨禍《さんか》にして、全島猛火《もうか》に包《つつ》まれ、火石落下し、降灰《こうはい》天地を覆《おお》ひ、光景惨憺《さんたん》を極《きわ》めて、八部落を全滅せしめ、百四十人の死傷者を出せり。其《それ》爆発〔の〕数日前より、地震頻発《ひんぱつ》し、岳上は多少崩壊《ほうかい》を認《みと》められ、海岸には熱湯湧沸《ゆうふつ》し、旧噴火口よりは白煙を揚《あげ》る等刻々《こくこく》容易ならざる現象なりしを以て、村長は、[1]数回測候所に判定を求めしも桜島には噴火なしと答《う》ふ。故《ゆえ》に村長は残留の住民に狼狽《ろうばい》して避難するに及ばずと諭達《ゆたつ》〈官よりのふれ〉せしが、間もなく大爆発して、測候所を信頼せし知識階級の人、却《かえっ》て災禍《さいか》に罹《かか》り〈災禍をこうむり〉、村長一行は難《なん》を避くる地なく、各身《かくみ》を以て海に投じ、漂流中、山下

東桜島村の桜島爆発記念碑。東桜島小学校内

収入役[2]、大山書記[3]の如《ごと》きは、終《つい》に悲惨《ひさん》なる殉職《じゅんしょく》の最期《さいご》を遂《と》ぐるに至れり。本島の爆発は、古来〔の〕歴史に照《てら》し後日復亦免《ごじつまたまたまぬが》れざる〔こと〕は必然のことなるべし。住民は理論に信頼せず[4]、異変を認知する時は、未然《みぜん》に避難の用意、尤《もっと》も肝要《かんよう》とし[5]、平素勤倹《きんけん》〈一生懸命稼《けんめいかせ》ぐと共に、無駄遣《むだづかい》をしないよう努力し〉産《さん》を治《おさ》め、何時《なんどき》変災に値《あう》も、路途〈「路頭《ろとう》」が適当〉に迷《まよ》はざる覚悟《かくご》なかるべからず。茲《ここ》に碑を建て以《もっ》て記念とす。

大正十三年一月　　　　東桜島村

〔註〕

（1）村長とは、「川上福次郎」のことである。本書第四章の一の「小学校校長、石川巌《いわお》の体験報告書」を、参照。

（2）山下収入役とは、「山下源太郎」のことである。註（1）石川巌の報告書を、参照。

（3）大山書記とは、「大山矢一」のことである。註（1）石川巌の報告書を、参照。

（4）「住民は理論に信頼を置かず」の意味。

（5）「住民は理論に信頼せず、・・・尤《もっと》も肝要とし、云々」と言う表現になった経緯について、野添八百蔵（爆発当時は書記、後に川上の後任として村長就任）は、記念碑文の作成過程について、村長時代の次のような興味深い体験を語っている。

村議会の際、一議案として碑文の件を提案したのであるが、口を揃《そろ》えて飛び出す言葉は、測候所に対する不信感であった。そして碑文には「測候所の判断には決して従うことなく、急いで避難せよ」という文を入れるべきだとの意見がまとまり、後に村長〈野添八百蔵〉に一任するということで終わった。その翌日私は鹿児島新聞社（南日本新聞社の前身）にそのことを依頼したところ、新聞社は快《こころよ》く引き受け数日後、牧暁村という歳の頃四十歳位の記者が訪れた。私が全員の総意をくわしく話すと、記者からも更に私に向って問いかけがあるなどして、記事をとって帰られた。数日経って持ってこられたのが次の碑文である。（中略・・・「碑文部分」）

ところが、あれ程強調した点、即ち、異変が起ったら測候所を信頼しないで急いで避難せよというくだりの文句がはいっていないので、その点を記者に問いただしてみると、測候所の体面もあることだし、このことばに替《か》えたと、示されたのは「理論ニ信頼セズ」異変ヲ認知スル時ハ、未然ニ避難ノ用意、尤《もっと》モ肝要トシ・・・であり、測候所と言うことばが「理論」ということばにぼかされていた。人に頼んだ手前、不満も言えず、そのまま現在の碑文となったのである。〈野添武志著『桜島爆発の日　大正3年の記憶』一八一〜一八三頁、参照。〉

この野添八百蔵氏の回想によると、「測候所の判断には決して従うことなく、急いで避難せよ」という文句、あるいは「異変が起ったら測候所を信頼しないで急いで避難せよ」という文句がはいることが、東桜島村住民の望んだ表現であった。彼等の強い意思は、上記のような事情から、碑文の中に十分に生かされていない。こうした事情を踏まえると、我々は当時の村民の思いを汲《く》んで、今日この碑文の文意を改変して読むべきであろう。そうすることが、自己を災害から守っていく知恵になっていくものと思われる。即ち、自然災害に対しては、平素から備えをして公的機関の指示を期待しない。まずは、自己責任で早めに非難することが肝要ということであろう。

第五章　西桜島村における体験

一、赤水集落避難記、橋口新蔵体験談

《野添武志著『桜島爆発の日　大正3年の記憶』（南日本新聞開発センター、昭和五十五年初刷、平成二十四年十二月改訂増補版）八一～一〇五頁の「赤水集落避難記、橋口新蔵体験談」から、注目される一部を採録して解説する》

赤水は横山の南部にあった集落で、この両集落共に溶岩流によって、多くの建物が焼失したり埋没した。その沖合いにあった烏島《からすじま》も溶岩に呑《の》み込まれ、現在は陸地化して桜島の一部になっている。「体験談」によると、この赤水集落の網元《あみもと》（六隻の船を所有）をしながら、半農半漁の暮らしをしていたのが、橋口家の人々であった。父母と橋口新蔵氏夫婦、その子供達などが同居していた。

ところで小生は、西桜島村に居住した人々の手になり、かつ小生の関心を引く、桜島大爆発直後の詳細な避難の体験記に出会えなかった。管見の限り、能勢久の「噴火日記」や桜洲尋常・高等小学校の校長、鶴留盛衛の県への報告を除いて出会えなかった。桜島大爆発直後に書かれた詳細な「体験記」が現存しているのなら、ぜひ読んでみたいものである。今後どなたかが、「体験記」を発見されることを待望してやまない。

西桜島村に居住した人々が、詳細な体験記を残さなかった背景や原因には、様々なことが想像される。最大の背景や原因の一つは、西桜島村の対岸が鹿児島市であったことが大きく関わっておろう。避難方法、避難先での

生活、早い救助船の到着、火山灰の飛来量の違い（偏西風の影響で東側に火山灰が多く降る）など、多くの点で東桜島村の人々より恵まれていた。鹿児島市に近いことから、また経済的にも恵まれていた。農産物・漁獲物の販売、観光業などで、東桜島村の人々より有利で、そのため経済的に豊かでもあった。こうした違いから、「体験記」を書こう、あるいは「体験記」を後世に残そう、という強い意志が十分に働かなかったのかもしれない。

二つめに、太平洋戦争中に鹿児島市内がほぼ全焼したことによって、市内に保存されていた記録文書類が焼失し、今日「体験記」が見られなくなったのかもしれない。例えば小生の体験では、県立第二高等女学校や女子師範学校の同窓会資料が、戦火で焼失してしまい、その多くを見ることができなかった。これらの学校関係者が残された資料を、その御子孫が県立図書館か県立甲南高等学校（ここが同窓会を継承）に寄贈していただければ幸甚である。

このように、管見の限り西桜島村の「体験記」があまり見られなかった。そこで体験から六十年以上後の「体験談」ではあるが、ここに橋口新蔵氏の体験談を紹介したい。「赤水集落避難記、橋口新蔵体験談」の内容は、以下のようなものである。

「私の家は八田網漁業（ザコ網ともいう）をしていました。（中略）十日の夕刻、夕飯を食べる時、小さな地震がしました。小さな地震は二～三年前から桜島では、よく起こっていましたので、さして気にも留めませんでした。（中略）ところが夜明け〈十一日〉近くなると、地震のゆれと一緒に、ゴーッと言うような、グワラグワラと言うような、地鳴りとも地響きとも知れない音に目がさめ、妻のカメヅル（二十歳）となんの音だろうかと不安になりはじめたのです。

十一日は、（中略）買い込んでいた油カス（肥料）〈窒素肥料で、菜種などから油を絞ったカス〉を受取りに、鹿児島へ船で出発する予定になっておりました。六時半頃起きて、自宅の前の井戸で顔を洗おうと庭へ出ると、私より早く起きていた父が「北岳《きただけ》が大層な崩れ方をしている」と言うのです。山を眺めてみると、北岳の八合目から上の崖が、地響きをあげて崩れてくるところでした。（中略）桜島が爆発するなどとは、夢にも思っていませんでした（中略）予定どおり鹿児島から油カスを運搬するため、（中略）鹿児島へ網船《あみぶね》の親舟を四丁櫓《ろ》〈四本の櫓で漕ぐ〉で漕いで海をわたりました」（八二～八三頁）

橋口氏はこのように、大正三（一九一四）年一月十一日の夜明けから、これまでとはちがう、桜島の異常が発生していたことを、回想している。そして同日午前六時半すぎに、彼の父と共に、「北岳の八合目から上の崖が、地響きをあげて崩れてくる」様子を、実見したという。しかし、長年桜島に居住しながらも、「桜島が爆発するなどとは、夢にも思っていませんでした」というように、爆発・噴火を想定できなかった。翌日午前十時過ぎには、爆発に留まらず、噴火によって集落が溶岩流に襲われた。さて十一日午後から夜にかけては、赤水では次のようなことがあったという。

「〔鹿児島市で〕舟に油カスを三十俵ぐらい積み、また桜島へむかいましたが、北岳は連続的に砂煙《すなけむり》をあげ、ゴーッゴーッと崩れるのが海上から手にとるように、よく見えていました。その日の午後四時頃、赤水に着き、積んできた油カスを自宅の倉庫に運びいれていると、村ではすでに避難騒ぎが始まっていました。

（中略）

そこで私共も、これはいかんという訳で、避難の準備をしていると、赤水の青年会から、測候所は、「地震は桜島が原因でないから急いで逃げなくてもよいから安心せよ」と言っていると布令が廻ってきました。私共もそれでいくらか安心しましたが、気の早い人達は、その晩のうちに鹿児島へ、どんどん逃げてゆくありさまでした。

（中略）夕方の六時頃から山崩れの音と地鳴りは一層ひどくなり、地震も上下動をまじえて強くなりました。父が「こんなに強い地震では、何時《いつ》、家が崩れるか心配だし、それに何時、急に逃げないとならないかも知れないから、身の回りの品物や食糧と先日染《そ》めてまだ濡《ぬ》れている網《あみ》も商売道具だから船に積んでおけ」と言ったので、積めるだけの家財道具を積むことにしました。

（中略）私の家では、（中略）この頃も大小六隻の網船がいました。この六隻に、私共、母や子供、それに父方母方の親戚の人々を分乗させて船の上で一泊しました。私共の他にも、船泊り〈船中で夜を過ごす〉の集落民が多かったようです。しかし、父は一人、留守番として家に残りました」（八四〜八五頁）

十一日の午後四時を過ぎて、青年会の人が、測候所からの話として、「地震は桜島が原因でないから急いで逃げなくてもよいから安心せよ」という布令を伝えてきたという。ところが、夕方の六時頃から、地鳴りや地震がひどくなり、橋口家とその親戚の人々も家財等をまとめて船積みし、島を離れて避難する準備に入った〈橋口家所有は大小六隻〉。そして、船泊りの一夜をおくった。

「明くれば十二日、朝暗いうちから集落の人達は全部海岸に集まって、あちらこちらに焚火《たきび》をして、いつ逃げ出そうかと協議する人や、まだ荷物を持ち出す人、親や子を探す人などで海岸はさながら戦場のようでした。（中略）海岸に出てみると、従弟《いとこ》の新助（二十一歳）などが、神瀬《かんぜ》〈赤水の沖合いの小島〉に渡って様子をみてみようとのことで、私共、親族の乗った六隻の船は、神瀬に向かって相前後して漕ぎ出しました。私の家の前から神瀬《かんぜ》までは一・二キロメートルで、船は二十分ぐらいかかったかと思います。大部分の人が荷物だけは、船に積んだまま、神瀬に降りました」（八六〜八七頁）

十二日の早朝には、赤水の人々の危機感・恐怖感が最高潮に達し、人々は海岸に群れ集まって、今後の行動を決しかね、うろたえていた様が、今日においても想像に難くない。その打開策として、西方の沖合いにある神瀬《かんぜ》まで避難し、桜島の様子を見ようと言うのであった。ところが不幸にも、橋口氏が述べるような最悪な事態を迎えた。避難した神瀬から、桜島を眺めていた橋口氏によると、次のようにして桜島の噴火が起こった。

「しばらくすると、北岳の古畑山の付近から白い煙が筍《たけのこ》のように、スーッと真直《まっす》ぐに上昇してゆきました。それが高くなるにつれて、先が大きくなり、きのこ型の白い雲になりました。これを神瀬《かんぜ》〈赤水の沖合いの小島〉で見ていた人は、スワッ、桜島の爆発と、悲鳴をあげ、船に急いでかけ乗りました。その間に煙は消えて無くなり、桜島はもとの姿にかえりました。

（中略）それから、しばらく経って、丁度、午前十時頃だったと思いますが、引ノ平権現《ごんげん》のところから、モクッと今度は真っ黒い煙があがったと思うと、それが、どんどん大きくなり、ものすごい音がして爆発したのです。今度は本物の噴火だと誰の目にも、はっきりとわかりました」（八七頁）

このように、一月十二日、午前十時頃（十時五分）、引ノ平権現のあたりから噴火した。東桜島の鍋山《なべやま》噴火より十分程早かった。こうして桜島大正大爆発が始まり、多くの被災者をだし、やがて人々の苦難の日々（避難生活、移住生活など）をもたらした。噴火だと確信した人々は、神瀬《かんぜ》から鹿児島市方面へ避難を始めた[1]。

「私共は、我《われ》先にと船に飛び乗り、鹿児島めがけて漕《こ》ぎ出しました。船には濡《ぬ》れた網《あみ》を積み、その上、三十人も乗り込んでいるので、外板のスリ板一杯まで吃水線《きっすいせん》〈船が浮かんだ時の水面ぎわの線〉がきて、非常に危険な状態でした。その日の海は油を流したように静かで、風ひとつないのが何よりの神の助けでした。

私共の船は四丁櫓《ろ》で、男も女も一生懸命に漕《こ》ぎましたが、船は積荷が重いので思ったように走りません。そのうちに、鍋山《なべやま》の方面も噴火〈十時十五分頃〉して、ますます、ものすごい爆発となり、噴石や雷や鳴動など、口では言い表わせない光景でした。

そのうちに、噴煙は私共の舟の上にも、かぶさって来ました。あの煙に巻かれたら、毒ガスがあり、死ぬものと思っていましたので、女や子供は泣き叫びました。私共は、この噴煙から少しでも遠ざかるため、沖へ沖へと、男も女も老人も、一丁の櫓に二人も三人も、かかって漕ぎました。噴煙と稲妻と、轟々《ごうごう》たる爆音が後から追いかけてくるようで、もう足も腰もかなわぬ思いでした。

（中略）やがて十二時過ぎ、鹿児島市・鴨池の商船学校〈鹿児島商船水産学校、正しくは下荒田町の海岸にあった、天保山と鴨池競馬場の間〉の下の砂浜に漕ぎつけたのです。全員ぐったりと疲れていました。しばらくすると、私共と同じように、船でこの浜に逃げて来た数百人の避難民と共に、商船学校に収容されました」（八七〜八八頁）

鹿児島湾を手漕《てこ》ぎの船で渡って、下荒田町の海岸にたどり着き、そこにあった鹿児島商船水産学校に収容された。この学校に、島の避難民が数百人収容されたという。実際の避難者の人数は、商船水産学校で六百名、近くの八幡尋常小学校〈大瀬秀雄宅の近所〉で百数十名を収容して世話をしたようだ(2)。十二時過ぎに、学校にたどり着いたというので、橋口氏らはほぼ二時間、船上にいたことが窺《うかが》える。現在は、フェリーで十五分程で桜島に渡れるので、隔世の感がある。ともかく、橋口家の人々は、大変な思いをして鹿児島市まで避難してきた。この後、橋口氏とその父親は、自家の船とその船に搭載してきた魚網《ぎょもう》を、安全な場所に避難させる必要があった。

「父と私は（中略）安全な避難港をと思い、天保山の荒田川へ行ってみましたが、この川は、干潮時《かんちょう》だったので入港できず、仕方なく引き潮《しお》にのり、谷山方面に下り、夕方頃、谷山の永田川にたどり着きました。

この川をさかのぼり、最初の石の橋の下をくぐり抜けたその時、大音響と共に、このくぐり橋の石の欄干がくずれ落ちてきました。もう少しのところで船も人も、木っ葉微塵《こっぱみじん》になるところでした」（八八〜八九頁）

谷山〈鴨池の南方、現鹿児島市〉に船を停泊するため、その地の永田川をさかのぼって最初の石橋をくぐり抜けた直後、石の欄干《らんかん》が崩《くず》れ落ちてきた。火山性地震が打ち続くなか、鹿児島市方面では様々な建造物、特に石造建築物が多大な被害をうけた(3)。このように橋口氏とその父親は、谷山で石造建築物が崩れる現場に遭遇し、危機一髪で難を逃れたことを回想している。この欄干崩壊に遭遇した体験は、橋口氏にとって「肝《きも》が冷えた」と形容されるものであったのであろう。半世紀以上前の体験でありながら、なお忘れられない、まざまざと思い出す、恐怖体験の一つになったことが窺《うかが》える。この回想の後に、一月十八日頃に帰島し、その時に見た赤水の様子を述べているが、それらは話題の重複を避けるために、本書では一切割愛する。

〔註〕

（1）『鹿児島朝日新聞』（大正三年二月十日）三面の「罹災《りさい》〔島〕民救助人員調」によると、この頃（二月初め）の救助を受けている罹災民の人数は、県庁による調査概数では、次のようなものであったという（総計は一万八千五百五十三人（註））。

【鹿児島市】四、三三〇人（註）
【鹿児島郡】五、二七八人　〈西武田（三一〇）、中郡字《なかごおりあざ》（一一八）、伊敷（三、二七〇）、吉野（二〇七）、吉田（一六三）、谷山（一、二一〇）〉
【日置郡《ひおきぐん》】一、六五五人　〈伊作《いざく》（一八三）、串木野（九七）、東市来（一三九）、郡山（一九三）、下伊集院（三四四）、日置（八五三）、吉利《よしとし》（五）、中伊集院（二二九）、上伊集院（三八〇）〉
【伊佐郡《いさぐん》】八〇人　〈菱刈（三九）、東太良《ひがしたら》（四一）〉
【姶良郡《あいらぐん》】二、九二四人　〈加治木（七三八）、重富（四三五）、蒲生《かもう》（四七二）、山田（一八四）、溝辺《みぞべ》（六一）、帖佐《ちょうさ》（三三六）、横川（二七）、栗野《くりの》（一〇八）、吉松（六四）、西襲山《にしそのやま》（六九）、福山（七六）、国分（二七）、西国分（三二七）〉
【曽於郡《そおぐん》】三〇九人　〈恒吉《つねよし》（一八）、市成《いちなり》（三六）、大崎（一六一）、野方（四五）、志布志（四九）〉
【肝属郡《きもつきぐん》】三、九七七人　〈花岡（一一九）、新城（一、五〇九）、鹿屋《かのや》（六七二）、高隈《たかくま》（六八）、姶良（一四三）、

内之浦（一一）、大姶良《おおあいら》（九〇）、高山（一七六）、西串良《にしくしら》（八四）、東串良（五五）、
垂水《たるみず》（一、〇三〇）、大根占（二〇）〉

この整理されたデータによると、現在の鹿児島市とその周辺、さらに伊集院街道で避難した現日置市方面、鹿児島湾に面する現在の霧島市（国分など）から姶良市《あいらし》（加治木、重富にかけて）の集落とその周辺、さらに鹿児島湾岸の現在の垂水市や鹿屋市方面に多く避難した。

以上を人数の多い順（三〇〇人以上）に並べると、鹿児島市（四、三〇三人）、伊敷〈現鹿児島市内〉（三、二七〇）、新城〈鹿屋と垂水の中間の村〉（一、五〇九）、谷山〈現鹿児島市内〉（一、二一〇）、垂水《たるみず》（一、〇三〇）、日置（八五三）、加治木（七三八）、鹿屋《かのや》（六七二）、蒲生《かもう》（四七二）、重富《しげとみ》（四三五）、上伊集院（三八〇）、下伊集院（三四四）、帖佐《ちょうさ》（三三六）、西国分（三二七）、西武田〈現鹿児島市内〉（三一〇）となり、罹災島民救助の上で、こうした場所が、特に大きな貢献をした。

《（註）新聞の原文は「四、三〇三人」とするが、鹿児島県編発行『桜島大正噴火誌』（昭和二年三月）二七五頁上段、により訂正した。また総計も同頁、参照》

（2）『鹿児島新聞』（大正三年一月十三日）三面の「●各方面の避難者」の「▼八幡尋校」と「▼商船水産校」の両記事、参照。『同紙』（大正三年一月二十二日）三面の「●市内惨害状況」の「▼川外方面」〈甲突川右岸〉に「▼下荒田町（中略）八幡小学、商船水産校等別段の事なし」とあり、この両校は大きな被害を受けていなかったようである。そうした場所に、島民七百人以上の人々が、収容されて救援を受けていた。

（3）『鹿児島新聞』（大正三年一月三十一日）二面の「石塀其他の建設物取締に就て」（丸茂《まるも》警察部長談）には、鹿児島における火山性地震の被害とそれを招いた原因について、「今回の鹿児島強震は、実に惨状を極め、市内に於て一時に死者十三、傷者九十余を出し、死者十三名中十名は、石塀崩壊の為に圧死せられたので、石塀は地震の時は実に危険であります。（中略）然し独り石塀のみでなく防火壁、石造建物〈原文は「石造、建物」〉、煉瓦の煙筒《えんとつ》等も、地震に対しては、警戒すべきものでありますが、之れ等はまた防火上には、極めて必要でありますから、絶対に拒絶する訳には行《ゆ》かぬので、結局は耐震耐風の設備が必要なので、従来県下は石材が多いので、至る処に石塀、石垣、石造防火壁〈原文は

「石造、防火壁」〉等を見るのでありますが、耐震的設備は殆んど欠乏して居るので、今回被害を大ならしめた次第であらふと思ひます」と述べる。

二、桜洲《おうしゅう》尋常・高等小学校校長、鶴留盛衛《つるとめもりえ》の県への校務処理報告書

《横山にあった桜洲尋常・高等小学校では、その校長（鶴留盛衛）の指揮のもと、爆発前後にどのような対応がとられたのであろうか。桜島町立桜洲小学校編発行『おうしゅう（桜島町立桜洲小学校創立百周年記念誌）』（昭和五十八年二月）三七〜三九頁に、校長のまとめた「桜島爆発遭難校務処理調書」が採録されている。この史料によると、その対応の一端が垣間見られる。

史料中の傍線は、鶴留盛衛の家族が登場する部分で、彼の家族の動向を窺えて興味深い。また校長のまとめた「桜島爆発遭難校務処理調書」と女子教員、能勢久の「噴火日記」（『大正三年一月桜島大爆震　遭難記』に収録）や第四章の一、校長石川巌の報告書とを比較しながら、読まれる事を希望する。両校長の対応の違いが理解できる。なお片仮名はすべて平仮名に直し、句読点と並列を示す中黒も追加した。

さて「桜島爆発遭難校務処理調書」を紹介する前に、同書三九頁に記されている鶴留盛衛の大正三年二月以降について、「鶴留盛衛の其の後の履歴」と題して、最初に紹介しておきたい。本調書を読まれる時、参考になろう。》

①鶴留盛衛の其の後の履歴

大正三年二月廿六日　坊泊《ぼうどまり》尋常・高等小学校長任命〈坊泊は川辺郡〉
大正三年二月廿八日　事務引継済
大正三年六月三十日　御救恤《じゅつ》金一万五千円下賜
大正四年七月　八日　県慰労金二十円鶴留給与さる
大正三年九月廿一日　県保護協会委員任命
大正七年四月　一日　玉林尋常・高等小学校長任命　兼水産補習学校長〈玉林は川辺郡〉
大正八年十一月　知覧尋常・高等小学校長　兼知覧実科高等女学校長
大正十二年三月　帰郷（頴娃《えい》）村議、町議、議会副議長、議長〈頴娃は揖宿郡《いぶすきぐん》〉
昭和四十四年十二月十八日　死去

以上のように、桜島を離れた鶴留は、現在の南さつま市、南九州市の主に海辺にある村や町の小学校等で校長として勤務し、退官後は故郷の頴娃町《えいちょう》（当時は揖宿郡《いぶすきぐん》、現在は南九州市）で議員として活動した。

②桜島爆発遭難校務処理調書　当時桜洲尋常・高等小学校長　鶴留盛衛

一、桜洲校組成　学級十八　職員二十二名　生徒九百名
二、被害状況

大正三年一月十二日午前十時、学校の東方二三十町の個所突然爆発。十三日にかけて、火柱衝立《しょうりつ》溶岩迸《ほう》出《しゅつ》して全部落《ぶらく》、灰燼《かいじん》に帰し、校舎倒潰《とうかい》失せしも、御影《ごえい》・詔書・勅語・重要書類・簿冊等は、無事奉遷搬出を了し、全職員・生徒も亦幸《さいわい》に危難を免《まぬが》れたり。

三、爆発前処置

海底電話線により、測候所に対し地震観測状況を問合《といあわせ》すること数回。応急方案を立て、職員の部署を定め、逃げ後《おく》れたる学童を保護避難せしめ、長男と親子止まりて、学校の警衛《けいえい》に任ず。

四、貴重品の警衛奉還

処置は、此際苟《いやしく》も、軽忽《けいふつ》〈軽んじ、ゆるがせにする〉の挙に亘《わた》る〈およぶ〉可《べか》らず。慎重最善の方法に出づべきを覚悟し、御影・勅語・詔書等は白布に包みて、早朝校庭に奉安警衛したりしが、愈々《いよいよ》爆発を見るや否や、直《ただち》に捧《ささ》げて避難船に乗り込み、職員上山氏並《ならびに》村吏二、三と同船し、背後大木を抜き、巨石を飛し、噴煙濛々《もうもう》頭上を圧し、来らんとする危険を見ながら、極力舟を進めて、鹿児島港桟橋《さんばし》に着岸し、旧職員松元伊八氏の迎《むか》ふるあるに会し、直《ただち》に腕車《わんしゃ》〈人力車〉を呼び、一路親《みずか》ら鹿児島郡衙《ぐんが》〈郡役所は県立病院の北東、鹿児島本線沿いの県立病院側〉に馳《は》せ、其旨を告げて奉安を了せしが、郡当局は、既に救護船を派したる後なりき。

警戒の一面、昼間は生徒・職員の避難状況を探り、夜に入りては郡衙《ぐんが》庭内に詰《つ》め切り、焚火《たきび》して専ら奉安所の警護に任ぜしが、夜半十二時に近く、爆音益々《ますます》強烈を加ふるの時、偶々《たまたま》警声頻《しき》りに伝《わ》はりて、地裂《ちれつ》・津《つ》浪《なみ》の至れるを告げ、急遽《きゅうきょ》避難すべきを促《うなが》さる。

是に於てか、再び御影・勅語・詔書等を負ひ奉《たてまつ》りて、冷水越《ひやみずごえ》〈城山の北方、長田町と玉里町を結ぶ山越えの道〉に上り、約三時間山本某氏の軒下《のきした》に休み、家人避難留守宅となるに及び、更に城山嶺《みね》上〔の〕恰好《かっこう》の

埋没前の桜洲尋常・高等小学校。桜島町立桜洲小学校編発行『おうしゅう　桜島町立桜洲小学校創立百周年記念誌』（昭和58年2月）より

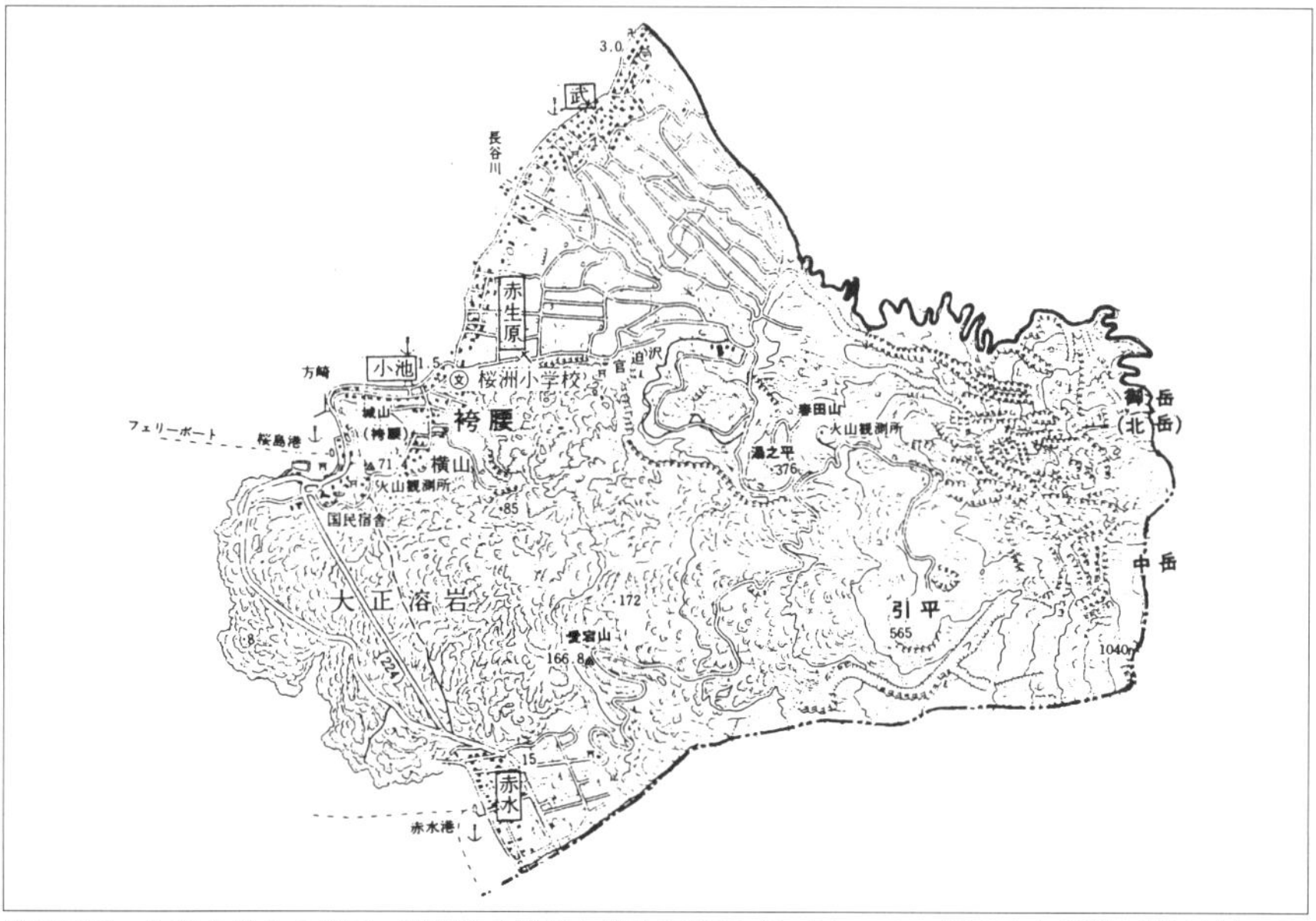

桜洲尋常・高等小学校の校区。桜島町立桜洲小学校編発行『おうしゅう　桜島町立桜洲小学校創立百周年記念誌』（昭和58年2月）より

所を選び、独り此《ここ》に徹夜の警衛を遂《と》げ、翌朝市中の稍々《やや》鎮静するを待ちて郡衙《ぐんが》〈鹿児島郡の役所〉に下り、当局の意に基《もとづ》き、安全なる奉安の策を講じたり。

五、重要書類・簿冊の搬出

十二日朝、御影・詔勅の奉還に際するや、重要書類・必須簿冊の同時搬出に余裕なかりしを以て、更に渡島〔し〕之《これ》が搬出を決行すべく、艤装《ぎそう》〈出航準備〉に着手したれども、港務混雑。舟人漸《ようや》く〈しだいに〉ひるみて、捗々《ちょくちょく》しからず〈出航準備がはかどらない〉。

午後四時頃に至り、市中消防組の御《ぎょ》する一隻の発動帆船を得、村吏二名伴《ともな》ひ《い》、之によりて乗り出し〈たるも〉、海上呎尺《せきしゃく》〈フィート、距離のこと〉を弁《べん》ぜ《ぜ》ず。航途困難なりしも、身を横倒しせる檣柱《ほばしら》の下に、〔身を〕護りながら続航して着島。

小艇《しょうてい》を下《くだ》して上陸。校庭に向へり。爆震耳を聾《ろう》し〈聞こえなくし〉、灰砂《かいさ》眼を蔽《おお》い、死境に臨《のぞ》むの想あり。校舎の動揺甚《はなはだ》しく、分時を要して、漸《ようや》く尺余の窓戸を排し〈取り除いて〉、身を躍《おど》して舎内に飛び入り、手早く十数個の書匣《しょぎょう》〈手紙入れ〉を抽《ぬ》き、全校の学籍簿・成績簿等其他《そのほか》一切の書類、計百八十三冊を、毛布・窓幕〈カーテン〉等に包み、数回小艇《しょうてい》に運び、沖《おき》なる本船〔より〕帰航の警笛頻《ひん》なるに、已《や》むなく帰途に向《むか》ひ《い》、七時前後港務所に帰着したり。

荷上げを了《りょう》するや否《いな》や、忽《たちま》ち激烈なる大震に遭《あ》ひ《い》、船舶急に津浪《つなみ》を報じ、群衆遁路《とんろ》〈逃げる道〉に迷ふ。額《ひたい》を柱壁《ちゅうへき》に傷《きず》くる者、石垣に圧せられて死する者、傷者途《みち》に相次《あいつ》き《ぎ》、宛然《えんぜん》〈さながら、あたかも〉修羅《しゅら》の巷《ちまた》を往《ゆ》くが如く、郡衙《ぐんが》〈鹿児島郡の役所〉に達し、夜間警衛《けいえい》に任ず。

全校舎挙げて灰燼《かいじん》に帰したるは、蓋《けだ》し爆鳴《ばくめい》遠く四境を圧し、火柱高く天に沖《ちゅう》したる十三日の夜半なりしか。

六、生徒並《ならびに》職員の処理

生徒・職員避難の部署は、爆発に先《さきだ》ちて之を定め、十一時頃渡麑《とげい》〈鹿児島市に渡る〉して御影・詔勅を奉安するや、二、三職員と部面を南北に分《わか》ちて、海岸一帯〔の〕避難状態を探りて、一先《ひとまず》心を安ぜしが、十三日〔以〕後は、全島各校の職員の糾合《きゅうごう》を図《はか》り、市中及市附近の諸所に於ける父兄・生徒の避難・収容・救護の状況を各自調査して、速《すみやか》に就学の方途を勧奨実行し、二月五日〔の〕県の命令に基《もとづ》き、鹿児島・指宿《いぶすき》・日置《ひおき》・姶良《あいら》・肝属《きもつき》等の各郡に亘《わた》り、全島職員の手配りと出張を企《くわだ》て、残余避難児童の所在を明《あきらか》にし、苟《いやしく》も無援廃学〈援助がなく学べない〉の児童なきを期せり。

其間《そのかん》県当局は、父兄の救済、生徒就学の急に資すべく「ラミー糸繋ぎ〈イラクサ科の落葉低木のラミーの茎の繊維を紡績〉」講習を、全島教職員に課せられしが、此等の件につき、県当局との間に介在して、事の進行に努《つと》めたり。(1)

二月中旬頃に至り、全校職員殆《ほとん》ど転任就職の便を講ぜられしを以て、一全《いちどう》離別の会を催《もよお》うして、其行《そのゆくえ》を励まし、躬《みずか》らは月末までに止まりて残務を整理しつゝ、(2)市内外〔の〕学校・村役場等を歴訪し、避難収容児童の就学・学習・風紀状態等を視察したり。

七、父兄・保護者の慰問

此際父兄・保護者の失望如何《いかん》は、多数児童の将来に、大影響あるべきを察し、団体収容所の如きは、殆《ほとん》ど日毎《ひごと》に巡視訪問を試《こころ》み、子弟教育の放棄す可《べか》らざるを説き奨《すす》めたり。

八、残務整理

爆発後転任拝命〈坊泊《ぼうどまり》尋常高等小学校、坊泊《ぼうどまり》は現南さつま市坊津町《ぼうのつちょう》の南方、枕崎市の西方〉に至るまで約四十余日間は、郡衙《ぐんが》〈鹿児島郡の役所〉内の村事務所〈西桜島村〉を根拠とし、主として前述の処務《しょむ》〈事務の取り扱い〉に当りしが、尚《なお》ほ整理の一《ひとつ》としては、市内〔の〕金光堂〈中町の書店〉・吉田屋〈中町の書店〉等の注文品代、数百円宛《ずつ》の義捐喜捨《ぎえんきしゃ》〔を〕なさしめたり。

九、家郷に入る

転任拝命初めて家郷〈薩摩半島最南部、揖宿郡頴娃町《いぶすきぐんえい》は開聞岳の近く、現南九州市〉に入り、卒然《そつぜん》〈だしぬけに〉老父の死に遭《あ》ふ。今次の変災〔では〕、固《もと》より私事〈私的な事〉を顧《かえり》みるの遑《いとま》〈ひま〉なく、旅装・家財挙《あ》げて焼失、家族離散悲愴《ひそう》〈悲しみいたむ〉なり。家族は初め島の船にて渡麑《とげい》〈鹿児島市に渡る〉したるも、十二日の夕刻、大地震に際し亦《また》離散。互《たがい》に行方不明なりしが、人手に依《よ》り、其《その》所在を知り得《え》、家郷へ帰《かえ》へす。

十、感想

苦境に処《しょ》し、危難幾度《いくたび》か身に迫まり、道途《どうと》死を伝へられて家郷を驚かし、弔慰《ちょうい》〈死を悼《いた》み、遺族を慰《なぐさ》める〉交々《こもごも》世を驚かしたりと雖《いえど》も、貴重品の警衛奉安、重要書類・簿冊の搬出保存を完《まっと》うして、上〔は〕至尊の神聖を保ち、下〔は〕幾《いく》百千子弟の学歴を湮滅《いんめつ》せしむる〈記録が無くなる、消し去る〉ことなく、職員・生徒皆無難《ぶなん》、逐日《ちくじつ》其業《ぎょう》途《と》に就《つ》き得《う》るは、不幸中の幸《さいわい》なりとす。

〔註〕

(1)「ラミー繋ぎ講習」については、鹿児島県編発行『桜島大正噴火誌』（昭和二年三月）三八九頁の『第五節　罹災児童学資供給の為め「ラミー」繋き講習』に詳しい。罹災地児童の学資の一部を労働によって得させる目的で、島の子供達に技術を教えた。

（2）鶴留は、桜島町立桜洲小学校編発行『おうしゅう（桜島町立桜洲小学校創立百周年記念誌）』（昭和五十八年二月）三七頁の「事務引継届」によると、大正三年二月二十八日に事務引き継ぎを行っている。

三、西桜島村の碑文「桜島爆発紀念碑」

《西桜島地区には、大正時代の爆発に関連する石碑が二つ存在する。一つが、桜洲《おうしゅう》小学校の校庭に建てられている「桜島爆発紀念碑」（大正十四年一月十二日、佐多博謹書）である。もう一つが、ここに紹介する「桜島爆発紀念碑」（大正八年五月十二日、山田準撰）である。後者は、現在西桜島村地区の「桜峰《おうほう》小学校」の校庭に存在する。正門から入ってすぐの、左側の木々の中に石碑はある。碑文は片仮名を使用しているが、ここでは読み易くするために、平仮名を使用した。また、原文には句読点が省略されている。そこで句読点をつけて、読み易くしている。〈　〉は補足、《　》は不明な文字を補ったものである。なお本碑文については既に、桜島町郷土誌編さん委員会編『桜島町郷土誌』（桜島町長横山金盛発行、昭和六十三年三月）五八七～五八八頁、および岩松暉《あきら》・橋村健一著『桜島大噴火記念碑―先人が伝えたかったこと―』（徳田屋書店、平成二十六年一月）二〇～二三頁、で紹介されている。しかし、碑石の質が悪く、彫りも浅いため、百年もせずに碑文が既に判読しにくくなっており、両者の間には四十余ヶ所の文字の判読違いを生じている。そこで、両者を参照しつつ、自らの目で確認し、小生の判断でこの碑文の復元をおこなった。》

我が桜島は、火山系に属し、古来屡《しばしば》噴火す。惟時《これとき》大正三〈一九一四〉年一月十二日、復《また》爆発の惨《さん》を見る。前日早暁《そうぎょう》、始《はじめ》て微震《びしん》し、漸次其度《ぜんじそのど》を強め、是日午前に及ひ《び》、実に四百十八回の震度を数《かぞ》ふ。人心為《ため》に恂々《きょうきょう》〈恐れ騒

西桜島村の桜島爆発紀念碑。桜峰小学校内

ぐ〉たり。時恰《あたか》も十時五分、西桜島横山の直上なる海抜約三百八十五米突《メートル》なり。渓間《たにま》より、灰色の噴煙蒙々《もうもう》として渦巻《うずま》き上り、地下〔の〕鳴動《めいどう》遠雷の如し。既にして東桜島〔の〕鍋山《なべやま》亦爆発し、大小幾坑〈小さないくつもの火口〉、前後勢《いきおい》を合《あわ》せ、火焔《かえん》を噴《ふ》き巨石岩を飛《とば》し、轟鳴《ごうめい》次第に加《わ》はり、火光放射す。村民は事の意外なるに驚駭《きょうがい》周章〈驚き慌てる〉し、老幼提携〔して〕《共《とも》》に身を軽舸《けいか》〈小さな船〉に寄せて、難《なん》を鹿児島・姶良《あいら》〈鹿児島市の北東方面、姶良町・加治木町の方面〉其他に避く。既にして、沖天《ちゅうてん》〈天高く上る〉の黒煙は、次第に散布して全島を蔽《おおう》ふ。

午後二三時の交《こう》〈二時と三時の変わり目の頃〉、更に一大爆声起る。大砲弾の空中に炸裂《さくれつ》〈破烈〉する〔が〕如し。此《この》前後、多数救護船〔が〕来集し、島民悉《ことごと》く難を避く。其《その》難に死せしもの、全島僅《わずか》に二十人に止《とど》まりしは、不幸中の幸《さいわい》なり。薄暮《はくぼ》〈夕暮れ〉、俄然《がぜん》大震動殺到す。震域〈震動の地域〉〔は〕、九州全土に及び、音響数百里に達す。是より爆発、愈猛《いよいよもう》〈はげしさ〉を加へ《くわえ》、殷々囂々《いんいんごうごう》〈大きな音が重々しく轟き喧《やかま》しく〉天柱裂《さ》け、地維《ちい》〈大地を維持するもの〉断《た》つの概《おもむき》あり。鹿児島〔の人々〕の如き、驚惺《きょうせい》〈驚き何が起こったのかを悟る〉に加《くわ》へ《え》、毒瓦斯《どくがす》及海嘯《かいしょう》〈津波〉来るの浮説〈デマ〉、巷《ちまた》に盈《み》ち、十〈七か〉万市民一夜〔にして〕四散して、殆と《ほとんど》隻影《せきえい》〈船の姿〉を留《とど》めす《ず》。

翌十三日は、降灰《こうはい》天地を籠《こ》め〈つつみ〉、夜に入り、更に大爆発と共に、一大火柱、天に沖《ちゅう》す。柱〔が〕砕《くだ》け焔《ほのお》〈燃え上がった炎《ほのお》〉崩《ほうじ》し、灼熱《しゃくねつ》の溶岩四方に噴騰《ふんとう》し、火粉全島を蔽《おおい》ひ、西海岸の民家一斉に炎上す。

十四日、轟鳴《ごうめい》〈とどろきなる〉稍《ようやく》衰《おとろ》ふ《う》るも、噴煙尚熾《なおさかん》なり。赤水《あかみず》・横山は溶岩に埋没し、小池・赤生原《あこうばる》及《および》武《たけ》の大部分、藤野・西道《さいどう》の一部は火に焚《や》かる。

翌日〈十五日〉轟鳴再《ごうめいふたた》び烈しく、溶岩の流出休ます《ず》。

其翌十六日、溶岩海に入り、西は烏島《からすじま》(1)を呑《の》み一大碕《き》を突出す〈大きなつき出しを造った〉。東は有〔村〕・脇《わき》・瀬戸の諸部落を埋め、遂に海峡を横き《ぎ》りて大隅《おおすみ》本土〈大隅半島〉に聯繫《れんけい》す。要するに、今次の災、一島の耕地・家屋全滅に帰するもの、東西七部落は、〔西は〕赤水《あかみず》・横山・小池・赤生原《あこうばる》、東〔は〕有〔村〕・脇《わき》・瀬戸〔なり〕。家畜悉く焼死し、灰沙《かいさ》〔が〕田野を埋ること、数尺又は数丈。住民二万殆《ほとん》ど耕すに地なく、居《お》るに家なく、凄絶惨絶《せいぜつさんぜつ》〈むごたらしいことこの上ないこと〉言語に絶す。

斯《か》くて二十日を過《す》ぎ、噴火漸《ようや》く衰《おとろ》へ《え》、二月に入りては、山趾《さんし》の〈山に出来た〉小坑《しょうこう》〈小さい穴〉、時に小爆発を反復し、海上の溶岩濛々《もうもう》白気を颺《あ》ぐるに止《とど》る。

是より前《さき》に、西桜島役場を、横山より鹿児島郡役所〈鹿児島市内〉に移す。三月二十一日、更に之を西道に移し、村長有村貞隆(2)・助役武直二〔が〕、専《もっぱ》ら前後の事務《を》掌《しょう》す。四月、改選し、大窪宗輔(3)〔が村長〕に当選す。

時に噴火漸々《ぜんぜん》〈しだいしだいに〉収まると共に、経済難《なん》来る。全村戸数、二千百三十八戸なり。県庁は移住地〔を〕種子島〈熊毛郡〉其他数〔ケ〕所に定めて、窮民を分附す。本村に帰住するもの、猶《なお》千十七戸あり。是《ここ》に於《お》いて、土地復旧《ふっきゅう》の要〈必要が〉迫る。乃《すなは》ち耕地整理組合を組織し、大窪村長之《これ》か《が》長《ちょう》たり、隈元《くまもと》藤村〔は〕副長たり。政府より無利息金十四万八千二百余円を借《か》り、土地七百三十町八反歩余《あまり》を復旧す。又産業組合を起こし、其長に大窪村長を充《あ》て、県庁より肥料購入資金一万三千三百六十五円の補助を受く。其他《そのほか》、官帑《かんど》御救恤《きゅうじゅつ》金〈政府よりの救助金〉一千五百二十四円二十銭。県庁救済金及《およ》び各府県〔の〕寄附金、併せて八万一千七百八十八円。

寄贈の物品、亦《また》少なからす《ず》。斯《か》くて、外には各方面の同情と、内には村会議員・村吏員・有老者〈老練者〉等の協同尽《じん》《力《りょく》》とに依《よ》り、漸《ようや》く面目を回復し、人々其堵《かきね》〈自宅〉に安《やす》んす《ず》ることを得たり。

爾来《じらい》五周星《しゅうせい》〈其の時から五年、「周星」は本来十二年〉、人心漸《ようや》く旧《もと》を忘れんとす。顧《おも》ふに、近古伝《つた》ふる所、文明及《および》安永の噴火〈文明八（一四七六）年、安永八（一七七九）年の噴火〉を最烈《さいれつ》とす。安永を去ること百三十余年にして、今次〔の〕爆発あり。往々因《よっ》て来《きたる》を察せは《ば》、今後の事知り難《がた》からす《ず》。後人、能《よ》く万一を無虞《むぐ》の日〈万一の事が起る恐れがない時〉に警《いまし》め、安《やす》きに狃《な》れす《ず》。変〈異変〉に騒《さわ》がす《ず》。以《もっ》て先人の憂労《ゆうろう》〈憂《うれ》え様々苦労したこと〉に答《こたう》ふる所あらんか。則《すなわ》ち此碑《このひ》を建《たつ》る本旨《ほんし》に負《そむ》かさ《ざ》るものと謂《いう》ふへ《べ》し。因《よっ》て梗概《こうがい》〈あらまし〉を此《ここ》に證《しる》す。〈村長以下の五行は、碑文では本文最後の五行の下に入れられている〉

村　長　大窪　宗輔
建設委員　隈元　藤村
同　藤崎　国彦
同　上山　平吉
石材商　田之頭三次郎

大正八年五月十二日
第七高等学校造士館教授正五位勲五等　山田準撰

〔註〕

（1）赤水の溶岩道沿いに、「烏島《からすじま》この下に」の石碑と副碑がある。副碑には「烏島ハ高サ約二十メートル周囲凡ソ五百メートル玄武岩質岩石カラ成ル島デアツタ（中略）一月十三日桜島西腹カラ流出シタ溶岩ハ十八日遂ニ此ノ島ヲ埋没シ終ツタ　云々」とある。

（2）桜島町郷土誌編さん委員会編『桜島町郷土誌』（桜島町長　横山金盛発行、昭和六十三年三月）巻頭「歴代村（町）長・議長」によると、有村貞隆は明治四十三年五月就任、大正三年三月退任の第六代目の村長であった。

（3）註（2）と同書、巻頭「歴代村（町）長・議長」によると、大窪宗輔は第三代・五代・七代目の村長。大窪は大正三年五月就任～同十四年三月退任の間、第七代目村長として、桜島爆発後の村の復興に尽力した。

第六章　大隅半島における体験

――永正善八郎著『桜島爆震記』

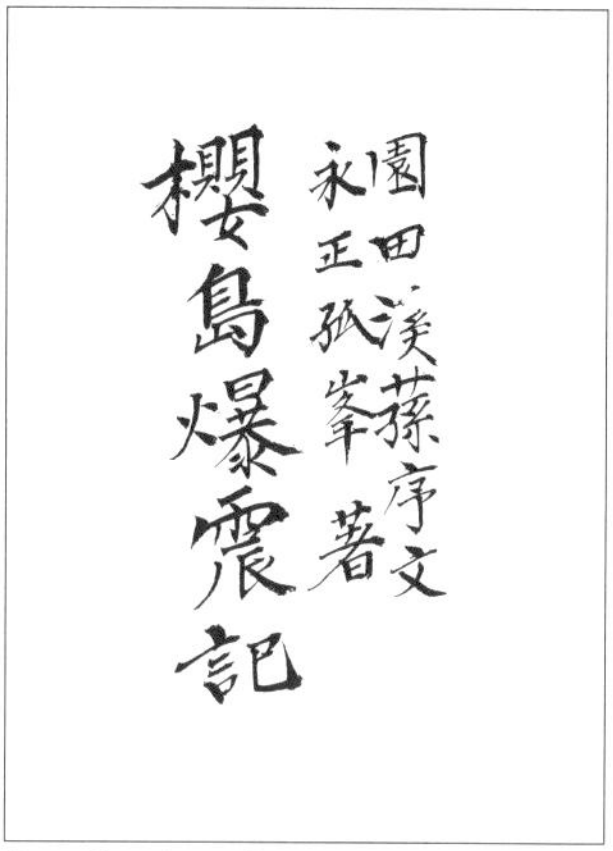

永正善八郎著『桜島爆震記』表紙

現在の鹿屋市輝北町《きほくちょう》上百引《もびき》、下百引のあたりでの体験を記したのが、永正善八郎著『桜島爆震記』（和綴じ、一冊本）である。大隅半島の高隈山の東山麓にあった、市成郷や百引郷あたりの噴火後の様子を記録している。

同書の自序「桜島大爆発災害の記自序」によると、永正氏が本書をまとめようと考えた、その動機が理解できる。自序の全文は次のようなもので、その執筆の開始が、大正三年五月であったことを記している。

大正三年一月十二日、桜島突然として爆発したり。其災害たるや、未曾有《みぞう》の出来事にして、桜島幾千の生霊を釜魚《ふぎょ》の思《おもい》あらしめ、親を失ひて飢餓《きが》に叫ぶ児、愛子を衷《おも》いて血涙潜々たる〈さめざめとする〉父母、或は夫に別れ、妻に離れ居るに、家なく、食するに米無く、惨憺《さんたん》たる光景、到底筆舌の良く悉《つく》し難《がた》く、誰か酸鼻《さんび》〈いたみかなしむ〉せざる者あらんや。之《これ》又桜島に不レ限《かぎらず》、肝属《きもつき》・曽於《そお》・始良《あいら》の諸郡も、又其被害の多大なりしを、知らざる可《べ》からず。

そもそも桜島は、今を距《へだて》る百三十年前、即《すなわ》ち安永八年噴火せし事ありき。然れ共《ども》、其時の記録、甚だ少く、当時の復旧の方法・農作物・畜産等に関する、参考となる可《べ》き材料の無きは、遺憾《いかん》に堪《た》えざるなり。故に余は菲才《ひさい》自《みず》からかえり見ず、吾人の最も関係深き農業上の事に付き、少しく筆をとらんと思ふ《う》。

何十年或は何百年の後、又噴火する事無しとも限らず。其時に於《おい》ては、本書に依《よっ》て参考となる可き点、多々ある可きを信じて疑はず。又且《か》つかゝる事なしと謂《い》え共《ども》、後世之《これ》を読む者をして、祖先が如何《いか》に刻苦《こっく》艱難《かんなん》して復旧せるかを知らしめ、以《もっ》て奮発《ふんぱつ》の動機を覚知《かくち》せしめんと思ふ《う》者なり。

世に桜島噴火の著書甚《はなは》だ多く、桜島噴火の学理上の意見・被害の状況等、桜島及び鹿児島市附近は、すこぶる詳《つまびら》かなれば、余は我百引《わがもびき》の状況のみ記することとなし、又間々《まま》〈ときどき〉噴火の状況等あるは、鹿児島新聞記者共著大爆震記に依りて得たる者なり。

大正三年五月、荒涼漠々《こうりょうばくばく》たる被害の状況を見つゝ

孤峯生《こほうせい》　識《しき》す

この自序によると、百引村《もびきむら》の農業上の事を中心にすえて、農民の視点で書こうとしたのが本書だという。本書の構成と奥付を示すと、次のように「はしがき」（七〜八頁）、全五章（自序は一三頁から、第五章第七節の終わりは七七頁まで）と、補足（「補　第一」が七八〜八二頁、「拾遺集」が八九〜九〇頁）として数章を加える構想になっている（ゴチック体の自序や節の文章を本書で採録）。原本の文字が書かれた頁は、全七四頁である。

外表紙　〈破損が大きく、「大正四年十月」と「桜島」のみ判読可能〉
内表紙　園田渓蓀序文　永正孤峯著　桜島爆震記
はしがき
自序
例言
目次
第一章　桜島大噴火
第一節　噴火の前兆〈原文は「前徴」〉〈本文中では「噴火前の現象」〉
第二節　我村より見たる噴火の模様
第三節　桜島大噴火

第四節　一月十三日宇都《うと》掘切に噴火状況視察〈本文中では「十三日宇都《うと》掘切に噴火状況視察」〉

第五節　各地降灰石の堆積状態〈本文中では「各地軽石及火山灰の堆積状態」〉

第二章　世人の同情

第一節　野菜類の供給

第二節　慰問袋の寄贈及び義捐金の恵与〈本文は「慰問袋の寄賜及び義捐金の恵与」〉

第三章　家屋の破損及び農作物の被害〈本文は「家屋の破損及び農作物其他の被害」〉

第一節　緒言

第二節　家屋の被害

第三節　田地の被害

第四節　畑の被害

第五節　山林原野の被害

第六節　柑橘及び其他の果樹、附茶の被害

第七節　養蚕業の被害

第八節　降灰の分析

第九節　石灰禁令の解除

第四章　罹災民移住問題

第一節　移住問題

第二節　移住候補地

第三節　移住者の出発

以上の章立てを、一瞥《いちべつ》すれば理解できるように、まだ完成稿に至っていない。つまり、未定稿の状態で残されてしまったのが、本書であると言えよう。「補」の部分の「第一章」はタイトルもまだ決定できていない。著者・永正善八郎（百引村住民）としては、さらに文章を追加していく意志があったことが想定される。しかし、何等かの事情から、その意志は実現を見なかったようだ。さらに出版には漕ぎ付けず、著者の御遺族あたりの手許《てもと》に長く保存されてきたのであろう。鹿児島県立図書館に、平成十六年十月に匿名で寄贈され、それ以降我々も閲覧できるようになった貴重な記録である。

本書によると、百引村《もびきむら》の村民は、世人からの多くの同情を受けた。火山灰や軽石の降下と六〇センチ以上の堆積で、村では家屋が破損し、農作物の被害が甚大であったと言う。そのため、村では罹災民の移住問題が発生し、また堆積した火山灰や軽石を剝《は》いでの農地の復旧作業が、人海戦術で大規模に実施されたと言う（復旧費貸付規則を採録）。さらに耕地整理組合を設立し、村の農業再生のため、境界不明となった耕地の確定が行われたと言う。このように本書は、百引村の再生過程を具体的に知りえる良史料で、全冊の活字化が望まれる。

前置きが長くなったが、本書独自の記録で、小生の関心を引いた本文の記録を、以下に紹介していきたい（上述の目次の中で、ここに採録した文章タイトルはゴチック体にしている）。なお本書には、誤字と明確に考えられる漢字も多いが、辞典類で確認できなかった漢字（異体字あるいは誤字）も見られる。そこで、それらの漢字については、小生が前後の文章から類推して漢字を当てた。こうして当《あ》てた漢字は、〔　〕で括《くく》った。また原文は、片仮名を使用しているが、読み易いように全て平仮名になおし、さらに濁音への改変、句読点をつけることも、小生の判断でおこなった。

永正善八郎著『桜島爆震記』の内容紹介

①第一章　桜島大噴火　第二節　我村より見たる噴火の模様

十二日午前十時三十分頃に至るや、西方の空に、真綿《まわた》の如き雲、をびたゞしく立揚《たちあが》り、見る見る東方面に流れ初めたり。日光に映じては、竜虎《りゅうこ》の踊《おど》るが如く、鬼人の采配を振《ふ》るが如く、実に艶麗《えんれい》〈あでやかでうるわしい〉・奇観・壮観良く筆舌に尽す可《べ》からず。扨《さ》て人々は、未だ桜島の噴火せし事を知らざるが故《ゆえ》に、此《この》怪しき雲を見ては、甚《はなは》だ奇異《きい》の思をなし、今日かくの如き好天気に、かく雲の出づるは、甚だ不思議なり、或は桜島噴火せしにあらざる可《べ》きか、などと口々に云ひ合《いいあ》えり。

而《しこう》して、かの雲は、見る間に高く大きく、九天一ぱいに拡《ひろ》がり、あまつさえ雷鳴段々と鳴り響きければ、今しも大雨襲来《しゅうらい》せんと狼狽《ろうばい》し〈あわてる〉、又かくて彼《か》の雲は、日光を覆《おお》いて世は暗黒世界と化するや、パラパラと音するにぞ、霰《あられ》ならんと思いしに、こはそも〈これはそもそも〉霰にあらずして、軽石なりき。あな不思議なり。いよいよ桜島噴火したり、桜島は噴火したりと叫ぶ間に、〔礫《こいし》〕は千顆万顆《つぶ》、〔礫《こいし》〕の雨は乱《みだれ》をみだして猛射《しゃ》し、加レ之《これにくわえ》雷電耿々《こうこう》〈稲妻が人びとを不安にさせ〉、今や天地もくづるゝかと怪まれ、宛然《えんぜん》〈あたかも〉之榴弾《これりゅうだん》炸裂《さくれつ》、〔或いは〕万丸一時に放射する如く、漠々《ばくばく》たる〈非常に大きな〉黒煙は、濛々《もうもう》たる白煙と相擁抱《あいようほう》し〈互いに抱《かか》えいだき〉、電光耿々《こうこう》〈人びとを不安にさせ〉、雷鳴強烈を加え、耳朶《じだ》〈みみ〉を壁《ふさ》いで、人や吾〔の〕魂魄《こんぱく》〈たましい〉宙を飛び、殷々〈音が轟き〉又光々、耳を蔽《おおう》に遑《いと》まなく、閃々《せんせん》〈ひらめく〉たる電光、〔縦〕横に暗雲を射貫《しゃかん》し〈いぬいて〉、転《うた》た〈より一層〉凄愴《せいそう》〈この上なく凄まじく〉、生きたる心地なく、亜硫酸瓦斯は鼻に入りて、人々色を失い、周章狼狽《しゅうしょうろうばい》、阿鼻叫喚《あびきょうかん》の声、天地に満ち、転《うた》た惨状、名状す可《べ》からず。

かくて軽石の降下は、益々強烈を加え、見る見る数寸の堆積を見るに到れり。されば、皆戸を堅《かた》く閉めたれ共、隙間より侵入する。火山灰は畳《たたみ》と云はず、棚と云はず、白く堆積せり。吾等は燈火を点じて、食事をせしが、婦人等は、食事も、えせざりき〈全くしなかった〉。

かくて吾は、むぎわら帽をかむり、お見舞にあるきしが、色青ざめ語るを得ざる人もありけり。所々の家の棟にはムシロを張り、桶《おけ》などを備へたる人もあり。如何《いか》にするやと問えば、火事に備ふるなりと答ふ。如何にして起る哉《や》と問えば、此降石〔は〕焼けて居るなり。見よ、煙を揚《あ》ぐるにあらずや、と指させり。木の枝などに軽石降下して、あい〈塵埃《じんあい》〉飛散するを見て煙なりと思いしなるべし。かかる人も多かりしが、滑稽なりき。扠《さ》て其日は、終日降石絶ゆる間もなく、地震しばしば到来し、安き思いをなす間もなく、切々〈これ以上ない〉悲痛の十二日は、万人呪詛《じゅそ》の声裡《せいり》に〈こえのなかで〉黄昏《たそがれ》しにけり〈夕暮れを迎えた〉。嗚呼《ああ》忘れ難《がた》かの十二日は、涙に暮れにけり。

②第四節　十三日宇都《うと》掘切〈二川と百引の間、高隈山中〉に噴火状況視察

一炊《いっすい》の夢〈「邯鄲《かんたん》の夢」と同義〉だに結ばず。十二日夜は、幾度《いくど》となく戸を排して〈開け閉めを繰り返し〉、天気の快復を祈りしが、間断なく降り注《そそ》ぐ軽石は、十三日午前五時頃に到り、風位〈風向き〉の転換に依りて、よーやく止《や》みたれども、火山灰のみは濛々《もうもう》として〈霧状のうすいものが漂い〉、何時《いつ》止む可《べ》くも見えざりき。庭に出《いで》んと思えども、軒下《のきした》には五、六尺も堆積して、容易に庭に出づるを得ず。かろーじて庭に出づれば、平地にて二尺位《ぐらい》も積もり、軒下・巖下《がけした》等〔火山灰等の高さ〕は五、六尺乃至《ないし》丈余に及べり。野も山も皆荒涼漠々《こうりょうばくばく》として〈荒れて物凄く声が出ない様で〉、永く耕転犂鋤《りじょ》を断《た》れ、万感《ばんかん》胸に迫《せまっ》て悲しいとも悲し。嗚呼《ああ》人世の悲惨事、之《これ》より大なるはなし。嗚呼《ああ》。

余は朝食を終えて、しばらくする間に、友人四、五名来りて、噴火の状況を見ばやと、誘《さそ》わるまゝに、軽装して連立《つれだっ》て家を出づ。歩行自由ならず。頗《すこぶ》る困難を感ず。吾等の外にも、多く見に行く人ありき。吾等は奇《めずら》しき人世の運命を語りつゝ進む。野も山も埋《うも》れ、道が何処《いずこ》、川が何処。草も木も皆埋没し、大きなる木の枝折れ、小鳥は軽石に打たれて、死せるもあり。桜島に近づくに従《したが》〔ひ《い》〕て、被害の益々大なるに驚きつ。見る物聞く物、皆涙の種《たね》ならざる〔こと〕無く、互〔ひ〕に慰《なぐさ》めつゝ、〔宇都〕掘切に到着す。又見物の人も、数多《あまた》集まり居《おり》たりき。

遙《はる》かに桜島を展望すれば、鍋山《なべやま》の南端数ヶ所の噴火口より、漠々《ばくばく》たる〈非常に大きな〉黒煙〔と〕濛々《もうもう》たる

〈霧状のうすい〉白煙と、相擁抱《あいようほう》し〈互いに抱《かか》えだき〉つ、吐出《としゅつ》し、牛根・麓《ふもと》〈牛根の麓、東桜島村の対岸の大隅半島《おおすみはんとう》の村〉一帯の上をかすめ、遠く高隈山《たかくまさん》〈大隅半島中央部に位置、標高一〇〇〇メートルクラスの山岳群を総称した名称、最高峰は約一一八〇メートルの御岳〉の絶頂に懸《かか》り、電光、煙上に〔縦横〕に閃々《せんせん》〈光り輝く〉、雷鳴囂々《ごうごう》〈非常にうるさくて〉、段々凄《すさま》じとも、凄《すさまじ》く覚えず〈思わず〉。肌に粟《あわ》を生ぜしむ〈恐怖で鳥肌が立つ〉。嗚呼《ああ》、芙蓉八朶《ふようはちだ》〈芙蓉の八つの枝〉四面玲瓏《れいろう》〈澄《す》んだ美しい音〉、薩隅〔の〕風光の中心となり、人情・風俗の美を養いし。飽《あ》かぬ眺めの〈裂《さけ》け目からの噴煙が止まらない〉桜島、根も今や閻魔《えんま》が淵と仰《あお》げば〔陰《くら》〕し。扨《さ》ても形相《ぎょうそう》変化の恐ろしき哉《かな》。

目を転じて、牛根海岸一帯の地を望まんか。青々しかる可き海は、軽石《かるいし》の為め黄褐色《おうかっしょく》〈原文は「黄暘《よう》色」〉と化し、木は皆無惨にも折《うち》レ打《おら》れ、さながら枯木の如く、名に負《お》ふ大隅山は、枯木骨々として荒れに荒れ尽されたり。人家は皆埋没し、或は倒れ、或は焼けて、其惨状〔は〕我百引村より更に大〔なり〕。被害の広大なる、驚き〔なり〕。一衣帯水《いちいたいすい》を隔て、悽愴《せいそう》なる桜島をながむる牛根村民の、如何《いか》に銷魂駭心《しょうこんがいしん》〈とてもおどろく〉の極《きわみ》なりしか、想像するも余《あま》りあり。

更に目を転じて、麓《ふもと》〈牛根の麓〉の上の岡には、桜島の避難民にや、牛根の避難民にや、背に荷物を負《お》い、嶽《たけ》野《の》〈タケンノ、高隈山《たかくまさん》中の集落、宇都の近く〉地方へのがれ行くも見ゆ。しばらくする間に、年五十位なる婦人四五名、手荷物を持ち、子供を連れて急勾配《きゅうこうばい》なる山路《やまみち》をかき別《わ》けかき別《わ》け上り来り、髪は打解《うちと》け、色青ざめ、見るもいとあわれなる様なり。年は何《いず》れも五十以上なるべし。子供は十歳未満より十三四位《くらい》なるべし。吾等の処《ところ》に来《きた》りて、伏拝し、何卒《なにとぞ》助け玉《たま》われと、涙を流して頼みけり。何処《どこ》の者ぞと問えば、桜島黒神〈東桜島村の集落〉の者にて、昨夜食事を為せしばかりにて、昨日朝《あさ》家を出、船に救は《わ》れ、此地に着きたる者にて、家族の者は行衛《ゆくえ》不《しれ》レ知《ず》。今朝《けさ》も食事をせず。非常につかれて、歩く事も出来申不《もうしそうらわず》レ候と、涙を流して物語れり。一同皆同情を寄せ、携帯する昼食を取りて与えければ、いたく打喜び、伏拝しにけり。実に見る目も、気のどくの至りなりき。しばらくして帰路に着きしが、此日も終日、降灰は止まざりき。

③第五節　各地軽石及火山灰の堆積状態

百引村にて最も多く積めるは、宇都・神屋敷地方にして、二尺乃至《ないし》二尺五寸に及べり。之《これ》即ち、桜島を距《へだて》る事、近きが故なり。崖下《がけした》・軒下《のきした》等は、一丈も積み、出入し得ざる処、甚だ多し。浦谷《うらたに》・〔楢《なら》〕久保《くぼ》〈ナランクボ〉地方は二尺より一尺七八寸あり。麓〈百引村の中心集落〉一帯より堂籠《どうごもり》地方は、一尺七八寸より一尺五六寸。之より以下、下百引《しももびき》・平房《ひらぼう》地方に行くに従《したがい》て浅く、原別府《はらべっぷ》の如きは三四寸ありき。之《これ》桜島を遠かるに依り、勢《いきおい》を失いたる結果なり。牛根村に於ても麓《ふもと》〈牛根村の麓〉・平多・小濱・二川《ふたがわ》地方〈東桜島村の鍋山に近い所、黒神や瀬戸の対岸〉は、三尺乃至四尺位あれど、境地方〈牛根村の北部〉は僅々《きんきん》〈わずか〉二、三寸なりと。之《これ》風位〈風向き〉の然《しか》らしめたる者なり。

桜島の古里《ふるさと》〈東桜島村〉・赤水《あかみず》〈西桜島村〉地方は、僅々二、三寸位ありしと。我百引・嶽野《たけんの》地方は二尺位ありし。市成《いちなり》地方〈市成郷、百引郷の北側、現鹿屋市輝北町〉も、上沢津より久木野方面は、二尺位あれど、麓〈市成郷の麓〉・柏木・八重山・谷田地方は一尺より四、五寸位なりきと。粟《あわ》の切株《きりかぶ》・大根の葉等は、現《あらわ》れ居《お》るところ少《すく》なからず。高隈〈高隈郷、百引郷の南側〉も上高隈《かみたかくま》・鶴ノ駒地方は一尺四、五寸、麓〈高隈郷の麓〉地方は二、三寸位、笠の原〈笠野原、高隈郷の南側、鹿屋の北西〉・鹿屋地方は灰のみ僅《わず》かに降下せりと。今回の降灰《こうはい》は、県下一般及び宮崎県都城《みやこのじょう》・高崎地方にも降下せりと。尚《なお》ほ風位に依りては、熊本・長崎地方にも降下せりと云えり。かくの如く灰は、風位に依りて時々襲来し、其年〈大正三年〉の七月に及べ共《ども》、鳴動も絶えざりき。

④第二章　世人の同情　第一節　野菜類の供給

今回の大噴火の為め多大の損害を受けたる肝属郡《きもつきぐん》牛根・百引《もびき》・高隈《たかくま》、曽於郡《そおぐん》市成《いちなり》地方は、蔬菜類悉《ことごと》く埋没し、ほとんど全滅の悲運を見るに至り、野菜類の欠乏甚だしく、其困難実に名状す可からず。埋没せし其時、早速掘出して、他に貯蔵し置きたらんには、かく速《すみや》かに欠乏のうき目を見ずしてすみしならんに、分《なに》レ何《ぶん》にも未曾有《みぞう》の災害の事とて、人々何の仕事にも手を着けず。たゞ徒《いたづ》らに日を送り、かゝる事などに頓着せずして、数十日を送りたる。後〔に〕菜・大根等を掘出す人もありけれど、最早《もはや》すでに変質して、食するに堪えざりしと。

かゝるが故に、県庁にては、此等災害地の住民に対し、野菜の供給に付《つき》、種々斡旋《あっせん》する所あり。切干大根《きりぼしだいこん》は十貫目一俵に付《つき》三円十銭、菜類は一貫〔目〕六銭にて、鹿児島市〔の〕商人より、又大根は一貫目三銭づつにて、国分〔の〕商人より、各被害地に供給せしめられたり。此外吾等は、魚及《および》切干大根等を、無代にて配布を受けし事もありき。又旧暦正月には、例年の如く、餅等を製する事〔が〕出来ざりき。依《よっ》て、各地〔の〕同情者より、数多《あまた》の餅などを寄賜《きし》されたる為《た》め、何回となく配付〔を〕受けたり。有難きことどもなりき。

⑤第三章　家屋の破損及び農作物其他の被害　第二節　家屋の被害

しばしば述べたるが如く、今回の噴火の為め降り積りたる軽石は、田畑・山林・原野等の埋没の被害のみならず、家屋に〔も〕大被害を与えたり。降石深く、家屋一般〔の〕にはさき〔を埋める〕。百引村《もびきむら》・宇都《うと》・風呂段《ふろだん》・嶽野《たけの》地方、軽石の重さに堪《た》えず。之《これに》加え降雨の為め、尚《なお》を其重さを増進するが〔ため〕、倒壊する者・

半壊し一部破損〔する者〕、非常に多かりき。

尚ほ又、梅雨期に入りては、連日の降雨の為め、所々の岡〔や〕谷より降石灰流出し来《きた》り、大洪水となりて、家屋埋没する処《ところ》も多かりき。我《わが》〈我が家の〉木戸口《きどぐち》の如きも、七尺以上も堆積せるを見る。屋敷の如きは、頗る危険の状態にあり。

平常、常《つね》に水の流るゝ処は、河層〈河底〉漸次低下すれども、水の流れざる所は、河層〔が〕低下する事〔は〕ない。一雨《ひとあめ》毎に流出する軽石〔が〕堆積するが故に、害を増大するは、言を待たざるなり。故にかゝる地は、永久に復旧する事、全く不可能なる可し。

百引村にて損害家屋は、

破損家屋　住家十五棟　厩舎《きゅうしゃ》十八棟

一部破損　二百棟以上に及ぶ

我茂谷《わがしげたに》〈麓五番方限の俗称〉にも、加藤親吉・山元是房・横山明仲・唐鎌祐一・岩城国介等の家屋は、三、四尺乃至《ないし》五、六尺埋没せり。

⑥第三節　田地の被害

百引村《もびきむら》にて最も多く惨害を及ぼせるは、堂籠川《どうごもりがわ》・浦谷川《うらたにがわ》・平房川《ひらぼうがわ》の流域にそえる田地なりとす。堂籠川《どうごもりがわ》は源を風呂段《ふろだん》及嶽野《たけの》地方に発せるが故に、彼の地方に堆積する軽石は、雨毎《ごと》に此川に集り、下流に送らるゝが故に、平垣《ひらがき》堂籠《どうごもり》・坂下《さかのした》・宮元《みやのもと》・竹下《たけのした》等、此川の流域にそへる田地は〔す〕べて埋没し、何尺沖積するか知るに由なく、砥《すずり》の如く、一望たゞ大河。嗚呼、何年何十年経るも、元の田地と為すは、夢想だに得ず。何十町何百町の美田、只荒涼見るも思はず。大自然の大魔力が如何《いか》に人世に惨害を与ふるか、実に驚嘆に値する。浦谷川《うらたにがわ》の流域にそえる神屋敷・白別府《しらべっぷ》・楢久保《ならくぼ》〈ナランクボ〉・唐鎌《からかま》等の田地も、又右のごとし。平房川《ひらぼうがわ》も上平房・中平房・下平房等の田地も又同じく惨害のとりことなりつゝあり。

右の如き惨害を蒙《こうむ》りつゝある田地〔を〕、如何《いか》〔に〕して復旧するか、之《これ》吾人の最も考慮を要する所にして、一《いっ》に大いなる努力を要する所なり。復旧の方法は、復旧策の条に於《おい》て、委《くわ》しく述《の》ぶる所あらん。

⑦第四節　畑の被害

畑は、百引村全体にわたりて降石の堆積せざる無く、深きは二尺五寸、浅きも五、六寸を下らず。浅き方面は、復旧にも易《やす》けれど、深き方面は、復旧は非常に困難にして、尋常一様〔の〕努力にては、決して復旧するを得ざるなり。而して又畑は、低地又谷《たに》等〔の〕洗出し事《ごと》の地〈水の逃げ場として活用している土地〉は、雨毎《ごと》に軽石《かるいし》流出し来り堆積するが故《ゆえ》に、永久に復旧の出来ざる所、決して少《すくな》からず。

今回の噴火〔は〕、冬閑〔期〕なりしを以て、作物の被害は、麦・油菜《あぶらな》〈菜《な》の花〉其他蔬菜《そさい》のみなりしを以《もっ》て、夏期に比《ひ》して、はるかに害の少《すくな》かりしを知らざる可《べ》からず。

今回噴火に依《より》て、被害を受けたる畑地は、九割にして、一千六町歩、四拾五万二千七百円なりし。之《これ》に尚《なお》宅地の七拾九町、二十八万四千四百円にして、合算する時は、一千八拾五町歩、七拾参万七千百円なり。今かりに百引村の戸数八百戸とする時は、一戸平均一町三反九畝《せ》余、九百二十一余円となる可し。被害の甚大《じんだい》なるに、驚かれざらんや。

⑧第四章　罹災民移住問題　第一節　移住問題

上述の如く、今回の噴火、実に悲惨凄惨《せいさん》〈思わず目を覆いたくなる〉其極に達し、到底之が復旧する事覚《おぼ》つかなく、且つ又降灰《こうはい》が、農作物に非常に有害なるは、専門家の均《ひと》しく認《みと》むる処なるを以て、県庁に於《おい》ては、一日も早く降灰少《すくな》き地に移住するの得策なるを信じ、極力罹災民《りさいみん》を励奨《れいしょう》するに決せり。而して之等《これら》移住をなさしむ可《べ》き罹災民は、主に桜島にして、二千九百八十余戸の多数に上り、之に南隅《なんぐう》地方を合する時は、三千五百戸以上となるべし。斯《か》くの如き大多数の罹災民を何処《いずこ》に移住せしむ可きか、其費用は如何《いか》にすべきか、之《これ》当局者の、最も頭脳を悩ましたる大問題なりしなり。

⑨第三節　移住者の出発

扠《さ》て移住者、各希望地に向け出発を開始せんが、本村〈百引村〉より移住する者、二百四五十戸にして、此間《このかん》、官有地及民有地に移住〔する〕者〔を〕、合算したる数なり。之等《これら》移住者は、住みなれし故郷を〈原文は「に」〉後に、なくなく別れを惜《おし》み、声を立て泣く者もありき。見るも気のどくの至《いた》りなりき〈割愛した部分によると、百引村民の移住地は、大隅半島南部の肝属郡大根占村大中尾官有地・種子島の熊毛郡北種子村国上・宮崎県北諸県郡《きたもろかたぐん》高崎村・肝属郡鹿屋や百引の南方の高隈などであった〉。（中略）

官有地移住者は、家財道具の運搬・小屋掛《こやかけ》費等は、県より支給し、尚《なお》ほ日用品及食費は、大人は一日八銭、小人は六銭づつ下賜せられたり。而して極力開墾をなさしめ、農作物の耕作に従事せしめたり。

自由移住民には、移住費として、二十八円宛支給されたり。之等《これら》の移住先の青年団、其他の人の同情に依《より》て、小屋掛及耕作地等の便を与え〔られ〕たりと。

前述の如く、移住者各地に移住はなしたれど、之《これ》等の内には、住みなれし故郷を如何《いか》にもすて難《がた》く、且つ又、残留者の復旧せるを見て、憧憬《どうけい》の情《じょう》禁じ難く、一年位にして帰還者〔は〕、半数に達せり。

⑩第五章　土地善後策　第七節　復旧後の農作物の状況

前節に於て述べたるが如く、近年未聞の旱魃《かんばつ》〈大正四年六月以降八月初めまで・割愛した第五章第六節、参照〉に合いたる農作物は、黄色に変じ、正《まさ》に枯死せんとする有様なりしが、今回降雨の為め生気付《づき》、青々と繁茂するに至れり。

陸稲《おかぼ》・夏大豆・粟等の作物は、例年に比して、二分の一位《くらい》の収穫ありき。而して〔降灰石等を〕全部除去せる者、最も成績よし。天地返《てんちがえし》〈表面の降灰石を地下に埋づめて其の上に土壌（以前の表土）をかぶせて逆転させる方法・割愛した第五章第三節、参照〉は思はしからず。要するに、天地返は、復旧すると間もなく耕作したるに依り、整地充分ならず。又非常に深耕〈田畑を深く耕すことで、深い所の養分の少ない土が表土と混ざる〉せるが故に、風化充分ならずして、不熟《ふじゅく》の地〈充分に熟成されていない土〉なるとに依るべし。其上《そのうえ》、今回旱魃《かんばつ》〈大正四年六月以降〉の為め、水分は〔降灰石を〕除去せる者に比し、〔水分が〕欠乏する事、はるかに大なり。是等の原因に依《よっ》て、不良の結果を見たるは、当然の成行《なりゆき》と云《う》ふべし。要するに、天地返《てんちがえし》も二、三回耕作せし後は、良好なる成績を上《あ》ぐべきなり。

唐藷《からいも》〈薩摩藷《さつまいも》〉の如きは、非常なる好成績にて、例年に比し、遜色あるを見ず。場所に依ては、一割位の増収を見たる所もあり。唐藷《からいも》の如き砂質壌土に適する作物にありては、粘土質の如き畑にありては、降灰石を切混《きりまぜ》

〈従来の畑の土に堆積した火山灰・軽石を混ぜる〉しても、尚《なお》ほ多大の収穫を得たり。

大根は天地返除去《てんちがえし》〔した畑も〕、又は切混《きりまぜ》し〔た畑〕も、すべて良結果なり。

田は旱魃《かんばつ》の為め、約二分の一の収穫ありき。

麦は非常なる好成績にて、かゝる成績は近年に見ず。之《これ》〈好成績であることは〉、天地返除去《てんちがえし》〔や其の他の方法であろうと〕、何《いず》れに限らざるなり。殊《こと》に天地返《てんちがえし》に於ける小麦の如きは、実に好結果にて、人々驚嘆《きょうたん》す。二割乃至《ないし》三割の増収なり。

其他の作物も、略《ほ》ぼ大同小異なれば、こゝに〔は〕略す。

復旧後の農作物は、右の如し。而して年を経《へ》るに従い、又旧の如く、農作物の収穫を得るに至るは、必然ならんか。村の為め、又は県丈《けんじょう》〈県の役人〉にしては、国家の為め、実に慶賀すべき事なり。さしもの人心を驚嘆《きょうたん》せしめたる噴火も、今や鎮静に帰し、土地も追々復旧され、吾等農民もよーやく愁眉《しゅうび》を開き〈心配がなくなって安心し〉、世又《また》は旧の如く活気を呈《てい》するに至り、尚《なお》ほ益々進歩発達の域に進《すすみ》つゝあり。　終り。

第七章　測候所長としての体験

鹿児島県下の気象、地震、火山の噴火等の観測を行っていたのは、鹿児島地方測候所であった。その最高責任者が測候所長で、その任にあったのが鹿角義助《かづのぎすけ》であった。当時の測候所は、鹿児島市の北方、鹿児島郡吉野村大字《おおあざ》坂元字《あざ》上之原にあり、市民が「吉野」と通称していたシラス台地上の南の端にあった。

このシラス台地は、明治六（一八七三）年征韓論にやぶれ、下野して帰郷した西郷隆盛が、帰郷浪士たちへの授産を目的に吉野開墾社をつくり、開墾させた台地としても知られている。また何時の頃からか知らないが、吉野方面には植木《うえき》業者が集住して、鹿児島市内の庭園の手入れや、園芸植物・庭木の需要（花卉園芸業）を支えてきた。ただ最近では、この地での植木業も衰退が目に付く。現在は鹿児島市に併合（昭和九年）されて、坂元町となっている。昭和三十年代から、車社会の到来を背景に道路が整備され、宅地開発が盛んとなり、現在は住宅地が広がっている。

鹿児島測候所。西桜島村編発行『大正三年噴火五十年記念誌』（昭和39年1月）より

鹿角義助《かづのぎすけ》は長州出身の人物で、明治三十一（一八九八）年春、二十三歳で気象技術者として鹿児島に赴任してきた。明治三十七年から、測候所長として活躍した。いっぽう、旧薩摩藩領の都城《みやこのじょう》（現在は宮崎県内）から妻を迎えて家庭を持ち、大正三（一九一四）年春には、鹿児島赴任から十六年目になろうとしていた。[1] こうした時に、桜島の大爆発がおこった。

ここに紹介する「鹿児島測候所長の公開状（（上））・（（下））」（『鹿児島新聞』大正三年二月十七日、十八日、両者一面）は、公にされた鹿角《かづの》の公式見解である。また「測候所長に与《あた》ふ（公開状）」（『鹿児島新聞』大正三年二月十九日、二面）は、弁護士の松尾栄一が、鹿角《かづの》の公式見解を批判した文章である。両者は百余年前の「公開状」であるが、今日でも我々はこれらから多くのことが学べよう。さらに、鹿角《かづの》の公開状に先立つ十一日前、二月六日には地震学者の今村明恒《あきつね》（鹿児島市新屋敷町出身）が、桜島変災に対する慰問の辞を開陳している。それが「今村博士の寄書」（『鹿児島朝日新聞』大正三年二月六日、一面）で、当時の地震学者の目で見た時の見解として注目される。なお本書第三章『遭難記』中「四、薩摩狂句」の註（3）でも測候所長鹿角義助について言及しているので、参照ねがいたい。

一、鹿児島測候所長、鹿角義助《かづのぎすけ》の公開状

鹿児島測候所長の公開状(1)

鹿児島新聞社編輯局諸賢

鹿角義助

大正年代劈頭《へきとう》の天変地異として、世界の耳目を聳動《しょうどう》〈恐れ動く〉したる桜島噴火に至るまで、最近半歳の間《あいだ》、余《よ》が施行《せこう》及計画せし一斑《いっぱん》を報じ、併《あわ》せて自己の職責に関して、所信を披瀝《ひれき》し得るは、余の最も光栄とする所なり。

顧《おも》ふに、客年〈大正二（一九一三）年〉五月下旬、宮崎県加久藤《かくとう》〈現えびの市のほぼ中央部〉より本県吉松地方〈霧島山の北西山麓部、中央部を川内川が南流、現始良郡湧水町《あいらぐん》〉に亘《わた》りて、鳴動《めいどう》地震頻発《ひんぱつ》するあり。続《つづい》て六月末の伊集院《いじゅういん》地震となり、十月二十八日、霧島山麓《きりしまさんろく》に強震起り、同三十一日、鹿児島附近に強震を発し、十一月八日霧島火山《きりしまかざん》の爆発して、周囲十里の郡村を振憾《しんかん》す。其の後一箇月を経て、十二月九日に至りて、復《また》一層強大なる爆発を現し、遠近二十余里に鳴動を伝へたり。

是《ここ》に於いて余《よ》は、霧島火山系の活動旺盛《おうせい》なるを以て、漸次《ぜんじ》対応の手段を講じ、先《ま》づ現在の普通地震計の外に、微動計《びどうけい》購入の経費を予算に計上し、次《で》て調査資料の必要に依《よ》りて天変地異報告に関する上申を為せり。即ち〈大

正二年〕十二月十五日、〔鹿児島県〕訓令甲第四十二号、「町村役場、暴風雨又は洪水（被害なきものを除く）海嘯《かいしょう》、落雷、〔降雹《ひょう》〕、地震、火山異変（鳴動《めいどう》、噴火、降灰《こうはい》、異状なる噴煙等）其の他、気象上及び地質上の変動ありたるとき、若《も》しくは其の兆候を認《みと》めたるときは、其の緩急《かんきゅう》に依《よ》り、電報・電話又は書面を以て、鹿児島測候所へその旨《むね》通報すべし。〔大正二年十二月十五日　鹿児島県知事　谷口留五郎〕」之《これ》なり。

更《さら》に余《よ》は、明治二十六〈一八九三〉年五月二十三日付《づけ》を以《もっ》て、震災予防調査会長より地方長官への依頼なる「地震・噴火及地質上に関する変動・磁気学上に関する異変等、貴管内に差起《さしおこり》たる節は勿論《もちろん》、其《その》兆候等有之候《これありそうろう》場合には、其緩急《そのかんきゅう》大小等御見計《おみはからい》の上、御《ご》通報相成候様致度《あいなりそうろうよういたしたく》、右は事宜《じぎ》により当会より出張取調候義《とりしらべそうろうぎ》に有之候条《これありそうろうじょう》必要の分は、電報にて御《ご》通報相成度《あいなりたく》、此段予《このだんあらかじ》め及御依頼候《ごいらいにおよびそうろう》也」との主旨《しゅし》に由りて、専門学者の実地調査の必要なるを認《みと》め、十二月十日「近来霧島《きりしま》火山の活動旺盛にして再三爆発を起し候処《そうろうところ》、同火山の調査は、将来保安上、必要と被認候《みとめられそうろう》に付《つき》、震災予防調査会より調査員派遣方《かた》、同会長へ御《ご》照会相成候様致度《あいなりそうろうよういたしたく》」云々《うんぬん》の上申《じょうしん》を為《な》したり。斯《かく》の如《ごと》くにして、余《よ》は地震及《および》火山の調査に就《つい》ては、相当なる手段と適宜《てきぎ》の方法を尽《つく》して、万々違算《いさん》〈万が一にも見込み違い〉無《な》からんことを期《き》せり〈堅く決意する〉。

あわれ大正二年も何時《いつ》しか果《は》て、、新暦茲《ここ》に改まりて、〔大正三（一九一四）年〕一月八日、霧島山又《きりしまやままた》爆発するあり。鹿児島地方は其《その》当時、恰《あたか》も降雪甚《はなはだ》しくして、声響《せいきょう》を聴《き》かざりしも、鳴動《めいどう》遠く九州北部に達したりと謂《い》へ《え》ば、爆発の勢力甚大《じんだい》なりしを想《おも》ふ《う》べし。

同月〈大正三年一月〉十一日、午前四時ごろ、初めて弱震を感じ、続《つづき》て同二十六分、復《また》弱震を発したり。余《よ》は直《ただ》ちに暗《あん》を冒《おか》して〈くらがりの中を〉登庁せり。木村技手は既《すで》に熱心に観測中にて、初発已来《いらい》、十数回の微弱震ありしを告ぐ。爾後相《じごあい》協力〔し、〕以て観測に従事せり。其発作《ほっさ》〈地震の発生〉の頻繁なるは、応接に遑《いとま》なき程にて、到底精密なる調査を遂《と》ぐるの時間と余裕を有せず。只《ただ》其中の主《おも》なる三個の気象に就《つい》て験測《けんそく》を遂《と》げ得たるに過ぎざりき。此《この》成績に依《よ》れば、初期微動三秒時間、主要動の初動並《ならび》に主動の方向は、南々東——北北西にして、其《その》震動の周期は、零秒三位《くらい》の比較的に緩慢《かんまん》なる地震なるを知り得たり。

同日〈一月十一日〉午後二時、余《よ》は第一回の報告を公示せり。其内《そのうち》震源地点に関する記事を摘録すれば、「震源地点は目下調査中なるも蓋《けだ》し〈次に述べることは、十中八九まちがっていないだろうと判断するが〉市を去る四、五里の陸上にありて客年の伊集院地震に関連せる震源に発したるもの、如しとあり」。其《その》当時に在《あっ》ては、一《ひとつ》の普通地震計の気象〈計測結果〉より、他に何等の材料を有せず。只《ただ》其験測《けんそく》の示す所に従ふて、震源地点を概定《がいてい》せし〈大体を定めた〉に過《す》ぎざりしは、全文を一読して直《ただち》に了解し得べきなり。(2)

抑々《よくよく》〈どんな点から見ても、そう結論づけられる〉震源地点を確定することは、地震学上の最重要なる条件にして、復《また》困難なる事柄《ことがら》に属《ぞく》し、僅少《きんしょう》の材料と時日《じじつ》とを以って、容易に決定すべからざるは、事実之を説明せり。然るに、世間往々震源地点を探究することは、一《ひとつ》の地震計を以て、恰《あたか》も嚢中《のうちゅう》〈袋の中〉の物を探《さぐ》るが如く、極《きわ》めて容易なることとなりと思料する者あるは、恐《おそ》らくは事実を弁《わきまえ》へざるの致《いた》す所なるべし。且《かつ》又此際《このさい》に於《お》いて、実際不明なりし震源地点を予断せしを責むる者あるも、余が最後の断定を下せしにあらざるは、前文に明白なる而已《のみ》ならず、此《かく》の如き場合に於《おい》て、唯一《ゆいいつ》の器械的験測《けんそく》の表示を度外視して、妄《みだ》りに憶測《おくそく》を挟《はさ》むは慎《つつし》むべきことならずや。

〈以上は二月十七日掲載部分〉

時《とき》は刻々進みつつ十一日の午後に移り、地震は猶《なお》ほ益々増加に傾くのみにて、土地は不断の動揺を感ずるに至り、形勢穏《おだや》かならず。即ち警察官署に電話し、地方の状況を聞くに、何らの情報を得ざりき〈警察は測候所や新聞記者に情報を流している〉(2)。夜に入り有感の微震は、著《いちじる》しく増加して土地の動揺増進せるを示せり。夜半〈十一日〉に至りて、警察官憲より電話を以って、地方の地震の概況を報《しら》せらる。曰《いわ》く。加世田《かせだ》微震数回、伊作《いざく》同二、三度、谷山地震八回位、知覧《ちらん》強震二、三回、指宿《いぶすき》微震十七、八回、頴娃《えい》同七、八回、加治木《かじき》屡々《しばしば》強震す、志布志《しぶし》微震一回、鹿屋《かのや》同三、四回、串良《くしら》同数回、伊集院同五、六回、市来《いちき》同三、四回、枕崎《まくらざき》、岩川《いわがわ》〈曽於郡の村、現曽於市の一部〉、末吉、宮之城、出水《いずみ》は地震無し。而して各地、孰《いづ》れも被害なしとなり〈県内でも主に川内川以北の地域であまり地震が起こっていない事が注目される〉。

是に於いて余《よ》は、鹿児島・加治木一帯の地方に強震頻発《ひんぱつ》し、略《ほ》ぼ桜島を中心として発作する地震なることを、推知《すいち》するを得たり。然れども余は、不幸にして猶《なお》ほ重大なる事変を必生《かならずしょう》ずべき確信を発表すべく、余《あま》りに小膽《しょうたん》〈肝が小さい〉に過《す》ぎたり。記憶せよ、噴火は、必ず地震を伴《ともな》ふ。されど地震〔は〕、必ずしも噴火を伴《ともな》はざるを。加之《しかも》、山体の異変は、山腹に於ける岩石の墜落に由りて起《おこ》れる砂塵《さじん》の昇騰《しょうとう》・・・世間往々之を噴煙なりしと云う者あるも、余は断《だん》じて砂塵《さじん》なりしと信ず・・・と、一回の声響ありしと謂《い》ふの他に、何等の現象を認めず。且《か》つ外に、一《いっ》の情報に接せざるが故に、徐《おもむ》ろに其の経過を待つに若《し》かずと思考せり。

十二日早暁《そうぎょう》に至るや、地震の初期微動は益々短縮して、一秒内外に出でずして、震源の近傍《きんぼう》に切迫せることを示したり。午前八時始めて山側に、白煙の徂徠《そらい》〈出たり止まったり〉せるを観たり。此時余《よ》は必然、大変災を惹起《じゃっき》〈引きおこす〉すべき確信を持するに至り、即時警察官憲に向《むか》ひ、其危急を電告したり。其後約二時間を経て、午前十時、驚天動地の大活動を開始せり。嗚呼《ああ》桜島の爆発噴火！

今日に至りて之を云《い》ふは、恰《あたか》も死児《しじ》〈死んだ子供〉の齢《よわい》を算《かぞ》ふるの愚《ぐ》〈することが当をえないこと〉に似《に》たるを知る。然れども、暫《しばら》く各位の寛容に寄依《きえ》して、余が終世の遺憾《いかん》として、夢寐《むび》〈眠っている〉の間にも、猶《なお》ほ忘却する能《あたわ》はざる二三《にさん》を陳《の》べん哉《かな》。

地方の状況不明なりしこと、其の一なり。聞くならく、西桜島村に於《お》いては、旧臘《きゅうろう》〈去年の十二月〉井水の減退著《いちじる》しく、用水の不便を致したりと云《い》ひ《い》、十一日朝より鳴動・地震併発《へいはつ》して何《いづ》れも強大なりしと云《い》ひ《い》、岩石の落下、山腹の断崖の崩壊の為《た》めに、雷鳴の如き声響《せいきょう》を挙げたりと云《い》ふ《う》等の事実は、実に異状なる現象として、前《ぜん》顕《けん》〈明確な兆候と思われる〉天変地異報告の訓令に該当《がいとう》するものにあらずや。各村は同訓令に依《よ》りて、即時測候所に向け、其状況を電告すべかりしなり。

　然るに、不幸にして、此《この》訓令は一《いっ》の活用を〔も〕なさ〔れ〕ず。測候所当事者に於いては、桜島に於《お》ける異状現象に付《つき》て、終《つい》に一《いち》小事実さえ知得《ちとく》するを得《え》ざりしなり。彼《か》の千古の英将〈英国の将軍〉も、敵艦の航進〈航行方向〉を探知するには、幾多《いくた》の哨艦《しょうかん》〈哨戒《しょうかい》の艦艇〉の無線電信に依《よ》りたりと謂《い》ふ《う》にあらす《ず》や。況《いわん》や不肖《ふしょう》の如きは、豈《あ》に地方の報告を得ることなくして、能《よ》く其実況を知悉《ちしつ》〈しりつくす〉し得《う》るの理《り》あらむ《ん》哉《や》。

　震災予防調査会委員の派遣、其時機を晩《おく》れたること〈調査会の実力者、大森房吉が鹿児島へ来た時期〉、其二なり。同会官制第一条に規定するところに拠《よ》れば、「震災予防調査会は文部大臣の監督に属し震災予防に関する事項を攻究し〈考え究《きわ》める〉其施行方法を審議す」とあり。又前掲の、同会長の発せられたる公文を対照すれば、地震噴火等の天災予防調査及其施行方法は、正《まさ》に同会の主管たるべし。

　是を以て、客秋《かくしゅう》来〈昨年の秋以来〉、頻々《ひんぴん》として発現したる地震及び火山の活動現象は、勉《つと》めて同会に向《むかっ》て報告を怠《おこた》らざりき。猶《なお》ほ其調査の為めには、専門学者の実地踏査の必要なるを認めたるが故に、同会委員の派遣を請ひたるは、既説《きせつ》の如し。若《も》し夫《そ》れ同会に於《おい》て、急速本県の請求を容《い》れ、直《ただ》ちに委員の派遣を命じ、其《その》調査に従事せんか。或は這般《しゃはん》〈このたび〉の災害に先《さきだ》ちて、有効なる能力を発揮し得べかりしならむ也。不幸にして前記の上申は、終《つい》に実際上、何等の効果を見ざるに至りたるは、余の頗《すこぶ》る遺憾とする所なり。

　測候所の職務を誤解せる者ある其三なり。気象台測候所条例施行細則第二条に規定せる所に拠《よ》れば、「地方測候所は所在地の気象を観測し所属庁管内の気候を調査し地方天気予報地方暴風警報を発する所とす」とありて、其職務の範囲及職責の区分柄《がら》として日星《じっせい》〈太陽と星〉の如し。然るに、噴火の警報を前日に発し得《え》ざりしを、測候所の失態となし、余が職務上の過失と見做《みな》す者、尠《すくな》からざるが如きは、余《よ》の了解に苦しむ所なり。

例えば、船車の孰《いず》れも運輸交通の事に従《したが》ふの故《ゆえ》を以て、航海の難易を駅長に問《と》ひ、鉄路の安否を船長に質《ただ》すは、果たして事理を弁ずる者の、敢《あ》えて為すべきことなりとなす乎《か》。与論の先達たる識者《しきしゃ》の中《うち》、天下の耳目たる諸賢の間《かん》に居《い》て、猶《なお》ほ且《か》つ、斯《か》くの如き見解を持《じ》する者あるは、余の甚《はなは》だ遺憾とする所なり。余は再言す。現行法規の示す所に拠《よ》れば、気象台測候所は、地震予報・噴火警報に付いては、何等の職務上の義務を有せずと。

余《よ》が執務上の過誤《かご》、之《こ》れ其四なり。一月十一日地震頻発《ひんぱつ》、桜岳《さくらだけ》〈桜島岳〉の砂塵《さじん》現象を認《みと》めたるに当たり、可及的神速《かきゅうてきじんそく》に、地震の区域を探究すべく有《あ》ゆる手段を講《こう》じ、乃至《ないし》自身渡島して実況《じっきょう》を視察することは、余に取りては、最も賢《かしこ》き途《みち》なりしなり。然るに従来の「観測を先にし、而《しこう》して調査を後にす」の習慣に捕《とら》へられたるは、執務《しつむ》の順序、其当《そのとう》を得ざりし〈道理にかなっていない〉の非難は、免《まぬが》るべからず。又其《その》当時、迅速《じんそく》に震災予防調査会に電報して、当局大家の高見を伺《うかが》うべかりしに、発電〈電報或いは電話〉の時期後《おく》れしため、当局者の活動に、余時《よじ》〈ゆとり〉無からしめたるは、自《みずか》らの深く遺憾とする所なり。

之を要するに、余は斯《かく》の如くにして、遂に過去半歳の間に於ける其施設は挙げて無効に了《おわ》り、総《すべ》ての計画は悉《ことごと》く水泡《すいほう》に帰し、何等の実益をも提供し能《あた》はざるに終わりたるは、余の寔《まこと》に痛恨に耐《た》へざる所なり。

終《おわり》に臨み、今回の禍災《かさい》につき、大森博士〈大森房吉《ふさきち》、一八六八〜一九二三年〉及び今村博士〈今村明恒《あきつね》、一八七〇〜一九四八年、関東大震災を統計的に予測〉の公開書中[3]、直接又は間接に表示されたる御同情に対して、余《よ》は満腔《まんこう》〈体じゅう〉の謝意を表し、猶《なお》ほ今村博士に対しては、余が斯学《しがく》の趣味浅薄《せんぱく》なりしより、終《つい》に其《その》指導を空《むなし》ふ《う》したる点に付ては、茲《ここ》に慎《つつし》んで博士の寛恕《かんじょ》〈度量が広く、許すこと〉を請《こ》ふ《う》。(完)

附記　昨日ジャクガー博士と語る　氏〈鹿角《かづの》義助氏〉は〔博士より〕主管の布哇《ハワイ》火山の周囲に十二個の地動計を設置せむとする計画を聴《き》き、其企画の雄大と調査の緻密《ちみつ》なるを羨望《せんぼう》すると共に東洋火山観測の最も貧弱なるを思ひ、感慨特に切なるものありき。（大正三年二月十五日記）

〈以上は二月十八日掲載部分〉

〔註〕

（1）柳川善郎著『復刻　桜島噴火記　住民ハ理論ニ信頼セズ・・・』（南方新社、平成二十六年一月）二三～四四頁など、参照。この鹿角の公開状を読む上で、鹿角の視点を活用して書かれた柳川氏の本は、大いに参考になった。併せて、読者の一読を勧めたい。なお警察の独自の動きは見られたが〈次の註（2）の『鹿児島新聞』の記事〉当時の県知事を先頭とした県の公務員達の動向、町村の公務員達の動向が見えてこない。なかでも、測候所職員も含めて県の公務員達が、桜島の村長らからの報告（史料では「報告」はなされず「問い合わせ」だけであった）をどう処理していたのか、連携した彼等の動向は全く不明で、また新聞紙上では彼等の責任を問う記事も見えない。鹿角の公開状によると、警察署と測候所・県庁の関連部署との連携規定の制定や連携システムの構築が行われていなかったことが想像される。

（2）当時の新聞記事を読むと、鹿角の意向（「震源地点を概定したに過ぎない」という考え）とは異なる表現（『鹿児島朝日新聞』は「心配は無用」）で記事が書かれていることが、以下の記事から理解できる。また、測候所と県庁内の他部署・警察署間の連携にも問題があったことが窺《うかが》える。

『鹿児島朝日新聞』（大正三年一月十二日）二面の「●地震来《ぢしんらい》!!」には、「震源地は何処？　但《ただ》し心配は無用也　十一日午前三時四十一分の地震を初発とし以来強弱の地震頻発し同日午後二時に至るまで総計六十四回に及び（中略）而して震源地は目下調査中なるも蓋し市を距《さ》る事僅々《きんきん》四五里の陸上にありて昨年の伊集院地震に関連せる震源に発したるもの、如し因《ちなみ》に斯《か》く地震の頻繁なるは土地の平定上却《かえ》つて有効にして之が為めに漸次地震力を消耗し、従て強烈なる地震を将来する恐れ尠《すくな》しといふ（鹿児島測候所検測）」とある。

いっぽう、『鹿児島新聞』（大正三年一月十二日）二面の「●震源地は市附近」には、「昨朝〈十一日〉来の地震は日没頃迄に百回以上にも及びたるが此《かく》の如きは当市未曾有の天変にて市民は孰《いず》れも安き心地なかりしが今県下各地より本県警察部に達したる情報に依れば伊集院地方の如き軽微の震動にて南薩方面又た同様微弱の震動なりしと云ふ殊に加治木地方の如き五六回の震動を感じたる迄なりと云へば此の震源地は市を距《さ》る遠からざる吉野地方ならんと云ふ」とあり、『鹿児島朝日新聞』とは、異なる内容となっている。情報の出どころは、前者が鹿児島測候所で、後者は警察部である。そして前者は地震計に依る判断で、後者は県下の各地から集められたものに依る判断である。更に後者の『鹿児島新聞』には、同面の「●桜島の噴煙」に「昨朝〈十一日〉来強烈なる震動ある毎に桜島の八合目程より噴煙せるを見たりと云ふ尚ほ横山駐在所より当市警察署に達したる報道に依れば横山村と赤水《あかみず》との間なる山腹時々崩壊し居れりと云ふ」と記し、警察署からの情報で、十一日には既に桜島で異変が起こっていたことを伝えている。

なお上掲のように、警察の独自の動きは見られたが〈『鹿児島新聞』の第二号外〈一月十二日〉も含む記事〉、当時の県知事を先頭とした県の公務員達の動向、町村の公務員達の動向が見えてこない。なかでも、測候所職員も含めて県の公務員達が、桜島の村長らからの報告〈その存在は不詳〉をどう処理していたのか、連携した彼等の動向は全く不明で、また新聞紙上では彼等の責任を問う記事も見えない。鹿角の公開状によると、全県下の情報を集めていた警察署と測候所・県庁の関連部署との連携規定の制定や連携システムの構築が行われていなかったことが想像される。

さらに、鹿角の公開状（二月十七日掲載）であげる、訓令甲第四十二号に基づく、町村役場からの測候所への報告（現在〇〇が起こっている）がなされていたと言う当時の記事は未見である。管見の及んだ記事は、町村役場からの測候所への問い合わせ（桜島は大丈夫か）だけである。この訓令に従って、東西の桜島村役場から、時々刻々変化する桜島の様子を、測候所へ報告していたのであろうか。この問題については興味が尽きない。

（3）その例として、後の三で、今村明恒の見解（「今村博士の寄書」）を紹介する。

二、弁護士、松尾栄一の鹿角《かづの》義助への公開状

測候所長に与《あた》ふ（公開状）　弁護士、松尾栄一

鹿児島測候所長鹿角《かづの》義助君《くん》

余は昨日来、鹿児島新聞紙上に於《おい》て、貴下の公開状なるものを拝見したる者の一人なり。貴下は県下の一大新聞たる此《この》鹿児島新聞紙上に於《おい》て、其《その》桜島爆発に至る迄《まで》、最近半歳の間に、貴下の施行《せこう》計画せられし事跡並《ならび》に貴下の職責に関する所信を披瀝《ひれき》〈隠さず打ち明ける〉せられ、以て其《その》可否の判定を、一般読者に求められたり。之に対し、余が今茲《ここ》に一言《いちげん》を貴下に呈《てい》せん〔と〕するは、是正《まさ》に本紙読者の一員たる余の権利にして、又義務なりと信《しん》す《ず》。桜島爆発の当時、貴下が自殺せられたりとの風評高く、各地の新聞紙は、又堂々として之を事実として伝へたり。当時余は、此事は必す《ず》や事実ならむ《ん》と信じ、又事実ならむ《ん》ことを希望したるの一人なりき。何となれば、是正《これまさ》に言責《げんせき》を重《おもん》す《ず》可《べ》き日本男児の執《と》るべき当然の道なりしが故《ゆえ》なり。

然《しか》るに其後、貴下の自殺に関する風評は全然虚偽《きょぎ》にして、貴下は今尚此世《なおこのよ》に生息し居《お》らる丶ことを知るに当《あた》り、余は頗《すこぶる》失望せさ《ざ》るを得《え》さ《ざ》りしと雖《いえども》、尚一縷《なおいちる》〈ごくわずか〉の〔望みに委〕〈この四文字は判読不可につき補足〉嘱し居《い》たり。何となれば、貴下は必ずや言責を重《おもん》じて、辞職せらる丶可《べき》と信じ居《い》たるが為《た》めなり。

然るに、今や事実は、全然余の期待に反し、貴下は臆面《おくめん》もなく、公開状なるものを以《もっ》て、貴下が職責上に於《おい》て、何等《なんら》過失なきことを弁《べん》せらるゝに至りては、余は貴下のズーゞーしさ加減に呆《あき》れざるを得《え》ざるなり。貴下は、地方測候所条例施行細則第二条を盾《たて》に取り、地震予報・噴火警報に付きては、何等《なんら》職務上の義務なきことを弁《べん》ぜられたり。

然《しか》らば、余は敢《あえ》て貴下に問《と》はん。貴下は何が故《ゆえ》に、其《その》何等職務上の義務なき事に関し、妄《みだり》に「震源地は桜島にあらず」、「桜島は何等《なんら》の危険なし」、「煙に非《あら》ず、雲なり」と放言せられたるや。貴下の此《この》言明ありしが故に、桜島島民は爆発間際《まぎわ》に至る迄《まで》、避難の準備を為《な》さず。為《た》めに幾多《いくた》の生命と財産とは失《うしな》はれたるに非《あら》ずや。貴下は此言責《げんせき》に対し、果《はた》して如何《いか》に貴下自身を処分せんとするか。是《これ》余が貴下に大《おおい》に問《と》はむとする所なり。

貴下は先《ま》づ、余が此問《このとい》に対して明答《めいとう》を与《こた》へよ。然らば、余は貴下と大《おおい》に論ずる処《ところ》あらむ《ん》とす。（二月十八日記）

〈自ら述べるように、松尾は『鹿児島新聞』の愛読者という。この新聞記事のみが正しいものと考え、これと異なる記事を書いていた『鹿児島朝日新聞』を見ていない可能性がある。ちなみに、次の「今村博士の寄書」（『鹿児島朝日新聞』大正三年二月六日、一面）などは、松尾は読んでいないのではと推測される。〉

三、地震学者、今村明恒《あきつね》の見解

今村博士の寄書

左の一篇は、理学博士今村明恒《あきつね》氏(1)が、今回の桜島変災につき、特に本社に寄せられたるものなり。

大正三年一月三十一日　理学博士　今村明恒《あきつね》

記者足下　今回の桜島変災につき、我親愛なる同郷の父老に、余が誠実なる慰問の辞を、貴紙に依《よ》りて開陳《かいちん》し得べきか。

近年霧島・桜島殆《ほとん》ど休熄《きゅうそく》〈休みやむ〉したること、及び百弐参拾年前に於《お》けると同様に、最近に於《おい》ても富士・霧島の両火山脈が共に相《あい》前後して活動せること、及び我霧島・桜島共に噴火を繰返《くりかえ》せる沿革を有せること、との三個の事情は、既に学者をして、早晩《そうばん》彼等〈霧島・桜島〉が、再び活動すべきことを思はしめたり。

加《くわ》ふるに、昨年〈大正二年〉五月以来、霧島の山麓《さんろく》には、時々頻々《ひんぴん》に火山性の地震を発し、又《また》六月参拾日には伊集院地方に強烈なる火山性地震を起せり〔「伊集院地震」と称呼〕。是《これ》を以て、去る〔明治〕四拾弐年の浅間〔山〕〈長野・群馬両県境〉噴火及び〔明治〕四十参年の有珠《うす》〔山《ざん》〕〈北海道〉噴火の場合に於て、其数ヶ月以前よりの附近火山系地震頻発《ひんぱつ》の事情に鑑《かんが》み、余は鹿角《かづの》測候所長と共に事前調査につき計画する所ありき。一方斯学《しがく》唯一の大家たる大森博士〈大森房吉《ふさきち》は有珠山の研究で成果(2)、東大で助教授今村の上司〉も、亦県当局に対し同様の計画ありき。

然るに事〈桜島の噴火が〉、予期に先《さき》んじて突発し、遂に県下をして一時恐惶《きょうこう》の渦中《かちゅう》に陥《おちい》らしめしは、実に恐懼《きょうく》〈おそれる〉に堪《た》へざる所にして、余の不明を悔《くや》むと共に、斯学《しがく》研究〈地震・火山の研究〉の好機会を逸《いっ》せるを憾《うらみ》とするものなり。特に毒瓦斯《どくがす》、五里立退《たちのき》等無稽《むけい》の流言の為めに、安全なる市内家屋まで見棄《みす》つるに到らしめたるは、実に悔恨《かいこん》に堪《たえ》へず。

幸《さいわい》に当局の献身的行動、軍隊の熱烈なる援助等によりて、災害を最低の度に防禦《ぼうぎょ》し得《え》られたるは、感激に堪《たえ》へず。特に余は自己の学術関係よりして、篠本《ささもと》先生〈第七高等学校造士館講師・篠本二郎〉(3)の進言に最も敬意を払《はら》ひ《い》、又測候所の終始一貫せる地震観測の功を称せずんばあるべからず。

地方測候所は、気象観測を司《つかさど》る所なり。又地震計を備《そなえ》付けて観測をなすべしと雖《いえど》も、其条例〈「気象台測候所条例施行細則第二条」のこと〉には火山の一語半句すら之《こ》れなし。されば他の県には、県境に恐るべき活火山のあるありて、其の災害は直《ただ》ちに県内に及ぶも、測候所は全く之に関知せず。剰《あまつさ》へ条例を盾《たて》として、他との聯合《れんごう》調査をも峻拒《しゅんきょ》〈強く拒否〉せる所ある位なり。

然るに我《わが》鹿児島測候所は、今日の程度に於《お》いて、全く不完全なる機械を以てよく観測を実行し、且《か》つ又時々地震に関する適当なる注意を発表し来《きた》りたるは、多《た》とせざるべからず。但《ただ》し、今回の場合の如き、火山性地震の特発を追跡調査するに足るべき、不断観測用の地震計の準備の、間《ま》に合《あ》はざりしは、所長も之を遺憾《いかん》とせらるべく、余も亦最も之を遺憾とするものなり。

幸に、大森博士の急遽《きゅうきょ》出張せるありて、其の欠を補ひ、且《か》つ噴火の現在及び将来に就《つい》て、或は県当局に対し、或は前後数回の講演に於て、最も有益なる注意を与へられたるは、余の最も感激する所にして、同博士着京の機を利用して、此の意を速《すみやか》に述べ得たるは満足に堪《たえ》へず。

（中略）今回の噴火は、実に標式的のものにして、特に前回の安永噴火に、頗る良く類似したることを知れり。

（中略）前回〈安永噴火〉に比して今回は、死人の数遙《はるか》に小なりしは、汽船救助の功とすべく、果して然らば、是れ即ち照代〈輝かしい時代〉の賜《たまもの》なり。唯《ただ》鹿児島市内に、石塀の厄《やく》〈わざわい〉と恐慌《きょうこう》避難の途次《とじ》、崖崩れの為《た》め、三十余名の死者中、半数を数《かぞ》へたるは、遺憾《いかん》に堪《たえ》へず。今後は〔土壁には〕抗張力の通常、若《もし》くは通常以上なる膠泥《こうでい》〈粘りの強い泥〉を用ふること。東西の震動には寧《むし》ろ大なる抵抗力を有する様《よう》築造すること。諸築造物は、〔鹿児島県においては〕造山作用性の大震〈活断層やプレートの移動活動による地震〉に備ふるの要はなからんも、最大程度の火山性地震〈今回経験の分〉には添ふ〈対応す〉べきこと。築地〈埋立地〉、海岸或《あるい》は崖由《より》の人工地盤上の建築には、基礎工事等に特に意を用ふべきか。（中略）何《いづ》れにしても、其噴火の予備行動として火山性地震を其局部に頻発すべければ、地震の不断観測は、今後其方面附近に於て継続し、以て之を予知するの材料となしたきものなり。（中略）今回の如き経験は、異日他地方に起りたる災厄《さいやく》に於ても、又今後数十百年の後、再び同様のことあるも、沈着事を処するの資料として、永《なが》く記念すべきものならん（完）。

〔註〕

（1）今村明恒《あきつね》は一八七〇～一九四八年の人。鹿児島市新屋敷町生まれ。関東大震災を統計的に予測したことで知られる。今村の生涯については、山下文雄著『地震予知の先駆者　今村明恒の生涯』（青磁社、平成元年九月）〈『君子未然に防ぐ―地震予知の先駆者今村明恒の生涯―』東北大学出版会、平成十四年八月、再版〉が詳しい。いちいち示さないが、本書の序章や略年譜も参照して、以下の記述を行っていく。なお今村については、第二章の「二、武之橋近隣の居住者

②新屋敷町の人々」で、すでに紹介したので、そこも併せてお読み願いたい。

明恒は明治二十七年に東大物理学科を卒業。士官学校教授、東大助教授、同教授を歴任し、昭和六年に退職。明治三十八年に学位を受けた。大正三（一九一四）年当時は四十歳代半ばで、地震学界の中堅として活動していた。新聞紙上で毎日のように目にされた地震学の泰斗《たいと》大森房吉の、鹿児島県下での名声に比較して、当時の地元新聞紙上での露出度が低かった今村は、郷里鹿児島では権威のある人物ではなかった。

さらに大正四年十一月には、関東でやがて大地震〈関東大震災〉が発生すると再表明して、またしても大森から厳しい批判を受けると共に、学会や市中でもその評判を落としていた（十二年九月に関東大震災）。そうした中、本文で後述するように、鹿児島市の担当者は、今村の草案（五年一月十二日提出）を削除改変し、更に草案起草者としての姓名まで無視したのである。今村の心情は、想像して余りある。

いっぽう今村は、大正二年十二月二十五日に震災予防調査会委員に任ぜられ（十八日後に桜島大爆発）、地震学の分野では知名度は高かった。桜島大爆発後は、ようやく二月末に鹿児島で桜島を震災予防調査会委員の肩書きをもって調査している。しかし鹿児島県下では、大森教授の部下（今村は助教授）で、様々な原因から彼の研究者としての評価が低かったことが、後述（第九章、参照）のような結果に終わった要因の一つであったと想像される。

（2）大森房吉は、北海道の有珠山《うすざん》について、世界で初めて地震計による火山性地震を観測、また精密測量を行った。これにより、地殻変動の検出など先駆的成果をあげていた。

（3）鹿児島県編発行『桜島大正噴火誌』（昭和二年三月）二七六～二七七頁、「第三章　篠本七高講師の意見」によると、

「第七高等学校造士館講師篠本二郎氏は、十日以来の地震は、火山性のものにして、震源地は桜島にあり。故に、近く何等かの現象を呈《てい》するに至るべしと観測し、十二日払暁《ふつぎょう》〈もう少しで夜が明け切ろうとする時〉、之《これ》に関する論文を草し、早朝鹿児島新聞社に寄稿したりしが、右原稿未《いま》だ新聞に発表せえらる、の暇《いとま》なき間に、事件は猶予《ゆうよ》なく進み、桜島は遂に噴火するに至れり。

十二日爆発以来、噴煙・鳴動間断なきより、毒瓦斯《どくがす》噴出し《ママ》或は海嘯《かいしょう》〈津波〉襲来の流言蜚語《ひご》〈根拠の無いうわさ〉盛に伝はり、人心恟々《きょうきょう》〈とても怖れて〉として数里の外に避難し、又止《や》むなく踏止《ふみとど》まれる残留者も、転《うた》た

〈より一層〉不安の念に襲はれたる有様なりしが、篠本講師は、十四日左の如く意見を発表せり。

桜島爆発の順序は極めて規則正しく、今後決して憂ふべきことなきことを保證《ほしょう》す。大抵強勢の爆発の連続は、長くて廿四時間なれば、漸次爆裂の度を減じ、二時に一回、三日以後には四五時間に一回位に止まり、一週間以後には静穏《せいいん》〈静かで穏《おだ》やか〉に帰し、僅《わずか》に小爆発を見るのみに過ざるべし。（中略）海嘯《かいしょう》〈津波〉の憂《うれい》は全然なきことを保證す。（中略）又風向次第にて、流出瓦斯に吹き悩まさるる憂ひありとて流言するものあるも、是亦最も事情に通ぜざる人の空想にて、（中略）一里を隔つる市を、傷くる等のことなし。

翌十五日同講師は、又左の意見を発表し、十六日の鹿児島新聞に掲載せり。

其後の経過順当にして、何等憂慮すべき現象を認めず。尚《なお》定時小爆発を為すも、次第に鎮静すべく、最早《もはや》安心して可なり。仮令《たとい》噴火口の如何《いか》に下降するも、海底地質の関係上海嘯《かいしょう》を起す如きことなきを確證す」

とある。篠本はこのような意見を、紙上に発表しており、県民の不安を鎮静化するのに貢献するところ大であったと言えよう。

ただし上掲記事のうち、前者の記事については、『鹿児島新聞』の大正三年一月十四日、十五日の両日の紙面が今日残っていないようであるため、同紙の原文は確認できなかった。後者の記事は同紙一月十六日、二面に掲載する。

ところで前者の記事について、上掲『桜島大正噴火誌』では「篠本講師は、十四日左の如く意見を発表せり」とするが、事実はこれと異なっていたようである。『鹿児島朝日新聞　号外』（大正三年一月十五日）一面の「篠本教授は曰くモー大丈夫なり」に、

十三日の大震災後、本県知事の問合に対し、左の如く告発したり。参考として左に之を掲載す。拝啓尊書拝見　桜島爆裂活動の順序は、極めて規律正しく活動候ものにて、今後決して憂ふべきことなきは保證《ほしょう》致候。大抵勢強き爆発の連続致し候は、長くて二十四時に有之候処《これありそうろうところ》、只今の場合、斯くの如くにて、十三日午前九時より十四日九時までには、爆裂の度大に減じ、二時間に一回位に可相成《あいなるべし》、又三日間位には四五時間に一回位に止まり、一週日間経過すれば、遠来研究などの多少失望候様静穏《せいいん》〈静かで穏《おだ》やか〉に帰し、時に小爆発を為すに過ぎざるべしと存候《ぞんじそうろう》間《あいだ》、今後決して御心配御無用に候《そうろう》。（中略）海嘯《かいしょう》〈津波〉の憂《うれい》は初より全然なきことを保證致候《いたしそうろう》。（中略）又風向

次第にて、硫質《りゅうしつ》瓦斯を吹き悩まさる、憂在《うれいあり》と流言なす者有之候得共《これありそうらえども》、是又最《もっとも》事情に通ぜざる人の空想にて、（中略）一里を隔つる当市人を、傷くる等の事は無之候《これなきそうろう》。

とある。この手紙の最後に「一月十三日午前　第七高等学校　篠本　教授」とある。この手紙は十三日午前に認《したた》められたもので、篠本の肩書きは「教授」である。『鹿児島新聞』では「講師」として、異なる肩書きである。「講師」が正しいことを、第八章の註（7）で詳述する。

第八章　新聞記者、南水生の体験

《ここに紹介する「●爆発遭難記（一）〜（五）」（『鹿児島朝日新聞』大正三年一月二十二日、二十三日、二十四日、二十五日、二十八日、いずれも二面に掲載）は、同新聞社員でペンネーム南水生によるものである。『鹿児島朝日新聞』は旧『鹿児島実業新聞』を改題した新聞で、社屋は鹿児島市六日町朝日通《あさひどおり》にあった。現電停「朝日通」付近に会社があった。海を背に十字路に立つと右側の角で、その近くに鹿児島新聞社の社屋もあった。[1]朝日通は当時の県庁から港へ真っすぐつづく通り（現西郷隆盛像から山形屋と市役所の間を抜ける通り）で、路面電車の線路ともクロスし、当時は市の中心街であった。公的な機関が近隣に集積しており、様々な情報を集め易い場所に立地していた。いっぽう社屋から東方を見ると、間近に桜島の威容が見えた。》

爆発遭難記（一）編輯局楼上より　南水生

⊙十二日　数日来の地震は、日を経《ふ》るに従つて其《その》度数を増加し、十一〈原文は「十二」〉日の夜の如きは、殆《ほとん》ど間断《かんだん》なく強微弱震がガタ付いて居つた。此の時尚《なお》ほ無能とは知らず、測候所の報告を多少尊重して居つたものだから、桜島が爆発しやうなどとは夢にも思はなかつた。併《しか》しながら、何だか黒い影が付纏《つきまと》つて居る様な、一種の不安は断へなかつた。何時《いつ》もよりは少し早く、午前七時半には、早や出勤して見ると、桜島の半腹から微《かす》かな煙を吹いて居る。測候所では震源地は、市を去る五里以内の陸上にありて、決して火山性の震動で〔は〕ない事を繰《く》り返して居《い》るが、桜島に微《かすか》にもせよ、新噴火口が湧《わ》いて居《い》る以上は、或は此の一大謎《なぞ》が、之れから解かれるのではないか、兎《と》にも角《かく》にも、山の半腹から煙を吐《は》くのは、島芙蓉《しまふよう》〈桜島の異称〉[2]の新レコード〈記録〉であると思つた。

何時《いつ》もの様に、各地からの通信や新聞などに一通り目を晒《さ》らして居《い》ると、柳内主幹も何時《いつ》もよりは早く見へる。続いて一人加はり、二人殖《ふ》えて、局内が賑《にぎや》かになると、話は暫《しば》し地震と噴火で持ち切つて居《お》つた。軈《やが》て午前十時頃になると、給仕の仙公〈あだなで、仙人のこと〉頓狂《とんきょう》な声を出して、桜島が燃え上《あ》がつたと報告する。慌《あわ》てゝ会議室の窓を押《お》し開いてみると、今しも桜島の半腹から、一条の猛煙《もうえん》が噴き上《あ》げられた〔か〕と見る間に、雲柱高く天に沖《ちゅう》して、幾万尺の高きに上《のぼ》り、偉麗《いれい》〈優れて美しい〉、荘厳《そうごん》、凄絶《せいぜつ》、何物の辞《ことば》を以てしても形容する事の出来ないものとなり、七万の市民は、何《いづ》れも驚異の眼を瞠《みは》つて左往右往する。瞬《また》く間に、海岸は人の黒山を築いて、交通も杜絶《とぜつ》されると云《い》ふ有様となり、社員は車〈人力車など〉を八方に飛ばして、十二時頃からは、各方面の情報が頻々《ひんぴん》判《わか》つて来る。気早《きばや》の連中は、早くも荷物を片付《かたづ》けて避難準備をする。

二時となり、三時となり、四時となると、市内は全《まった》く鼎《かなえ》の沸《わ》く〈お湯がわく〉が如《ごと》しで、明治十年戦争〈西南戦争〉の当時を偲《しの》ばしめる様な大騒《おおさわ》ぎだ。桜島の噴煙は、時刻の移るに従《したが》つて、地軸《ちじく》〈地の中心、地中のマグマ〉の鳴動《めいどう》と共に益々激甚《ますますげきじん》となり、猛烈《もうれつ》となり、凄絶《せいぜつ》となつて来るが、一管〈一本〉の筆を唯一《ゆいいつ》の生命、唯一の武器とする、操觚《そうこ》〈文を作る〉者の奮闘《ふんとう》すべきは此の時、此の際とあつて、内に働くものも、外を飛び廻《まわ》るものも、流石《さすが》に寅《とら》の歳丈《だけ》けに、鼻息の荒い事、夥《おびただ》しいものであつた。

北信子《きたしんし》〈ペンネーム〉などは、（中略）大気焔《きえん》を吐《は》いて居《い》る間に、第一版の締切《しめき》りとなり、鋳造となり、印刷となつて、事務では発送に取り掛《かか》る。編輯局では、第二版の編輯に苦心して居《い》る。島民は、引ッ切りなしに収容所に運ばれて行く。市民は、亦続々市外に向けて避難して行く。日が暮れて、電燈の瞬《まばた》く頃となると、何だか周囲の空気に、不安の影が漂《ただよ》つてるかのやうだ。

果然《かぜん》〈結果が予想した通りだったと改めて認識〉、大果然、六時二十分になると、大地震《おおじしん》の襲来だ。朝日通《あさひどおり》の三大建物と言はれて居る本社編輯局も、激浪《げきろう》に翻弄《ほんろう》せられた船舶も同様、強《したた》かに揺《ゆ》すぶられて最《も》う助かるまいと思つた位《ぐらい》で、天涙子《てんるいし》〈ペンネーム〉の如きは、万事休矣《ばんじきゅうす》と絶叫《ぜっきょう》した。

此の大地震《おおじしん》の時まで編輯局に居残《いのこ》つて居《い》たのは、柳内主幹と天涙《てんるい》、杏村《きょうそん》、北信《ほくしん》、天笑《てんしょう》、川上子《かわかみし》と及《および》記者〈わたし〉の七名であつたと記憶して居るが、若《も》し電燈さへ消滅しなかつたならば、吾等《われら》は最後まで此《ここ》に奮闘すべきであつたが、真《ま》ッ暗《くら》がりでは、手も足も出せない。此の上は仕方がないと云ふので、火の用心を小使《こづかい》に托《たく》して、各々四散する事になつた。

爆発遭難記（二）編輯局楼上に於て　南水生

▼十二日の大震動後は、殆《ほとん》ど驚愕《きょうがく》其度を失《しっ》した市民の多数は、何れも命《いのち》からゞ、僅《わず》かに身を以て逃れたと云《い》ふ有様で、記者が朝日通りから千石馬場（西田橋に通じる道路）を真直《まっす》ぐに家路〈次の（三）によると、自宅は平之町、平之町は千石馬場の北側、照国《てるくに》神社の西方、現照国町から甲突川の間、調所広郷《ずしょひろさと》の屋敷跡、向田邦子居宅跡がある〉に急ぐ途中には、山ノ手を指して〈西田橋をこえて武岡、田上などの方面へ〉避難するものがウヨヽヽして居《お》つた。
▼家〈平之町〉に帰つて見ると、妻と女中は子供を背負《せお》つたまンま、ボンヤリ屋外《おくがい》に佇《たたず》んでゐ《い》る。今隣《とな》りの熊本屋の主人が見へて西田・常盤町《ときわ》〈千石馬場から西田橋をこえて西田本通《ほんどおり》を行くと、左側が西田町、右側が薬師町、その山側が常盤町〉に避難したら如何《いかが》かと、頻《しき》りに勧告して呉《く》れたと云ふので、夫《そ》れは渡りに舟だ、己《おの》れには桜島が爆発して世界が終滅期に近《ちか》づいても、新聞の報道を怠《おこた》るべきでないから、女子供と一緒に逃げ廻る訳に〔は〕行かないと、因果《いんが》を妻に含めて、委細を熊本屋に頼むと、任侠《にんきょう》な主人は、早速《さっそく》店の若者に案内させて、西田の知人の宅に送り届けて呉《く》れたのは、幾重《いくえ》にも感謝に値《あたい》する。

▼足手纏《あしでまとい》の妻子さへ安全な方向へ避難させれば、後は六尺の漢《おのこ》が一人だ、仮令《たとえ》大足が揺れ出さうと、大海嘯《かいしょう》〈津波〉か《が》来《こよ》やうと、最《も》う大丈夫である、と多寡《たか》を括《くく》り〈心を整理、心を決める〉はしたが、流石《さすが》に室内に仮睡《かすい》を貪《むさぼ》る気にはなれなかつた。ソコで、机《つくえ》をベンチの代《かわ》りに、門前に取り出して、腰を下《お》ろすと、月影淡《つきかげあわ》く、桜島の爆煙《ばくえん》は、地軸の鳴動と共に刻一刻凄《こくいっこくすさまじ》き勢《いきおい》となり、大自然の威力を振《ふる》つて何者をも征服しなければ禁《や》ます《ず》と云つた様《よう》な呻《うめき》だ。妻女や店の者のみを避難させた熊本屋の主人と一所になつて、徐《おもむ》ろに形勢の変化を〔伺〕つて居ると、避難民は引ッ切りなしに通つて行《ゆ》く。中《うち》には、沖の村〈甲突川河口左岸、塩屋町の沖之村遊郭〉の遊女が跣足《せんそく》〈素足〉〔の〕まゝ一群となつて、オツ魂消《たまげ》た話〔を〕姦《か》しましく続けて行《ゆ》くもの〔が〕あつた。

▼台所から手探りに徳利《とっくり》を取り出して来て、冷酒《ひやざけ》をコップでガブゞゞ遣《や》つて見たが、這麼《しゃま》〈こんな〉場合、水を飲《の》んだ程《ほど》にも利目《ききめ》がない。熊本屋の主人は「イーサギムンバイタ、マーゴロージヤス彼の煙りをなどゝゞ」〈稿者には、この部分が意味不明。意味不明なことを言っていたと表現した文章か〉と頻《しき》りに遣《や》つて居《い》る間《あいだ》に、断続して居た避難民の通行も、漸々《ぜんぜん》〈しだいに〉薄《うす》らいて来《で》て、何時《いつ》しか時計も十二時を過ぎて居《お》つた。

　熊本屋の主人は大道に蓆《むしろ》を敷《し》いて、ドテラ〈褞袍〉を被《かぶ》る。僕もベンチの上にフラゝゝして居《お》ると、荒《あら》くれ男が三人、中の平通《なかのひらどおり》を面《かお》に息せき切つて、海嘯《かいしょう》〈津波〉が来たと叫びながら、一生懸命に逃げて行くので、僕と熊本屋の主人もコリヤ大変だとあつて、妻子が避難して居《い》る西田〔町〕を指して、理由《わけ》もなく駈《か》け出して見た。其滑稽《そのこっけい》サ加減は、今から考《かんが》へると、冷汗《ひやあせ》ビツシヨリで、寧《むし》ろ言《い》はぬが花であらう。

▼一足飛《いっそくとび》に西田橋〈甲突川の平田橋と高見橋の間、当時は石橋、参勤交代の行列はこの橋を通過、常盤《ときわ》から水《みっ》上坂《かんざか》をこえて伊集院へ行った〉まで駈《か》け付けて見ると、何の事はない、東を指して行くものも大分《だいぶん》あつた。不届者奴《ふとどきものめ》、コイツ嘘《うそ》を吐《ぬ》かしあがつたナアと、地団太踏《じだんだふ》んだのも滑稽の上塗《うわぬり》で、之《こ》れから西田の通りを真一字

〈真一文字《まいちもんじ》〉に常盤町《ときわちょう》を指さすと、夥《おびただ》しい避難民は、路上にも路傍《ろぼう》にも最《も》う一杯だ。

中には海嘯《かいしょう》〈津波〉は何処《どこ》まで来て居《お》るかと聞くものもあれば、石燈籠通《いづろどおり》〈電停いづろ通から鹿児島港への直線道路、石燈籠《いづろ》岸は船着場、現マイアミ通り〉はモー海水が脛《すね》を没して、刻々増水しつゝあるが、早や西田橋を渡るのは危険であると、見て来た様な嘘《うそ》を、真面目《まじめ》に吹聴《ふいちょう》して行《ゆ》くものもあつたが、半信半疑の僕等《ぼくら》にも、夫《そ》れを打消して遣《や》る丈《だけ》の勇気はなかつた。

常盤町《ときわちょう》の避難所に着いて見ると、確かに其所《そこ》に避難して居《お》る筈《はず》の妻子は勿論《もちろん》、其所《そこ》〈常盤町の熊本屋知人宅〉の家族も藻抜《もぬけ》の殻《から》となつて、影も形も見《み》へ《え》ない。両人は訝《いぶか》りながら暫《しば》らく佇《たたず》ん〔で〕居ると、此処も危険を感じたのか、遙《はる》か右手の高地に当《あた》れる和田大尉（?）の邸内に落ち延《の》びて居《お》る事が判《わ》かつた。

爆発遭難記（三）編輯局楼上に於て　南水生

▼十三日　兎角《とかく》する内に段々東が白み渡つたので、僕は妻子を遺《のこ》して平の町〈平之町、千石馬場の北側、照国《てるくに》神社の西方、照国町と甲突川の間〉の自宅に帰り、直《す》ぐに飛岡代議士邸を慰問して見ると、飛岡氏も家族を他に避難せしめて、自分のみ築山《つきやま》の下で、一夜を明《あか》されたと云《い》ふ《う》ので、互に無事を祝《しゅく》するのであつた。

▼夫れから館《やかた》の馬場《ばば》〈第七高等学校・県立病院の前の通り、現県立図書館の前の通り〉に宮里本社長邸を訪《おとず》れて見ると、邸内が見透《みすか》されるまでに、前通《まえどおり》の石垣が崩壊されて居るが、何誰《どなた》も見えない。転じて県会議事堂の前から広口〈鹿児島弁で「ヒロクッ」或いは「ヒロコッ」と読めるので、この読みに当るのは「広小路《ひろこ》」だとすると、山下町の広小路通を言うのでは?〉に出て見ると、大震動後の光景は惨憺《さんたん》たるものだ。(3)

新聞社に行つて見ると、防火壁が崩壊して、昨夜重傷を負《お》ふ《う》た車夫の帽子や、前掛《まえかけ》などが散乱して、狼藉《ろうぜき》

〈地震でちらかっている〉を極めて居《い》る。時刻がまだ早かつたので、人の気配のない編輯局に上《あが》つて、昨夜《ゆうべ》其儘《まま》にして帰つた重要書類などを片付《かたづ》けたが、此の刹那《せつな》の感想は、全く虎穴《こけつ》の中に入るの思《おも》ひがした。

▼夫れから西本願寺〈現西本願寺鹿児島別院、東千石町二十一の三十八、北側が朝日通に面す〉前からお着屋《おつきや》〔派出所〕〈ここに海から入る堀があり、御用船などの船着場跡、現中町三の八〉附近の惨憺《さんたん》たる光景を見て[3]、再び自宅〈平之町〉に帰り、台所から餅片《もちぎれ》を探《さが》して、空腹を満たしつつ、其日《そのひ》の日程を考《かんが》ふるのであつた。

事務の中條生を伴《ともな》ひ、多少の危険を予期して、再び新聞社に赴いたのは、彼《か》れ是《こ》れ午前の十時頃でもあつたらう。途《みち》すがら色々の報告を聞くべく県庁に立寄《たちよ》つて見ると、恰《あたか》もヨシ〈良いことに〉杏村《きょうそん》生〈ペンネーム〉に廻《めぐ》り合つた。同人〈同社内の人々〉の多数は、何《いず》れも避難して所在が判《わか》らないのに、独《ひと》り杏村子《きょうそんし》が活動して呉《く》れるのは嬉《うれ》しかつた。

田畑署長〈警察署長〉が何か新しい情報はないかと云ふので、〔私は〕先刻聞き込んだ、七高〈第七高等学校造士館〉の村上教授（？）の説[4]〈この説が「風説」の出所〉であると云《い》ふ五里以外避難必要説を話すと、居並ぶ人々も多少不安の面色《おももち》で傾聴《けいちょう》して居つたが、桜島は相変らず爆煙を天半《てんなかば》に渦巻《うずま》き返して居る。

杏村子《きょうそんし》を相伴《あいともな》うて新聞社に行つて見ると、小使《こづかい》の嘉之助《かのすけ》が、独《ひと》り玄関脇《わき》に釜を取出して炊事《すいじ》を遣《や》つて居《お》つた。聞けば嘉之助《かのすけ》は、昨夜《さくや》火の用心をしてから、負傷した車屋《くるまや》を県立病院に舁《かつ》ぎ込むだ後、再び本社に帰りて、只単《ただひとり》輪転機の下で臥睡《がすい》したと云《い》ふ。盲蛇棒《めくらへびぼうママ》に怖《お》ぢずと言はゞ言へ。其大膽《だいたん》不敵の行動は、聊《いささ》か称賛すべきである。

▼目を挙《あ》ぐれば、噴煙天辺を埋《うず》めて、間断《かんだん》なき鳴動《めいどう》は、只轟々《ただごうごう》として、何時如何《いついか》なる危険を爆発し来るかも知れない。加ふるにケース台の殆《ほとん》ど全部〔が〕転覆《てんぷく》されたので、本日の新聞発行は、勿論《もちろん》不可能なる状態であるのを、悲しまざるを得なかつた。

已《や》むを得ず、杏村子《きょうそんし》と共に、昨日印刷の第一版を懐《ふところ》にして、再び県庁内に赴《おもむ》き、知事や内務部長等を始《はじ》めとして、凡《およそ》百数十枚を誰彼《だれかれ》の差別《さべつ》なしに撒《ま》き散らしてから、避難民状態を視察すべく、再び相携《あいたずさ》へて照国神社《てるくにじんじゃ》〈第二十八代島津斉彬《なりあきら》（照国大明神）が祭神、(5) 城山の麓、県庁の西方〉の境内《けいだい》を迂路付廻《うろつきまわ》つた。併《しか》しながら、先刻から五里以外避難必要説に怖気立《おじけた》つて居《い》た杏村子《きょうそんし》は、君子危《あやう》きに近《ちか》かずとでも思つたのか、何時《いつ》の間《ま》にか此所《ここ》で姿を隠《かく》して了《しま》つた。

爆発遭難記（四）編輯局楼上に於て　南水生

▼西田〔町〕・常盤町《ときわちょう》附近は、地盤が余《あま》りに安固《あんこ》〈危うくなく堅い〉でないと云《い》ふので、十三日の午後家族を草《そう》牟田《むた》〔町〕〈新照院町から北西、甲突川《こうつきがわ》の新上橋よりさらに上流域左岸〉の池田大隊副官の宅に移す事となつた〈上流の伊敷村の玉里邸に隣接して練兵場、歩兵第三十六旅団司令部、歩兵第四十五聯隊《れんたい》駐屯所があった〉。池田君は同郷の友人で、予《あらかじ》め承諾を求めて行つた訳ではない。只《ただ》西田が可《い》けないと云《い》ふので、夫れならば家族は郷里に帰るもよいが、夫《そ》れとも今暫《しば》らく経過を待つたがよからうと云ふので、草牟田《そうむた》に推《お》しかけて行つた。

独身の池田君の宅には、先刻までは二名の兵卒が留守居《るすい》をして居《い》た相《そう》だ。家財は其儘《そのまま》にしてあるけれども、人の気配はない。何《いず》れ高女在学中の実妹《じつまい》も居《い》るのだから、兵営内に起臥《きが》〈寝起き〉してでも居《お》るだらうと云ふので、無断で此家《ここ》に這入《はい》り込んでから、池田君の事後承諾《しょうだく》を求むる為めに聯隊《れんたい》〈歩兵第四十五聯隊《れんたい》駐屯所〉に行つて見ると、広い練兵場には、此処《ここ》に一群、彼処《かしこ》に一群と云つた按配《あんばい》に、多数の避難民があつたが、ドンよりと曇つた夕《ゆうべ》の空からは、無情かな、豆粒《まめつぶ》の様な雨がポツリポツリと落ちて来たので、避難民は蜘蛛《くも》の子《こ》を散らすが如く、此所《ここ》を引上けて行く。憫然《びんぜん》たる〈あわれな〉光景は、之《これ》を記《しる》すも涙催《なみだもよお》さゞる位《くらい》であつた〈練兵場の隣が伊敷島津公爵邸（玉里邸、旧斉彬の別邸）で、同邸が罹災《りさい》西桜島村民二百四名の面倒を見た〉。[6]▼営庭〈練兵場〉の中央には、何《いず》れも天幕を張り廻《はりま》はして、三千の将卒が避難して居《い》る。池田副官は今し方《がた》帰宅したと云《い》ふので見えなかつたが、聯隊《れんたい》本部の前には、予《かね》て相識《そうしき》の北村聯隊《れんたい》副官や上原旅団副官、平田中隊長などが一団になつて何事《なにごと》かを協議してゐ《い》たが、北村君〈聯隊《れんたい》副官〉は記者〈私〉の至るを見て、君、測候所長の鹿角と云ふ先生が、桜島が爆発する時まで、震源地を発見する事の出来なかつたのみか、全然誤測《ごそく》をした。其不名〈名誉でない〉を恥《は》ぢて、見事な割腹をしたと云《い》ふ事が、アチラ、コチラで伝へられて居《い》るが、あれは事実だらうかと聞くのであつた。

実は記者〈私〉も、之《これ》より先《さ》き、ソンな噂《うわさ》を耳にしたので、早速それを丸茂《まるも》警察部長にも訊《ただ》して見た。豊田理事官にも訊《ただ》して見たが、夫《そ》れは恐《おそ》らく事実であるまいと云《い》ふ事であつたと云ふ事を話すと、ソンな豪《えら》い先生〔が〕割腹して、不明を市民に謝し得《う》る程の先生ならば、マサカ桜山《おうざん》〈桜島〉が燃え上《あが》るまで、火山性の震動で〔は〕ないなどと、頓馬《とんま》な報告をしまいと言つて、一同は冷笑《れいしょう》するのであつた。

此所《ここ》を引返《ひきかえ》して、再び避難所〈池田氏の自宅〉に帰つて見ると、池田君も僕と入れ違《ちが》ひに帰つた〈帰宅した〉と言ふので、〔私が〕如何《どう》か暫《しば》らく厄介《やっかい》になりたいと云ふと、喜びて歓迎して呉《く》れたが、十六になる妹の静子〈高女在学中の実妹《じつまい》〉さんは、居《い》ても立つても居《い》られなかつたと見えて、隣りの福島監督書記〈どういう人物か不詳〉の家族と同行して、今日〈十三日〉伊集院に向けて避難した相《そう》だ。天下の弱虫共は厄介《やっかい》なものだと、軍人気質《かたぎ》の快活な池田君は話すのであつた。

城山〈草牟田《そうむた》町は城山の西方〉を隔《へだ》て丶、怒《いか》れる桜島は、相《あい》も変らず、薩山隈《わい》水〈薩摩・大隅の山水〉に獅子吼《ししく》〈獅子がほえる〉して、其の物凄《ものすご》き勢威《せいい》は譬《たと》ふるに物がなかつた。従卒《じゅうそつ》の何某君《なにがしくん》が頻《しき》りに奔走《ほんそう》して、雨戸を外《はず》すやら、火鉢《ひばち》を運ぶやら、瞬《また》く間《ま》に、其屋後《おくご》の菜園に、俄《にわ》か造《づくり》の避難所が出来上《あが》つたのは、黄昏《たそがれ》の空には、言ひ得《え》られぬ不安の雲が漂《ただよ》つてゐ《い》る。午後の六時頃でもあつたら《ろ》う。

爆発遭難記（五）編輯局楼上に於て　南水生

▼十三日夜に於ける火柱《かちゅう》の噴出、閃電《せんでん》〈ひらめくいなづま〉・光撃《こうげき》〈光のぶつかり合い〉・石火《せっか》の雄渾《ゆうこん》〈勢いを感じさせる〉なる光景は、何人も見て以《もっ》て戦慄《せんりつ》せずに居《お》られなかつた。丁度《ちょうど》午後の九時頃であつた。月は全く黒雲に呑《の》まれて、雨さへ《え》しよぼ降《ふ》る宵闇《よいやみ》の中に、閃《ひらめ》き渡る電光と地軸を摧《くじ》く鳴動の響《ひびき》は、今にも世界の終滅《しゅうめつ》期が眼前に展開せられたがやう、花火に似《に》て、夫《そ》れの繊細《せんさい》ならず。稲妻《いなずま》に似《に》て、夫《そ》れの如く単調ならず。美しいと言《お》はうか、凄《すご》いと云《い》ふか、全く名状すべからさ《ざ》る閃《ひらめ》きの中《うち》には、亦一種《いっしゅ》言ふべからさ《ざ》る壮大と崇高とか備《そなわ》つて居《お》る。快速雄渾《ゆうこん》〈速度が速く、武《たけ》く大きい〉、偉大、森厳《しんげん》〈ぞっと身の毛がよだつほどおごそか〉、何と云ふ壮観《そうかん》であらう。

記者〈私〉は嘗《かつ》て日露の戦役〈一九〇四年の日露戦争〉に際し、首山堡《しゅざんほ》の総攻撃〈奉天南方の遼陽会戦の一戦、ロシアの第一防御線が鞍山站《あんざんてん》、第二防御線が首山堡《しゅざんほ》、最終防御線が遼陽城周辺〉に参加して、其花々《はなばな》しき夜の銃砲戦を見て、凡そ世の中に、是れ以上の壮厳《そうごん》、偉観《いかん》と云ふものはあるまいと思つた。

今即《すなわ》ち、彼〈夜の銃砲戦〉を以て之《これ》に比《ひ》す〈匹敵する〉。〔桜島の爆発の様子は〕より以上に雄渾《ゆうこん》〈勢いを感じさせる〉、より以上に偉大、より以上に森厳《しんげん》〈ぞっと身の毛がよだつほどおごそか〉にして、相似《あいに》たるは之《こ》れあり〈ここにある〉。未だ人為《じんい》の力は、自然の壮大《そうだい》なるに及ばざる事、遥《はる》かに遠きを感嘆《かんたん》せずに居《お》られなかつた。

轟々《ごうごう》たる噴火と天上の偉観《いかん》は、悪魔の狂《くる》ふに任《まか》せて小《こ》一時間も、下界の弱虫共《ども》が肝胆《かんたん》を寒からしつゝ、再《ふたた》び徐々と鋒鋩《ほうぼう》〈切っ先〉を納めて行《ゆ》く。天の悪謔《あくく》〈悪ふざけ〉も、此に至りて極《きわ》まれりと謂《いい》つべしである。
▼篠本《ささもと》教授〈「第七高等学校造士館講師篠本二郎」のことで「教授」は誤り[7]〉の発表した所に依《よ》ると、たしか噴火の最大活動期は二十四時間で、夫《そ》れからと云《い》ふものは、亦《また》段々終息期に近《ちか》づいて行くと云《い》ふ事が、書いてあつたと記憶する。[7] 十二日の午前十時に爆発したのであるから、最早《もはや》或は最大活動期を経過するのではないか。シテ見ると、今の大爆発・大噴火は、或《あるい》は此の最大活動期の掉尾《ちょうび》〈最後の活動〉の大活動であつたかも知れない。

　モー之《こ》れで大地の不平も吐《は》き尽《つく》されたであらうと、極《きわ》めて利益に解釈して、露天の褥《しとね》〈布団〉にモグり込みグッスリ一寝《ひとね》入《い》りして、目を覚《さま》して見ると、顔には米粒《こめつぶ》の様な雨がポツリポツリと落ちて居《お》つた。雨だ雨だと、一同を驚かして室内に駈《か》け込《こ》んで見ると、毛布や蒲団《ふとん》は早や、シツトリ雨に打たれて居《お》るのであつた。
▼時計を見ると、夜明けには、まだ若干の時刻がある。起きてたものか、夫《そ》れとも床《とこ》に就《つ》いたものかと、暫《しば》しは問題となつたが、まゝよ運命を天に任《まか》せて寝《やす》まうではないかと云《い》ふ事になつたが、万一の危険を慮《おもんばか》つて、戸や障子《しょうじ》を悉《ことごと》く明けツ放《ぱなし》にして、イザと云つたら、何時《いつ》でも庭に飛び立つ事の出来る様《よう》にして、燈火《あかり》を消したが、却々《なかなか》寝付《ねつ》かれなかつた。色々な寝物語《ねものがたり》を続けてゐ《い》る間《あいだ》に、枕頭《ちんとう》〈まくらもと〉の柱時計《はしらどけい》が六時を打つと、東の空が段々白《しら》み渡つてきた。

〔註〕

（1）鹿児島市編『鹿児島市街地図』（大正四年発行、〈大正二年第六回鹿児島市統計書〉）参照。なお北側の近くで、かつ女子師範学校の東南には、鹿児島新聞社の社屋（山下町一七一番地）があった。このように、鹿児島県の代表的両紙の社屋が、旧県庁・旧市役所（共に山下町）から徒歩十分以内に存在していた。

（2）『三国名勝図会』巻四十三、大隅国・大隅郡・桜島の「山水」によると、「桜島嶽（前略）此嶽、蒼海《そうかい》の中に秀抜《しゅうばつ》無双《むそう》なること、群山の得て比すべきに非ず。誠に本藩〈薩摩藩〉の名嶽にして、筑紫《つくし》〈九州の古称〉の芙蓉《ふよう》〈富士山の異称を「芙蓉峰《ふようほう》」とも称すべし」とある。このように、古くから桜島は九州の富士山（芙蓉峰《ふようほう》）とも言われてきた。こうしたことから、「芙蓉」や「島芙蓉」の呼称が、桜島の別称として人々の中で使用されてきたようだ。小生どもの時代には、「開聞岳《かいもんだけ》」を「薩摩富士」と称して慣れしたしんできた。

　さて芙蓉とは何かについて、老婆心ながら、植物に不案内な方々のために若干述べておこう。アオイ科の落葉低木で、中国に自生する。日本でも、紀伊半島や伊豆半島などに野生化している。枝の最先端に径一〇センチ程の花をつけ、花弁は五枚で螺旋状《らせんじょう》に巻き、朝開いて夕方にはしぼむ。すり鉢状の白花や薄ピンク色の花、八重咲きの花などもある。このすり鉢状の花の形が、富士山の形に類似していると言うので、富士山の異称として使われてきたようだ。

（3）『鹿児島新聞』（大正三年一月二十二日）三面の「市内惨害状況　本社各記者の実地視察せる」に詳しい。この記事の中から、鹿児島市中心部の被害について、そのほんの一部を次に紹介しよう。

「▼生産・易居《やすい》両町は震源地に距離最も近きを以て、十二日午〔後〕六時の震動には、一層激烈を加へたるものゝ如く、街路の潰裂《かいれつ》も少からず。民家の破損、石塀の倒壊多かる」

「▼山下町方面　市の中心たる山下町は、他町に比し被害最も多きが如く、石垣の破壊間《けん》数五百二十三間、道路亀裂二十六間、土蔵壁の破壊三ヶ所、便所の破壊一、石造屋根の破壊六軒、共同便所の半倒一、家屋一部破壊四ヶ処、門の半壊一ヶ処、土蔵一部〔破〕壊三ヶ処、家屋全倒一個処あり。以て仝《どう》町の被害程度を知るべし」

「▼県庁及び附近　県庁構内の損害も亦軽からず。前面及び後面の石塀破壊総間数百七十間以上に及び、其他度量衡検定所・衛生試験所・倉庫等の屋根瓦墜落。県会議事堂、其他の壁の剥奪等甚だしく、西本願寺の石塀も上部約十間許《ばか》り倒壊せり。又郵便局は外観には著しからざるも、石造家屋亀裂の為め、屋根は殆《ほと》んど墜落せんとする危険の状態にあり」

『鹿児島朝日新聞』（大正三年一月二十一日）一面の「●爆破され足《た》る鹿児島市（二）」によると、「お着屋《つきや》派出所」の附近の被害状況について、次のように報道している。

「▼東千石町　お着屋派出所管内東千石町に於ては、金光堂《きんこうどう》の石壁見事に崩壊し去りて、西本願寺別院の石垣も約十間位、見るも無惨の残骸を止《とど》め、中町岩元質屋は一溜《ひとた》まりも無く倒壊して、惨憺《さんたん》たる当時の景況を語れるが如し。而して東千石町・中町にある倉庫は全部破損して、唯《ただ》の一棟として完全なるものあるなく、平素殷賑《いんしん》〈人の往来が激しく、商売などが活気がある〉を極《きわ》め居《お》れる大雑踏《だいざっとう》の巷《ちまた》も、開店し居れるもの稀《まれ》に、寂《せき》又寥《りょう》〈淋《さび》しいようす〉転《うた》た凄惨《せいさん》〈より一層目をおおいたくなるさま〉の感《かん》、切《せつ》なるものあり」

（4）風説の出所について、『鹿児島新聞』（大正三年一月二十六日）二面の「大爆震回顧（三）▼風説の製造者」に、「聞く所によれば、其朝《そのあさ》噴火の当初に、村上教授とやらは、噴火に就て甚だ恐るべき憶説を述べ、噴火には海嘯《かいしょう》〈津波〉と大地震が伴ひ、毒瓦斯《どくがす》を発散するから、五里以内に居れば危険だから、直ぐ避難せよ、と言つて生徒を驚かされたといふ事だ。斯《か》くて之を聞いた七高生の或者《あるもの》は、此事を更に大袈裟《おおげさ》に吹聴《ふいちょう》し廻《まわ》つて、自分達は逸早《いちはや》く避難し、熊本で大変な虚偽《きょぎ》の事実を伝へた」とし、続けて熊本におけるこの七高生の談が、全国で広く新聞紙上に掲載されていったとする。ちなみに、第七高等学校造士館編発行『第七高等学校造士館一覧〈自大正元年九月至大正二年八月〉』（大正元年十二月刊）一三一頁、『同〈自大正四年九月至大正五年八月〉』（大正四年十二月刊）一〇八頁によると、村上教授とは、物理担当の「村上春太郎氏」であった。さらに『鹿児島朝日新聞』（大正三年二月三日）七面「爆発余燼」によると、巡査〈警察官〉達が、海嘯《かいしょう》〈津波〉が襲来するから逃げろとか、大地震があるから鹿児島市から五里以外の地に避難しろとか、言って廻《まわ》っていた事を伝える。

（5）島津斉彬は一八〇九～一八五八年の人。一八五一年に襲封し薩摩守となる。篤姫《あつひめ》を将軍徳川家定の御台所《みだいどころ》として、幕府への発言力を強め、日米通商条約（一八五四年）・日仏通商条約（一八五五年）の締結などに関しても外交的手腕をふるった。また藩内では富国強兵・殖産興業に努めた。その中心となったのが集成館で、反射炉・溶鉱炉による鉄の製造、銃器の製造、ガラス製造（板ガラス、薩摩切子）など洋式の物品を製造した。また洋式船、蒸気船の建造、紡績事業なども成果をあげた。日章旗（のちの国旗）の草案者としても知られる。サツマイモを使ってアルコール造りに初めて着手し、独自の焼酎を造る道を開いた。斉彬の精神的、物質的遺産が、大久保利通・五代友厚・西郷隆盛ら多くの偉人を輩出していく背景となった。以上は大竹伸宜監修『全国神社大要覧』（リッチマインド出版事業部、平成元年八月）四五四〜四五七頁、国史大辞典編集委員会編『国史大辞典　第七巻』（吉川弘文館、昭和六十一年十一月）一一三〜一一四頁、などを参照した。

（6）『鹿児島朝日新聞』（大正三年二月十日）三面の「罹災《りさい》〔島〕民救助人員調」によると、この頃（二月初め）に伊敷村〈現鹿児島市内〉で救助を受けていた罹災民の人数（県庁による調査概数）は、三、二七〇人であったという。鹿児島市（四、三三〇人）〈鹿児島県編発行『桜島大正噴火誌』（昭和二年三月）二七五頁上段により人数「四、三〇三人」を訂正〉に次いで、多くの人々が避難していた。記者（南水生）はこうした人々の姿を、練兵場で見たのであろう。

また『鹿児島朝日新聞』（大正三年二月十日）二面の「玉里邸の桜島罹災民《りさいみん》」によると、練兵場の隣の玉里邸で避難生活を送った人々もいた。その記事には「伊敷島津公爵邸に収容されつゝある桜島罹災民《りさいみん》は、横山、小池、赤生原《あこうばる》三字《あざ》の村民二百四名〈西桜島村の罹災民〉にして、野原弥市、萩原伝右衛門の両名組長として斡旋《あっせん》し居り。公爵家よりは、去る一月十二日以来三日目毎《ごと》に金五銭宛《ずつ》を銘々《めいめい》に寄贈せられ、尚《な》ほ《お》薪炭其他《しんたんそのた》一切恵与《けいよ》せらるゝを以て、一同《いちどう》同邸の厚恩に感涙《かんるい》し居る趣《むね》は曽《かつ》て報じたるが、更に聞く所に拠《よ》れば、東京御本邸なる公爵夫人には、罹災民《りさいみん》の状態に同情を寄《よ》せられ、別に一名に付《つき》、金参拾銭宛《ずつ》、都合《つごう》金六拾一円弐拾銭を寄贈せられ、右金《かね》は七日到着し、同邸役員より下渡《さげわた》しありしを以て、一同感涙《いちどうかんるい》に咽《むせ》び居《お》れりとは、左もあるべき事共《ことども》なり。」とある。本文にあるように、記者が練兵場で見た人々の中に、これら西桜島村罹災民《りさいみん》二百四名もいたかもしれない。

玉里邸における桜島避難民救護所。大正3年2月17日。西桜島村編発行『大正三年噴火五十年記念誌』（昭和39年1月）より

（7）『鹿児島朝日新聞　号外』（大正三年一月十五日）一面の「篠本《ささもと》教授は曰くモー大丈夫なり」の記事等を指す。第七章の「三、地震学者今村明恒《あきつね》の見解」の註（3）に原文を引用した。また同註で、『鹿児島新聞』では篠本《ささもと》の肩書きを「教授」ではなく「講師」としている事を、指摘しておいた。人間心理として相手の肩書きが不明な時、上位の方を使っておけば、たとえ誤っていても失礼の程度が低いと思

うのが、常ではなかろうか。県の関係者か新聞記者が係わって、何らかの原因で『鹿児島朝日新聞』は、篠本《ささもと》の肩書きを「教授」としてしまったと推測する。果たして、当時篠本がどの地位にあったのであろうか。ちなみに、第七高等学校造士館編発行『第七高等学校造士館一覧〈自大正元年九月至大正二年八月〉』（大正元年十二月刊）一三二頁、『同〈自大正三年九月至大正四年八月〉』（大正三年十二月刊）一〇九頁によると、地質・鉱物担当の「講師」として「篠本二郎」の姓名が確認できる。

第九章　鹿児島県出身の地震学者、今村明恒《あきつね》の体験

今村明恒《あきつね》(1)「桜島爆発の追憶」〈地震漫談（其の十一）〉（『地震』第六巻第四号、昭和九年四月、二一三〜二一五頁）は、我々が大正三年の桜島爆発問題を考える上で、多くの示唆を与えるものの一つである。今村の文章は、多くが学術的なもので、人々の目に留まることは少なかったと思われる。実は照国神社を背にして、左側の公園（照国公園、県立博物館に隣接）の中に建てられた石碑「桜島爆発紀念碑」の文章は、今村の手になった草案が基になっていた（実のところ、後述のように碑文は多くの改変が行われている）。

したがって今日この碑文を読むと、不十分なものであるが、誰でも今村の精神、哲学の一端に触れることも可能なのである。身近な所に彼の意思のかけらが残されていたのだが、不覚にも小生は碑文を熟読することはなく、今村の精神、哲学を学んでこなかった。高校生までの間に、何回となく石碑の周りで遊びながら、その重要性を認識せず今村の精神を学ばずにきた。このように、碑文草案の執筆者は今村明恒《あきつね》であったが、石碑には「鹿児島市役所」が建立したと記し、彼の名前は刻《きざ》まれていない。その原因や背景についても、以下で考えてみたい。

今村は上述の「桜島爆発の追憶」の中で〈以下句読点については、追加・改変した〉、

桜島の大正爆発は著明な前徴を備へて居たので、多少文献の心得があつたなら之れが予知は容易であつたのであるが、土地の識者にして此点に着眼したものが一人もなかつたのは遺憾の極みであつた。学術の向後の進歩は、今後の爆発を未然に察知し得る程度に達するであろうが、単に災害予防の見地よりすれば、適当な文献を後世に残すことによりても、其の目的が達せられるであろう。（二一三頁）

と述べ、大正爆発は過去の記録・文献に精通していたら、その知識を活用して予知できたはずだとする。鹿児島県居住者の中に、過去の記録・文献に精通し、その知識を活用する者が一人もいなかったことは、遺憾の極みだと、その心情を吐露する。そこで、後世に適当な文献（歴史的記録、事実を記した石碑など）を残し、災害から

東大助教授時代の今村明恒。山下文男著『地震予知の先駆者　今村明恒の生涯』（青磁社、1989年）より

人々を守る便《よすが》とすべきだとする。そう考えた今村は、行動を起こした。右の文に続いて、

> 鹿児島市に於ては、余の提言を容《い》れ、如上《じょじょう》の目的の為に記念碑を建てることになり、碑文の草案を余に需《もと》められた。余敢《あえ》て之を辞せず。下に掲ぐるが如き一文を草して之を提出した。市に於ては、之を添削潤飾して成文を得、石に刻して之を南泉院馬場〈照国神社前から国道を過ぎて千石馬場通までの大通り、現照国通り〉に建てた（震災報告第92号八八頁参照）〈『震災予防調査会報告』第九二号（大正九年十二月）八八～八九頁参照〉。
> 今成文と草案とを比較して見ると、前者は修辞上優《まさ》る所があつても、災害予防の見地からも、学術的記事としても、其価値を損した節《ふし》がある様に思はれる。此頃筐底《きょうてい》〈行李の中〉を探り、偶々《たまたま》旧稿を見出したが、之を焼却するに忍《しの》びず。来歴を附加《つけくわ》へて、茲《ここ》に掲載さして貰《もら》ふことにした。（二一三～二一四頁）

と述べる（傍線は小生が加筆）。今村の草案に基づき、鹿児島市はそれを添削潤飾して成文とし、石に刻したのが、南泉院馬場に建立された石碑だとする。ただし、この碑文には起草者・今村の姓名はない。また市が添削潤飾した成文は、修辞上優れる所があっても、草案に比べて災害予防の見地からも、学術的記事としても、其価値を損した節《ふし》がある様に思われると述べる。即ち今村は、不本意な碑文となったことから、その草案を発表し、世に残そうとしたのであろう。草案の文章とは、次のようなものであった（句読点を補足した）。

「桜島噴火記念碑文に擬す」

大正三年一月十二日、桜島大いに噴火す。是れより先き我邦の火山相次いで活動を始め、近くは霧島山既に数次の噴火あり。識者以て警《いまし》むべしと為せり。此月十一日黎明《れいめい》〈夜明けがた〉に至りて鹿児島の地方、地震鳴動頻《しき》りに起り、時を経るに従ひ、愈々《いよいよ》多くして愈々《いよいよ》強く、其数幾《いく》百回なるを知らず。午後に至りて強震に伴ひ岳麓より微烟《びえん》の奔騰《ほんとう》〈非常な勢いで揚《あ》がる〉するを認めたるものあり。其状雲の如く忽《たちま》ちにして消散す。翌〈十二日〉早朝に至りては其状一層著明となれり。此時に当りて島内の温泉次第に沸騰し、冷泉亦熱して所々迸《ほとばし》り出づ。

島民危懼《きく》〈悪くならないかと心配する〉し、既に家財を収めて難を避くるあり、船舶を艤《ぎ》して〈出航の準備をして〉形成を注視するあり。楽観説に信頼して、強《しい》ひて自若〈落ち着いていつもと変わらない様子〉を装《よそお》ふ者亦《また》無きにあらず。終《つい》に午前十時に至りて、前平《まえびら》の山腹大いに爆発し、尋《つ》いで後方黒神《くろかみ》方面亦破裂す。黒烟《えん》高く奔騰《ほんとう》〈非常な勢いで揚《あ》がる〉して空を覆《おお》ひ、白昼猶《なお》暗夜の如く、溶岩は抛擲《ほうてき》〈とばされ〉せられて或は流星の如く、或は巨弾の如く、其過ぐる所山林を掃蕩《そうとう》し、村落を灰燼《かいじん》に帰せしむ。爆音は地動と相応じ、閃電《せんでん》〈ひらめく稲妻〉・雷鳴亦之《これ》に和して目を眩《くらま》せしめ耳を聾《ろう》〈耳が聞こえなく〉せしむ。之に加ふるに当夜激震あり、翌夜溶岩の流出あり。総《すべ》て昼夜の所観《みるところ》変幻万態《ばんたい》にして、名状すべからず。

斯《か》くの如きこと数日にして勢力稍《やや》衰へ、旬日《じゅんじつ》〈十日間〉にして人心少しく安《やす》きを得たり。然れども、余勢容易に収まらず。灰砂《かいさ》は飛散して田園・山林を埋め、五穀実《み》のるに地なからしむ。氾濫《はんらん》(2)亦相続《あいつづ》いて至る。而して溶岩は次第に流

今村明恒の文をもとに造られた鹿児島市役所の桜島爆発紀念碑。照国神社前、旧県立博物館敷地内

下して、西部は横山・赤水《あかみず》、東部は有村・脇《わき》・瀬戸の諸村落を掃《はら》ひ、数十間《けん》の下《した》に埋没せしめ、余勢海に入りて、一《いつ》は烏島《からすじま》を埋め、一《いつ》は瀬戸の海峡を閉塞《へいそく》して桜島をして全《まった》く大隅《おおすみ》の一半島たらしむ。加之《これにくわえ》海水激増して、沿岸の水田・塩田を海となし、(3)同年夏季以後に至りて更に陸地の沈降を促《うなが》せり。げにや〈本当にまあ〉滄桑《そうそう》の変〈滄海桑田の略、海が変じて桑畑になるというような変化〉、眼前なり。

初め火《ひ》発するや、適々《たまたま》湾内に碇泊《ていはく》せる大小汽船十七隻あり。有司〈官吏〉機に臨んで利用し、直《ただ》ちに桜島沿岸の急に赴《おもむ》かしむ。斯《かく》の如き一大変災に方《あた》りて、人命の救護、幸に遺憾なきを得たるは、蓋《けだ》し其力与《あずか》つて多きに居る。実に聖代〈聖主の御代、即ち技術の進歩した時代〉の賜《たまもの》と謂《いわ》はざるべからず。唯《ただ》汽船の到着に先《さき》んじて、身を海中に投じたる者あり。為《ため》に二十九名の溺死者《できししゃ》〔・行倒れ者・行方不明〕(4)を生ぜしは惜《おし》むべし。

鹿児島市内亦惨禍《さんか》〈痛ましい被害〉あり。初め火の発するを見るや、士民〈市民〉恟々《きょうきょう》〈とても怖れ〉難を避けんとして狂奔《きょうほん》し、加ふるに訛説《かせつ》〈根のない偽りの説〉・流言相伝《あいつたえ》へ、或は毒瓦斯《どくがす》の発生に人類絶滅せんと叫び、或は海嘯《かいしょう》〈津波〉の襲来《しゅうらい》に街衢《がいく》〈ちまた〉蕩尽《とうじん》〈総て流されてしまう〉すべしと呼号《こごう》し、愴惶狼狽《そうこうろうばい》〈大いに怖れあわてる〉纔《わず》かに身を以て遁《のが》れ、難《なん》を近郡の地に避け、多くは田園・叢林の間に一夜を露宿《ろしゅく》せり。惶懼《こうく》〈怖れおののく〉却《かえっ》て禍《わざわい》を増し、老弱男女自ら難を大いにし、病者命《いのち》を殞《いん》す〈失う〉あり。驚騒未《きょうそういま》だ央《なか》ばならざるに、暮夜〈夜分〉一激震の襲来せるありて、石造家屋を壊《やぶ》り石垣を倒し、加ふるに天神ヶ瀬戸〈唐湊《とそ》の西方山中、鹿児島郡西武田村田上字《あざ》、現鹿児島市広木一丁目〉の崩壊あり。(5)為《ため》に亦良民二十九名〈市内死者十三名、鹿児島郡死者十六名〉(4)を失へり。当時の惨状《さんじょう》、今にして之を想《おも》へば、恍《こう》として〈呆然《ぼうぜん》として、ぼうっとして〉夢の如し。

爾来《じらい》〈その時以来〉二周年、東部の噴口は尚ほ《なお》予喘《よぜん》〈虫の息〉を保つも、西部は全く鎮静に帰す。家資・田園の全滅せるもの、或は父母・近親を失へるもの稍々《やや》にして〈だんだんと〉善後の策を施すを得。窮民各々其堵《と》に安んじ〈安心して生活する〉、以て漸《ようや》く旧態を復するに至れり。之《これ》を安永の大噴火〈一七七九～一七八二年〉に比較するに、彼《か》の新島《しんとう》の湧出を除きては、其現象殆《ほとん》ど相同《あい》じ。文明の大噴火〈一四七一～一四七六年〉、伝記其詳細を欠くも、亦大差無きもの、如し。されば、専門の学者にして今回の爆破前の状態を詳《つまびらか》に講究したらんか、或は有識の父老にして安永噴火の記事を一閲して注視怠《おこた》らざるものありたらんには、今次の爆発は恐らくは予知せられたるものなるべく、被害亦多少軽減せられたるなるべし。

既往《きおう》〈過去〉は之を悔《く》ゆとも及ばず、将来は今より以て警《いまし》むるに足る。蓋《けだ》し百年の後、桜島又今次の如き大爆発なきを保せず〈保障できない〉。学術の向後〈今後〉の進歩は、固《もと》より斯《か》かる変災を未発に予知するの域に達して憾《うら》み〈残念におもう〉なかるべきも、更に遺漏《いろう》なきを期せんが為に、今次の状況を記し、茲《ここ》に之を石に刻す。

庶幾《こいねが》はくは、今回罹災《りさい》の不幸を弔《ちょう》し〈とむらう〉、併《あわ》せて後世、子孫をして永《なが》く之を追憶せしめ、以て未来の惨禍を軽減するの資〈もと〉たらしむるを得んか。

大正五年一月十二日

この草案の文章は、桜島噴火の問題に止《とど》まらず、全国の活火山に対して、我々はどういう姿勢で日常生活を送るべきか、特に各地の専門家、地域指導者、行政責任者の果たすべき役割の大きさを痛感させるものである。測候所のみに頼らず、活火山の近辺に居住する者は、自立して自分の問題として、日頃から過去の知識や経験を踏まえて、暮らすべきことを示唆しているように思われる。また此の草案には、噴火後に発生した災害（地盤沈下、降灰に関連して起こった水害など）にも言及する。

今村は桜島の噴火の研究から、「桜島火山の習性」として、『震災予防調査会報告』第九二号（大正九年十二月）八九頁に、次の八つがあると指摘する。

一、桜島火山は、百年或は数百年の長期間隔《かんかくで》て、以て大噴火をなす。但し大噴火に継続する余〔の〕噴火は、一括《いっかつ》して之を本噴火に附属する活動なりと見做《みな》すものなり。
二、大噴火前、長年月に亙《わた》り、桜島並《ならび》に其四近《しきん》の地盤次第《しだい》に隆起《りゅうき》し、噴火するに及びて、次第に沈降《ちんこう》す。
三、大噴火に於《おい》ては、火山性地震が数日前より頻繁《ひんぱん》に発生す。
四、噴火せんとするに当《あた》り、先《ま》づ山麓の温泉及び冷泉《れいせん》を興奮《こうふん》〈マグマの影響で勢いだつ〉せしむ。
五、大噴火は、霧島火山系の活動期に起ること、此活動期は富士火山系の活動と相伴《あいともな》うこと多し。
六、大噴火の順序として、先づ山腹四合目より、軽微《けいび》なる白煙を発すること。
七、新噴火口は、山腹四合目辺《あたり》を最高の場所として、山の中心附近を貫《つらぬ》ける一直線の上に近く、排列《はいれつ》すること。
八、大爆発後、一両日の後に於《おい》て、新噴火口より溶岩を流出せしむること。

さらに、今村は「以上は主として文明、安永、大正の三大噴火につき共通なる性質を列挙せるものなるが、此外《このほか》過去の大噴火は、大抵余〔の〕噴火〈別な噴火〉を伴《ともなえ》り」（八九頁）と述べ、大噴火の後も、引き続き小噴火を伴うのが一般的だとする。

さて南泉院馬場（照国公園内）に建立された「桜島爆発紀念碑」の文章を、次に掲げたい。

「桜島爆発紀念碑」

大正三年一月十二日、桜島大《おお》に爆発す。之より先、我邦の火山相次で活動し、霧島数々《さくさく》〈しばしば〉噴火せり。識者謂《い》ふ《う》。桜島亦警《いまし》むべしと。十一日暁来《ぎょうらい》〈あかつきがたより〉地震あり。時を経《へ》て頻々且《ひんぴんかつ》激を加へ、又烟《えん》気《き》山腹より騰《のぼ》るを見る。衆〈民衆〉相危《あいあや》ぶむ。

翌〈十二日〉朝、島内処々温泉沸《わ》き、冷泉迸《れいせんほとばし》る。島民疑懼逡巡《ぎくしゅんじゅん》〈疑い恐れためらい〉、老幼まづ避難す。午前十時に至り、前後の山腹、相次で大に爆発し、忽ちにして黒烟《えん》天に漲《みなぎ》り、飛石光芒《こうぼう》を曳《ひ》いて〈光の線を引いて〉四散し、爆音・地動・閃電《せんでん》〈ひらめく稲妻〉・雷鳴、耳を聾《ろう》し、目を眩《くらま》せしむ。市民先を争《あらそ》ふ《う》て逃避す。午後六時、俄《にわか》に激震あり。家屋を毀《こわ》し、石壁《いしかべ》を倒し、断崖を崩《くず》し、為《ため》に圧死せるあり。倉皇《そうこう》〈あわてて〉海に投じて溺死《できし》せるあり。天神ケ瀬戸《てんじんがせと》の崩壊の如き、一時に十名を斃《たお》し、其数〈一月十二日以降の爆震による各地の全死者数〉六十二名に及べり。

翌十三日夜、又大爆発と共に一大火柱、天半《なかば》に冲《ちゅう》し〈のぼり〉、空を焼き、波を照《て》らし、赤熱の溶岩噴騰《ふんとう》して附近の部落《ぶらく》〔を〕灰燼《かいじん》に帰し、全山焦土《しょうど》、凄絶《せいぜつ》、殆《ほと》んど名状す可《べか》らず。災異以来、人心恟々《きょうきょう》〈大いに怖れ〉流言百出、毒瓦斯《どくがす》の害を伝へ、津浪《つなみ》を叫《さけ》び、狼狽狂奔《ろうばいきょうほん》〈慌て狂ったように走り〉、纔《わずか》に身〔のみ〕を以て逃れ、難《なん》を近郡田郊の間《かん》に避け、却《かえっ》て自《みずか》ら禍《わざわい》を大《だい》にせるあり。光景惨《さん》を極《きわ》む。

是《ここ》に於て県市当局、部署を定め、有志と共に救済に力《つと》め、湾内汽船をして難《なん》に赴《おもむ》かしめ、以て多く事なきを得《う》。此間《このかん》、歩兵第四十五聯隊《れんたい》は、士卒を配して市中を警《いまし》め、佐世保鎮守府《ちんじゅふ》艦隊亦来港し、以て変にそなふ。十六日、大森理学博士〈大森房吉〉臨検して市に危険なきを説き、知事亦告諭するあり。市は特に吏員を各地に派し、避難者を慰撫《いぶ》せり。

　旬日《じゅんじつ》〈十日間〉にして、爆勢漸《ようや》く衰へ、人心稍《やや》安《やす》し。而《しかれど》も余怒《よど》〈桜島の火山活動〉容易に収《おさ》まらず。灰砂濛々《かいさもうもう》〈暗くなるほど降って〉屋を埋め、田を没し、大隅〔半島〕の中部、不毛の地となる者《は》、方十数里に及び、溶岩〔が〕東は有〔村〕・脇・瀬戸、西は横山・赤水・小池・赤生原《あこうばる》の諸《しょ》村落を埋め、余勢《よせい》海に入り、一は瀬戸の海峡を塞《ふさ》ぎ、一は烏島《からすじま》を没し遠《とお》く海中に突入す。且《かつ》海水の激増〈海面上昇〉は、沿岸の田園を海となし、夏秋の候、更《さら》に土地の沈降を促《うなが》せり。真《まこと》に滄桑《そうそう》の変〈「滄海桑田の変」の略、海が変じて桑畑になる〉も啻《ただ》ならず〈起こらないということはない〉と云ふべし。

　皇上〈大正天皇〉乃《すなわ》ち日根野《ひねの》侍従〈日根野要吉郎、一八五三〜一九三二年〉を遣《つかわ》はされ、又罹災御救恤金《りさいごきゅうじゅつきん》壱萬五千円を賜《たまわ》はる。聖恩浩大《こうだい》〈天皇の恩は大きい〉須《すべか》らく銘記《めいき》〈深く心に刻みつけて忘れないこと〉すべき也《なり》。

　爾来《じらい》二周星《しゅうせい》〈それ以来二年〉噴烟漸《ふんえんようや》く鎮《しず》まり、山容依然〈変わることがない〉、民《たみ》皆堵《と》に安んず〈安心して生活する〉。今にして当時を想《おも》へば、恍《こう》として〈ぼんやりとして〉夢の如し。之を安永・天明の噴火に比するに、現象大差なきに似たり。されば専門の学者、予《あらかじ》め桜島の状態を講究し、有識の父老、旧記に徴《ちょう》して〈てらして〉変兆《へんちょう》に鑑《かんが》みなば〈変化のきざしを察するならば〉、今次の災異、恐《おそ》らくは予知せられ、禍害亦幾分《いくぶん》の軽減を見しならん。

　既往《きおう》〈過去〉は追ふ可《べか》らず、来者《きたるは》〈将来は〉以て戒《いまし》むるに足る。蓋《けだし》百年の後、又此《これ》の如き爆破なきを保〈保障〉せず。為《た》めに概況《がいきょう》を記して不朽《ふきゅう》〈後世まで残るよう〉に伝ふ。庶幾《こいねがわ》くは、今回罹災《りさい》の不幸を弔《ちょう》し、併《あわせ》て後世永く追憶し、以て未来の惨禍《さんか》を軽減するの資〈もと〉たらしめんことを。

大正五年十二月　鹿児島市役所

この碑文と今村の草案とを比較すると、小さな違いも様々見られるのだが、無視できない大きな違いは、稿者が傍線を付した部分と言えよう。傍線をした部分の内容は、国が何をやったのか（陸軍・海軍の活躍、地震学者大森房吉の派遣）、鹿児島市や鹿児島県の当局者が何をやったのか（島民を救助した活動、避難者を慰撫する活動、地震学者大森房吉の活躍への援助、鹿児島市は安全とする大森説の活用）、天皇が日根野《ひねの》要吉郎侍従を派遣し、また罹災者に対して救恤金を賜与した、等である。つまり碑文は、桜島の噴火やそれに関連して起こった地震による災害が発生した後、公的機関等が何をやったのかを顕彰するものになっている。

鹿児島市の市長や市の官吏の立場にたつと、こうした自分達の活動内容を盛り込みたくなるのは想像に難くない。しかし今日、市民の立場から言うと、こうした彼等の変災後の活動は、国や地方官庁の官吏（現在は公務員）、軍人として当然なことをしたまでで、殊更《ことさら》取り立てて詳述するに値しないように思われる。反対に、変災に先立って、ほぼ何も対応しなかったことを詫《わ》びることが必要ではなかったかと思われるが、それについては一切述べられていない。従って、この碑文に比べて、今村の草案のほうが、後世まで読み継《つ》がれるべき内容が、多く含まれているように思われる。

なお地元の第七高等学校造士館講師・篠本二郎の貢献、草案の執筆者・今村明恒の姓名については、この市役所建造の石碑では言及されていない。

〔註〕

（1）今村の履歴については、「第七章　測候所長としての体験」の「三、地震学者今村明恒《あきつね》の見解」註（1）で述べた。鹿児島市（新屋敷町）出身の東大所属地球物理学者。関東大震災を予知した地震学者として著名。偉大な「地震予知の先駆者」として、其の業績や彼の生涯は注目すべきであろう。

（2）『鹿児島朝日新聞』（大正三年二月九日）三面の「牛根の洪水被害」と『同紙』（同月十日）二面「牛根洪水被害」によると、二月八日からの雨で、牛根村では堆積した火山灰・軽石が流れ、洪水の被害を大きくした。その被害は、居宅流出が二軒、床上浸水が八十六軒、廐舎《きゅうしゃ》の浸水が七十軒であった。季節（二月）から考えて、雨量はそんなに多くはなかったと思われるが、ちょっとした雨で大きな被害を出した。こうした多大な被害が、『同紙』（同月十三日）二面の「肝属郡《きもつきぐん》の惨状」によると、降灰の多かった百引《もびき》や高隈《たかくま》方面でも発生している。降雨による被害の詳細については、鹿児島県編発行『桜島大正噴火誌』（昭和二年三月）七八～八〇頁を参照。同書によると、谷口留五郎県知事が内務大臣に宛てて、次のような内容を報告している。二月八日、十五日の降雨で火山灰・軽石が流出し、肝属郡の牛根・百引・高隈・垂水などの諸村で、河川氾濫などによって、住宅や田畑に被害がでた。十五日には、牛根・垂水で河川氾濫により被害がでた。また西桜島村でも家屋が浸水するなどの被害がでたという。

（3）『鹿児島朝日新聞』（大正三年一月二十四日）三面の「降灰と塩田被害」によると、加治木方面と垂水方面の塩田が降灰によって埋り、生産ができなくなっている。

（4）鹿児島県編発行『桜島大正噴火誌』（昭和二年三月）一八九～一九〇頁の「第一節　人畜の被害」には、桜島の人的被害について「桜島に於ては、東西桜島を合して、死亡者二名、傷者一名、行衛不明二十三名を出せしに過ぎざりき」（一八九頁）とする。また鹿児島市内の人的被害について「鹿児島市内に於ける惨死者《ざんししゃ》の比較的多かりしは、十二日午後六時二十九分の一大強震により、市内諸建物、石塀、煙突等倒壊の結果、十三名の死者と九十六名の傷者を出せり」（一八九頁）とある。この文章に引き続いて、鹿児島郡西武田村でシラスの断崖絶壁が崩壊して、死者が出たことを述べる。即ち「又仝日谷山村山田へ向け避難せんとする途中、鹿児島郡西武田村田上字天神ヶ瀬戸を通過せんとする折しも、午後六時過ぎの強震襲来して、高さ二十余間の断崖絶壁は轟然《ごうぜん》たる一大音響の下に崩壊し、幅約九尺の道路は長さ十二、三間に渉《わた》りて土砂を以て埋められ、九名の圧死者を生じたれば、鹿児島警察署は巡査を派遣し、谷山、西武田、両村民多数出《い》で、十一日の日子《にっし》〈日数〉を要し、延《の》べ人員千三百五十三名の人員を使役して、漸《ようや》く其死体を発掘したりしが、其惨状実に言語に絶《ぜっ》せりと」（一八九頁）とする。

また同書二七〇頁の「谷口知事実話」（二七五頁下段、四〜五行によると、爆震より今日まで一ヶ月以上とあるので、この実話は二月中になされたものと言える。本書では第一章の二で全文を掲載）に、「今日迄の調に依ると、東、西桜島で溺死した者が二人、黒神の者で牛根へ避難上陸して行倒れになつた者が四人、夫れから行衛《ゆくえ》不明の者が二十三人、是を全部死したるものと認むると、爆発に起因して桜島で変死したるものが二十九人と負傷者が一人とになる。夫れから、其日の午后六時半に強震があつて、鹿児島市で石塀崩壊の為めに圧死された者が十三人、鹿児島郡で石塀又は崖等崩壊の為め圧死された者が十六人である。内十人は避難の途中、西武田村天神ヶ瀬戸の崖崩れの為め圧死したので、誠に気の毒であつた。夫れで鹿児島市と鹿児島郡の死者を合すると二十九人と、外に負傷者が百十一人あつた」とある（この分類による人数が、今村の草案中の人数と一致する）。

なお、前述の鹿児島市役所作成の石碑文（本文中に後掲）には、「天神ヶ瀬戸の崩壊の如き、一時に十名を斃《たお》し、其数〈一月十二日以降の爆震による各地の全死者数〉六十二名に及べり。」とする。大正三年（知事談話は二月）に行われた県の集計とこの後に作成された市のデータとは、若干の齟齬がみられる。つまり、死者が四人多くなっている。両データの関係について、その詳細は不明であるが、少なくとも五十八〜六十二人の範囲で（六十人前後）死者が出たと考えておいて大過なかろう。

さらに『鹿児島新聞』（大正三年一月三十一日）二面の「石塀其他の建設物取締に就て」（丸《まる》茂《も》警察部長談）には、「今回の鹿児島強震は、実に惨状を極め、市内に於て一時に死者十三、傷者九十余を出し、死者十三名中十名は、石塀崩壊の為に圧死せられたので、石塀は地震の時は実に危険であります」とある。

以上を整理すると、左掲の表のようになる。

【桜島大正爆震の死傷者数】

	桜島大正噴火誌（大正三年）	市役所作成石碑文（大正五年）
死　者	三十五人	六十二人
行方不明	二十三人	
傷　者	百十二人	？
天神ヶ瀬戸圧死者	九人	十人

〔註　上記の文献・新聞記事により作成〕

（5）報道記事の一例を示すと、『鹿児島新聞』（大正三年一月二十二日）一面の「天神ヶ瀬戸の惨死　死体続々発掘さる」に、「谷山村山田に通ずる、西武田村田上字天神ヶ瀬戸の崖壁《がいへき》崩壊して、多数避難者が無惨の圧死を遂げたる趣《おもむ》きは、数次本紙に報じたるが、夙夜《しゅくや》〈朝早くから夜遅くまで〉村民を督励《とくれい》して死体発掘を続行したるに、二十日（中略）五名の死体を発見（中略）折田角右衛門（三十六）は二十一日午前中に発掘したるが、（中略）三名も確かに土砂に埋没されし形跡ありとて、目下盛んに発掘中なるが、他にも圧死者あるべき見込みなり」と記されている。

年表　《桜島の活動の略年表》

一、桜島の歴史時代の噴火

中央防災会議　災害訓練の継承に関する専門調査会編『一九一四　桜島噴火報告書』（内閣府、平成二十三年三月）一〇頁、表1の1を参照。改変して作成した。

【桜島火山の歴史時代の噴火】（◆印は「四大噴火」と言われ、膨大な軽石・灰を噴出）

噴火年代	噴火名	特記事項
七〇八、七一六、七一八		
七六四～七六六	◆天平宝字《てんぴょうほうじ》噴火	鍋山《なべやま》火砕丘《かさいきゅう》及び長崎鼻《ながさきばな》溶岩
九五〇＊	山頂噴火	大平溶岩の流出
一二〇〇＊	山頂噴火	
一四七一～一四七六	◆文明噴火	文明溶岩は複数回の流出
一四六八、一六四二、一六七八、一七〇六		
一七七九～一七八二	◆安永噴火	安永諸島の出現

一八八〇、一八九九		
一九一四～一九一五	◆大正噴火	溶岩により大隅半島と接続
一九三九↓一九四六	昭和噴火	一九四六年、昭和溶岩の流出
一九五五～	山頂噴火	爆発総数は八七〇〇回以上

〔註　＊印は暦年較正した14ｃ年代（概数）〕

「四大噴火」は、プリニー式噴火に分類される噴火様式。イタリアのポンペイを火山灰で廃墟化したベズビオ火山の噴火をモデルとする様式。山腹噴火に多い。即ち、大量の軽石・火山灰を放出する爆発的噴火で、広範囲に噴出物が堆積する。広い地域で人的にも、農林業などでも大きな被害がでる。表中の他の噴火は、ブルカノ式噴火に分類される噴火様式。イタリア南西部ブルカノ島のブルカノ火山の活動様式。山頂噴火に多い。固結した溶岩にふさがれていた火口が、ガスの圧力で開かれ、火山弾・火山灰などを爆発的に放出する噴火。

二、大正二年〜三年の桜島噴火

鹿児島県編発行『桜島大正噴火誌』（昭和二年三月）五六〜六〇頁にある、鹿児島測候所の観測に基づく「噴火の経過日誌」など参照。よって以下の多くの記述は、鹿児島市側からの観測で、西桜島を手前（前面）に、東桜島を裏側（背面）に見ている。

■大正二年

四月

・日向・大隅半島方面で、低度の強震発生。

五月

・霧島山麓で群発地震発生（真幸《まさき》地震、現宮崎県えびの市内の真幸地区を中心に発生）

六月下旬

・伊集院（現鹿児島本線の薩摩松元と東市来の間）方面で強震が発生（伊集院地震或いは日置地震）。

七月末より

・桜島で地震・地鳴りが連続して発生。

十一月八日

・霧島山が強い爆発を起こす。

十二月九日

・霧島山の第二回爆発。

■大正三年

一月八日

・霧島山の第三回爆発。

一月十日

・真夜中に桜島の頂上より、火柱が立つ。

一月十一日

・午前三時十一分、無感覚の微震。午後、地震頻発。

一月十二日

・午前十時まで、総計四百余回の地震。弱震以上は三十三回で、他は微震。

・午前八時、御岳《みたけ》（北岳《きただけ》）の西側より雲霧状の白煙立ち昇る。九時十分、南岳の頂上より同様の白煙が立ち昇る。

・午前十時五分、西桜島村の赤水《あかみず》の真東、海抜三五〇ないし四〇〇メートルの谷間（引《ひき》ノ《の》平《ひら》の近辺）から、一団の黒煙が立ち昇り、同十分、火光が噴出。大音響が起こる。

・これと同時〈一説に十五分頃〉に、南岳《みなみだけ》の背面〈鍋山から噴出〉からも大黒煙が高く上昇。

・午前十一時、黒煙の高さは三〇〇〇メートル以上に達し、同三十分頃から、盛んに岩石を噴出。戸・障子が空振のため鳴響を始める。
・午後二時三十分、黒煙・白煙を出しながら、次第に鳴轟《めいごう》が強まり、三時三十分に初めて爆発音が聞こえる。あたかも砲弾が爆発したような音であった。
・午後六時三十分、烈震がおこる〈マグニチュード七・一、震度六〉。同時に火影は拡大し、鳴轟《めいごう》もさらに強大となる。
・午後十時より、爆発音が次第に強まる。

一月十三日

・午前一時前後、最も爆発が旺盛。同六時より、やや軽減したが、なお間断なく鳴動する。
・午後五時、風が南に転じて、右側〈鹿児島市から見て〉の島影が初めて現れる。
・午後八時十四分、大噴火起こる。火の粉が山頂から下の山麓まで連なり、盛んに溶岩を流す。鳴動轟々《ごうごう》と爆発音を連発する。黒煙は東方にたなびき、火山雷の閃光《せんこう》〈ぴかぴかする光〉が縦横に飛び散る。桜島の北岸で火災が発生。同三十分、爆声は止み、鳴動が断続する。八時には、降灰もやむ。

一月十四日

・午前一時以後、盛んに噴煙を上げる。同七時、溶岩の噴気〈噴出される蒸気〉が盛んに爆発。この溶岩は昨夜来流れ出したもので、袴腰《はかまごし》〈正式には城山〉の上方まで押し出してきた。その幅は凡そ二十町〈約二一八〇メートル〉、厚さ数十尺〈約九メートル〉に及んでいた。袴腰より沖小島《おきこじま》にかけて、海上一面を軽石が埋めていたが、正午頃までに、全て南方に流出した。
・午後五時頃から、溶岩の噴気がやや弱まる。同夜、横山〈西桜島村〉の真東、海抜約二〇〇メートルにある火口の活動が盛んであったが、日中に比べると弱かった。

一月十五日

・噴火の状況は、著しい異状は見られず。流出し、流下してきた西桜島の大溶岩流は、赤水・横山を呑み込み、終《つい》に海中に突入して、しだいに烏島《からすじま》に向かう。
・午前十時四十五分、赤水の近くの愛宕山《あたごやま》の上（引ノ平近辺）より黒煙噴出す。午後二時十分、大噴煙をだす。同五時十五分、鳴動一時やむ。
・夜になると、前面の山麓の溶岩上の爆発が頻発する。午後十時三十分、山麓の溶岩上に七個の噴火口が一列に現れ、轟々《ごうごう》という強い音をだす。

一月十六日

・噴火は十五日に比べ、今日はやや強大である。溶岩流の右側は、すでに烏島に接続し、左側は海岸に接近してきている。
・午前八時三分以降、盛んに噴火を繰り返し、また繰り返し大鳴動、さらに大噴煙を何回も上空に上げた。

一月十七日

・午前中、鳴動噴火を繰り返し、各地に降灰をもたらす。午前九時十分には、降灰によって、市内は恰《あたか》も暗夜のようであった。

一月十八日

・早朝より鳴動が沈静化。今朝は桜島の島影が見える。烏島《からすじま》に向かって流下した溶岩は、同島一帯を埋め尽し、盛んに白煙を上げていた。
・夜になると、噴火により、その火山灰が南下して、佐多方面まで降った。

一月十九日

・噴煙がまた島影を没するほどで、降灰が続く。午後四時五十分また島影を現す。烏島《からすじま》は溶岩に包囲され、その所在が認められず。
・鳴動は午前中にやや減ったが、大勢としては続く。

一月二十日

・午後八時四十一分、強鳴動あり。同十時二十分、十一時五十五分に噴火やや盛んにして、音響も強い。

一月二十一日

・溶岩が流下して袴腰を圧し、海中に入った溶岩が、西方十余町〈約一キロメートル余〉の沖合まで至る。
・午後七時より、強大鳴動盛んに起こり、最高部の火口から噴火。戸・障子が振鳴。

一月二十二日

・前日に引き続き噴火が優勢。強大な鳴動が続き、家屋・戸・障子などを震わす。
・午前三時より降灰が始まり、同八時より濃厚となる。島影を観望できず。

一月二十三日

・鳴動が朝から継続し、その顕著なものだけでも約十九回に上る。特に午前四時五十五分の鳴動が最大。
・日中に煙灰が東方に降る。

一月二十四日

・未明から鳴動が強かったが、午前八時半頃から衰弱。
・二十一日以来の噴火が、正午頃から弱まり、回数も減少。

一月二十五日

・噴火は微弱となり、鳴動の回数も益々減少。上部の大火口の活動はほとんど停止。

・東側（鍋山方面）の噴火は、なお旺盛。その噴煙は高大。

一月二十六日

・噴火は日々衰微に傾き、噴煙また減少。西桜島の溶岩の流下はなお続き、その突端は神瀬《かんぜ》〈赤水の沖合の小島〉と桜島間の中央に達す。

一月二十七日

・東側（鍋山方面）の噴火は盛んで、その噴煙が山頂を抜き、約一〇〇〇メートルの高さに達する。

・西桜島方面では、小火口より小噴火を繰り返す。

一月二十八日

・山頂の大火口は活動を終息したようだ。ただ前面の山麓の小火口より、前日のように、時々噴火するが、その勢力はやや衰退し、噴煙の量もまた減少。

一月二十九日

・前面の噴火、勢力微弱で声響が聞こえないこと多い。夜間の光彩から、火口五ヶ所を確認。

・背面の噴煙、高く昇騰《しょうとう》する。

一月三十日

・前面で鳴動のやや大なるもの五回。

・背面で正午頃より噴煙が盛んに上がり、午後四時二十三分、砲声のような鳴動と共に、黒煙を高く噴騰する。

一月三十一日

・前面の噴煙は希薄となり、最上部の大火口を観望できた。山麓中部の火口もほとんど終息するが、三ヶ所より時々噴煙をだす。

・背面では、変わらず噴煙が優勢。ことに午前十時二十分及び午後三時五分の二回は、黒煙を高く噴《ふ》き上げる。

二月一日

・前面山麓では、小規模噴火を毎時二から三回繰り返す。

・背面の噴煙は依然として膨大。ことに午後二時十七分及び四時二十分の爆発では、砲声のような音がした。午後噴煙が西風に乗って流れ、曽於郡《そおぐん》（大隅半島）南部に到達。

・背面では流出した溶岩によって、瀬戸海峡が完全に閉塞され、桜島が大隅半島の一部となる。その後も溶岩は流れ込み、現在約五〇〇メートルの幅で接続している。

二月二日

・前面山麓の小噴火口よりは、毎時四から五回、噴煙をだす。午前二時五分、午後八時三十五分及び同四十三分の鳴動は強大。戸・障子を震響させる。

・背面での噴煙は減少したが、午後北風に乗って、肝属郡方面に流れる。

二月三日

・前面の噴煙は、毎時三から四回発現する。海上の溶岩は白煙《はくえん》が希薄となり、漸次停留に赴いていることを示す。しかし袴腰以北の溶岩流は、海岸の約二町〈約二〇〇メートル〉の所まで至る。

・背面では、午前十時十分、黒煙昇騰し、以後膨大化。噴煙は北風に流されて肝属郡の西岸を南下。

二月四日

・前面は降灰のため、山影を観望できず。噴煙が毎時一から二回立ち上り、午前十一時七分にやや強鳴を発す

郵便はがき

料金受取人払郵便

鹿児島東局
承認
439

差出有効期間
平成31年6月
9日まで
切手を貼らずに
お出し下さい

892-8790

168

鹿児島市下田町二九二—一

図書出版
南方新社 行

ふりがな 氏名		年齢　　歳 男・女
住所	郵便番号　　—	
Eメール		
職業又は学校名		電話（自宅・職場） （　　）
購入書店名（所在地）		購入日　　月　　日

書名　（　　　　　　　　　　　　　　　　　）愛読者カード

本書についてのご感想をおきかせください。また、今後の企画についてのご意見もおきかせください。

本書購入の動機（○で囲んでください）

A　新聞・雑誌で　（紙・誌名　　　　　　　　　　）
B　書店で　C　人にすすめられて　D　ダイレクトメールで
E　その他　（　　　　　　　　　　　　　　　　　）

購読されている新聞，雑誌名

新聞　（　　　　　　　　）　雑誌　（　　　　　　　　）

直接購読申込欄

本状でご注文くださいますと、郵便振替用紙と注文書籍をお送りします。内容確認の後、代金を振り込んでください。（送料は無料）

書名		冊
書名		冊
書名		冊
書名		冊

る。

二月五日

・前面では、前夜来の噴煙が度数を増す。正午頃より減少。

・背面の鳴動は波及せず。しかし、空振によって戸・障子が震鳴する。

二月六日

・前面山麓よりの噴煙が、毎時一から二回に減少。午前零時十五分の鳴動の音は砲声のようであった。

・背面では微弱な鳴動が続き、戸・障子を前日のように震動させ、午前九時から四時過ぎにかけて強いものが見られた。

二月七日

・前面では、ほぼ昨日と同様。

・背面でも、著しい異変は見られず。

二月八日

・降雨のため十分な観測ができず。

・背面より山頂を越えて約五〇〇メートルの高さまで噴煙を上げる。大隅半島南部にたなびく。

二月九日

・前日同様、降雨のため十分な観測ができず。

・背面では、午後一時頃、噴煙の昇騰が甚だしい。

二月十日

・前面の噴煙は数回を出でず。おおむね微弱。

・背面の噴煙は、朝から盛んに昇騰する。午後六時には、やや強い鳴動があった。
・前面の噴煙は、まさに終息に近く、数回の轟鳴《ごうめい》を聞いたが、皆弱小のものであった。

二月十一日

・背面の噴煙は、引き続き旺盛《おうせい》である。

二月十二日

・前面の活動は、ほとんど終焉。ただ午前十一時十七分、大黒煙を噴騰《ふんとう》。戸・障子を振鳴させる。
・背面の鳴動は、午後六時四十二分より、時々遠雷のような声響があった。噴煙は北風に流されて、肝属郡《きもつきぐん》（大隅半島）西岸にいたる。

（以下の日々の桜島の様子については割愛する）

大正四年まで続いた、これ以降の噴火によっても、全県下への降灰（火山灰・軽石の降下）が続いた。とくに大隅半島へは、偏西風によって繰り返し噴煙が流れたため、その降灰・降石（軽石）量が多かった。降灰・降石は、鹿児島県下の農業・林業・畜産業・漁業・製塩業等に、甚大《じんだい》な損害をもたらした。また堆積した火山灰や軽石は、土石流や水害を引き起こし、今日でも大隅半島を中心に、人びとを苦しめている。

あとがき

およそ百年前の当時の人びとの文章は、文体も異なり、難解な表現も多く、加えて誤植や文字が見えにくい（マイクロフィルムからの読み取りが原因）。ことに、手書きの体験記録である、大瀬秀雄著『大正三年一月桜島大爆震　遭難記』や、永正善八郎著『桜島爆震記』を解読するのには難渋した。たかだか百年程で、現代人の小生にとって、読みにくい記録となっていたのである。これらの記録を後世に伝え、少なくとも人びとが、百年程は読み継げるようにしたいという思いを強くした。小生に許された時間の中で、可能な限りの力を尽くし、様々な工夫をすることに努めた。本書作成の目標としたのは、現在の中高生でも読めるように工夫する、ということで作業をおこなった。従って、大人の方々にとっては、逆に読みにくいと、不満の声が聞こえてきそうで、不安この上ない心境である。

ともかく、採録した文章にルビを付けたり、解説を加えたり、句読点を追加したり、片仮名表記を平仮名表記に改める等の工夫をこらし、百年後でも文意が理解できるようにしたつもりである。まだ不備なところも多々見られ、心残りもないではないが、読者諸氏が、文意だけは読み取れるようにすることができた、と自負している。非才の故の不備なところについては、小生の意図を汲んで、世の識者のご海容をお願いしたい。この後、機会を持てれば、文章の修正と共に、さらに補足をおこない、後人の読むに堪えられるものにしていく所存である。

本書を書くために、様々な調査を重ねてきた。鹿児島県立図書館の調査を繰り返しながら、最初は県立鶴丸高等学校に保存されている第一高等女学校関係の資料の調査を行った。その後、黎明館や鹿児島大学図書館に足をはこび調査、市役所、県の教育委員会や市の教育委員会の関係部署、税務署などにも、何回となく足をはこび援助をうけた。また薩摩川内市立図書館や福井県立図書館、福井県内の数ヶ所の図書館の協力をうけた。後者の図書館員の方々の御協力によって、鹿児島県人と福井県人（大瀬秀雄）の関係の一端を窺見できたことは、大きな喜びである。この他、桜洲小学校の校長、桜峰小学校の校長、県立甲南高等学校の同窓会担当者（女子師範学校の同窓生関連資料保存担当）諸氏の御協力もうけた。こうした諸機関の関係者に対して、ここに心から感謝の意を表したい。

また各地に自ら足をはこんで、自分の目で見て回った。フェリーで桜島へでかけたり、薩摩川内にでかけ、そこから串木野、伊集院等を経て鹿児島市に戻る小旅行もした。別に友人荒武連氏の車で、薩摩川内市の新田神社を訪問できたことは、大きな喜びであった。また、鹿児島女子短期大学の教授池田哲之氏に、写真撮影で世話になった。ここに記して謝意を表したい。さらに、下荒田町を中心に武之橋周辺や県立鹿児島中央高等学校（旧県立第一高等女学校）に何回も出かけ、歩き回って地元の人びとと話した。こうした調査活動の中で、あちこちで多くの人びとの親切に浴した。東京にきて五十一年目に入ったが、鹿児島県民がこんなに親切であったとは、この調査活動で再認識させられた。わが郷里ながら、誇るべき県民性だと、強く印象に残っている。また、奇しくも桜洲小学校の調査の中で、過去の教員の中に、父繁の妹（キヨ子）の足跡を見つけることができた。叔母に再会したような気持ちを味わった。今回の調査活動の中で出合った、良き思い出の一コマである。

さて本書採録の記録の多くは、臨場感をもって読んでいただけるものである。体験者からの聞き取りではなく、体験者たちが自ら残した記録であるから、読者はより事実に近いことを追体験できたと思う。読者各自は、何かを感じ、何かを手に入れられたと確信する。災害から自分の命を守り、自らの家族を守るためには、公的機関とどういう距離をとるべきか、あるいはどういう哲学を持つと良いのか、読者諸氏の考えをまとめる上で役立とう。

最後に、本書出版の意義を認め、快く出版を快諾くださった、南方新社の向原祥隆社長に対し、心より御礼を申しあげる。

二〇一七年四月

古垣光一　識す

本書を父・繁、母・ひろ子の霊前に捧げる

■著者紹介

古垣光一（ふるかき　こういち）

鹿児島県鹿児島市鷹師町68番地生まれ（昭和23年５月５日）。中央大学文学部博士課程単位取得退学。専攻は歴史学、教育学。東京薬科大学教授、千葉県立保健医療大学教授を歴任。現在、国士舘大学、北海道科学大学の非常勤講師。アジア教育史学会会長、社会人文学会会長。

最近の主な著書・論文

「明治十年代の西村茂樹が係った修身教科書」（単著、『社会と人文』第7号、2010年）、『アジア教育史学の開拓』（編著、アジア教育史学会発行、東洋書院扱い、2012年）、『個性的人間育成の研究』（単著、くらすなや書房、2013年）、『明治後期の野田における社会教育活動研究』（単著、くらすなや書房、2014年）、「宋代におけるハイヒール（纏足の靴）とマニキュア（染甲）の起源について」（単著、『社会と人文』第12号、2015年）、「1943（昭和９）年の日中両国教育事情」（単著、『外国語外国文化研究〈国士舘大学外国語外国文化研究会〉』第26号、2016年）

桜島 大爆震記録集成

二〇一七年九月一日　第一刷発行

著　者　古垣光一
発行者　向原祥隆
発行所　株式会社 南方新社

〒八九二－〇八七三
鹿児島市下田町二九二－一
電話 〇九九－二四八－五四五五
振替口座 〇二〇七〇－三－二七九二九
URL http://www.nanpou.com/
e-mail info@nanpou.com

印刷・製本　株式会社イースト朝日
定価はカバーに表示しています
乱丁・落丁はお取り替えします
ISBN978-4-86124-366-0 C0044